高等职业教育计算机系列教材

Linux 操作系统应用（基于 Ubuntu/CentOS/Rocky Linux）

李新辉　吴　恒　杨乃如　编著

U0281030

Publishing House of Electronics Industry

北京·BEIJING

内 容 简 介

本书贯彻"做中学"的设计理念，通过实际的 Linux 命令操作案例贯彻始终，主要以 Ubuntu 为例进行操作演示。本书首先使用 Ubuntu、CentOS、Rocky Linux、Debian 等典型的 Linux 发行版作为载体，介绍了一般 Linux 的安装方法，简述了 Linux 常用的操作命令，以帮助读者快速上手使用 Linux。然后按照 Linux 的常用管理命令展开分类讲解，每条命令并不是着重介绍其枯燥的使用语法，而是"边操作、边解释"，既有命令的实操演示，又有其功能含义的详细解释，同时在操作过程中辅以大量具有针对性的文字说明，力求从多个角度减少读者在学习过程中可能会遇到的疑难和困惑。此外，为了使读者学以致用，本书还安排了 Linux 平台上 JDK 的安装、Tomcat 的安装、Python3 的编译安装、Nginx 服务器的安装、MySQL 的安装、Docker 的安装与基本操作、CMS 博客建站系统的搭建、Samba 文件共享服务器的搭建、Ubuntu 桌面开发环境的安装这 9 个典型的应用案例，展示了如何将 Linux 应用到实际工作中。最后介绍了 Linux 的 Shell 脚本编程、crontab 定时计划任务、Linux 内核及启动过程等部分高级技术的内容，以方便读者对 Linux 深层次的知识有一个基本的了解。

本书既可作为高等学校大数据、人工智能、软件技术、网络信息安全、物联网等计算机相关专业的教材，也可作为 Linux 系统管理员的参考书。

图书在版编目（CIP）数据

Linux 操作系统应用：基于 Ubuntu/CentOS/Rocky

Linux / 李新辉，吴恒，杨乃如编著. -- 北京：电子工

业出版社，2025. 1. -- ISBN 978-7-121-49200-6

Ⅰ. TP316.85

中国国家版本馆 CIP 数据核字第 20241BH203 号

责任编辑：杨永毅

印　　刷：涿州市京南印刷厂

装　　订：涿州市京南印刷厂

出版发行：电子工业出版社

　　　　　北京市海淀区万寿路 173 信箱　　　邮编：100036

开　　本：787×1092　　1/16　　印张：16　　字数：430 千字

版　　次：2025 年 1 月第 1 版

印　　次：2025 年 1 月第 1 次印刷

印　　数：1 200 册　　定价：56.00 元

凡所购买电子工业出版社图书有缺损问题，请向购买书店调换。若书店售缺，请与本社发行部联系，联系及邮购电话：（010）88254888，88258888。

质量投诉请发邮件至 zlts@phei.com.cn，盗版侵权举报请发邮件至 dbqq@phei.com.cn。

本书咨询联系方式：（010）88254570，xujj@phei.com.cn。

　　Linux 是一种操作系统，已经在社会的各行各业中得到广泛应用。不同于 Windows 中的鼠标操作，Linux 是以命令的操作方式为主的，被广泛应用于服务器领域。基于系统性能、稳定性、资源节省等各方面的考虑，Linux 一般不会运行图形化的用户界面。因此，要想顺利使用 Linux，就必须先掌握 Linux 系统管理命令的功能和用法，它不像鼠标单击那么简单直接，这也间接导致了 Linux 的学习成本高、普及难度大等问题。另外，在使用 Linux 时还存在一个选择方面的问题，比如 RHEL（Red Hat Enterprise Linux）、CentOS、Rocky Linux、Ubuntu、Debian 等都属于常见的 Linux 发行版，每种 Linux 发行版都有自己的特色，有的开源且免费，而有的在商业服务上收费，但没有哪一种 Linux 发行版能够成为事实上的绝对标准。因此，初学者确实会面临一些选择方面的困惑。

　　目前，大部分书籍都是以某一种（如 CentOS 或 Ubuntu）或同一系列（如 RHEL/CentOS，或 Debian/Ubuntu 等）的 Linux 发行版为载体介绍 Linux 的使用方法的。其中，CentOS 在企业服务器场合中应用较多，Ubuntu 在人工智能领域中应用较多。不过，因为 Linux 本质上只是一个内核，就像汽车上的发动机一样，而基于"Linux 内核+GNU 应用软件"的发行版则有数百种，如同采用同一发动机的不同厂商的车型。在现实中，不同企业使用的 Linux 发行版各不相同，甚至同一家企业会同时采用多种 Linux 发行版。尽管 Linux 命令在不同的 Linux 发行版上基本是相通的，但是如果读者对一些常见的 Linux 发行版比较陌生，也不了解它们在使用上的一些差异，那么学习起来可能会存在一些困难，比如不同 Linux 发行版在配置 IP 地址的做法上区别就比较大。此外，就 Linux 本身而言，命令确实属于 Linux 的精髓，很多书籍也都是侧重讲解 Linux 命令和参数的作用，以及使用方法的，由此带来的问题是，读者学起来很容易感觉枯燥和吃力，也不知道如何将其应用到实际场景中。为此，本书首先立足于简单操作案例的介绍，让读者对 Linux 命令有一个基本的了解和认识，在后续的系统管理命令操作演示过程中，辅以大量具有针对性的文字说明，帮助初学者理解命令的细节和注意点。与此同时，通过展示 9 个典型的应用案例，结合不同的功能需求将 Linux 应用到实际的工作中，也可以帮助读者进一步加深对 Linux 命令的理解和记忆，从而达到学以致用的目的。最后，还有一个比较重要的问题，容器技术现在几乎成为 Linux 上搭建应用服务的标配，但市面上的 Linux 相关书籍大多未涉及这块内容，只有一些专门讲解 Docker/Podman 或 K8s 等容器技术的书籍，因此笔者在综合案例环节中，还安排了有关 Docker 容器技术的基本介绍和应用方面的内容。

　　CentOS 源于 RHEL，是开源且免费的，经过多年的发展在国内企业中普及度较高，积累了大量的用户群体。在 2024 年 6 月官方正式停止对 CentOS 的维护，取而代之的是 CentOS

Stream 这个定位于上游的不稳定版（比如，一些试验性的新功能会首先出现在上游不稳定版中，经过不断测试修改稳定之后，就可以被下游的 Linux 发行版吸纳进去，这里所指的上、下游只是一个相对的概念），因此未来还将面临一些不确定性。但可以肯定的一点是，CentOS 短期内并不会消失，要完全被其他 Linux 发行版替换也需要经历很长一段时间。与此同时，CentOS 的创立者脱离原 CentOS 团队，并计划以 Rocky Linux 继续实现 CentOS 的最初使命。考虑到 Rocky Linux 与 CentOS 是二进制兼容的，它的使用方法与 CentOS 基本一致，因此本书也将 Rocky Linux 的介绍和使用纳入其中。

本书共 5 章，具体内容如下。

第 1 章首先介绍了计算机与服务器的概念、操作系统的分类及 Linux 的应用领域，阐述了在 VMware Workstation（简称 VMware）中安装 CentOS、Rocky Linux、Ubuntu 和 Debian 虚拟机的具体步骤，然后介绍了在 VMware 中使用和迁移虚拟机的方法，最后分析了几种常用的 VMware 虚拟网络连接模式。

第 2 章是 Linux 的快速入门，首先介绍了 Shell 终端解释器与 Linux 桌面环境，然后阐述了 Linux 用户的创建和登录方法，在此基础上介绍了 Linux 的文件系统结构、文件目录属性和用户主目录，并简要列出了 Linux 中常用的入门命令，最后讲述了 vi 编辑器的基本使用和 Linux 远程终端连接。

第 3 章讲述了 Linux 系统管理相关的命令，首先介绍了如何使用 Linux 的命令帮助信息，然后分类阐述了文件和目录管理、文件压缩与解压缩、Linux 硬件资源管理、Linux 软件包管理（CentOS/Rocky Linux 和 Ubuntu）、Linux 网络管理、Linux 系统管理和 Linux 用户管理相关的命令使用方法。

第 4 章介绍了 Linux 在实际场景中的应用案例，首先分别阐述了 Linux 平台上 JDK 的安装、Tomcat 的安装、Python3 的编译安装、Nginx 服务器的安装、MySQL 的安装，然后介绍了虚拟化技术的基本概念和 Docker，并讲述了 Docker 的安装与基本操作，最后介绍了 CMS 博客建站系统的搭建、Samba 文件共享服务器的搭建，以及常见的 Ubuntu 桌面开发环境的安装等内容。

第 5 章介绍了 Linux 的高级技术，内容包括 Shell 脚本编程入门、crontab 定时计划任务和 Linux 内核及启动过程。其中，Shell 脚本编程通过演示几个简单的例子来使读者了解脚本编程的基本概念，并通过文件批量创建这个脚本案例进一步展示了 Shell 编程在实际场景中的应用方法；Linux 内核及启动过程介绍了 Linux 内核的功能以及与计算机硬件之间的关系，阐述了 Linux 的一般启动过程，以使读者对 Linux 有更深入的认识。

为使读者能够充分理解 Linux 命令和脚本代码，本书对命令和脚本代码采取了分栏的编排方式，其中，左栏是要输入的命令或脚本代码，右栏为命令或脚本代码的具体含义。在命令的运行过程中，阴影部分的内容为在命令提示符位置输入的命令，非阴影部分的内容为命令执行的输出结果，同时以备注性的文字对运行的命令进行辅助说明。例如：

`cd /usr`	◇ cd 命令用于切换目录，全称为 change directory，后面跟着指定的目录
`ls`	◇ ls 命令用于列出当前目录下包含的文件，全称为 list
`ls -l`	◇ -l 是命令参数，表示以长格式（long）列出文件的详细信息，每行显示一个文件
`ll`	◇ ll 是 ls -l 的别名，两者等价

```
demo@ubuntu-vm:~$
demo@ubuntu-vm:~$ cd /usr          切换到/usr 目录
demo@ubuntu-vm:/usr$ ls
bin  games  include  lib  lib32  lib64  libexec  libx32  local  sbin  share  src
demo@ubuntu-vm:/usr$ ls -l
总计 112
drwxr-xr-x   2 root root 36864  7月 23 21:56 bin
drwxr-xr-x   2 root root  4096  2月 23  2023 games
drwxr-xr-x  10 root root  4096  7月 23 19:35 include
drwxr-xr-x  98 root root  4096  7月 23 21:56 lib
drwxr-xr-x   2 root root  4096  2月 23  2023 lib32
drwxr-xr-x   2 root root  4096  2月 23  2023 lib64
...
demo@ubuntu-vm:/usr$ ll
总计 120
drwxr-xr-x  14 root root  4096  2月 23  2023 ./
drwxr-xr-x  20 root root  4096  7月 23 19:14 ../
drwxr-xr-x   2 root root 36864  7月 23 21:56 bin/
drwxr-xr-x   2 root root  4096  2月 23  2023 games/
drwxr-xr-x  10 root root  4096  7月 23 19:35 include/
drwxr-xr-x  98 root root  4096  7月 23 21:56 lib/
...
```

此外，虽然不同版本的 Linux 在命令操作上大体一致，但也存在一些细小的局部差异。为此，书中若是针对特定版本的 Linux 进行操作，则会增加对应的 Logo 进行标识，以指明以下操作所适用的 Linux 发行版。例如：

2. Docker 的基本操作

这里列出了 Ubuntu、CentOS、Rocky Linux 的 3 个 Logo，说明此后的操作是同时适用于这 3 个 Linux 发行版的。也就是说，如果只列出了其中的某一个 Logo，那么此后的操作只适用于这一个 Linux 发行版；如果未列出任何 Logo，那么说明这部分的操作适用于所有 Linux 发行版。

本书采用单色印刷，所涉及的颜色无法在书中呈现，请读者结合操作界面进行识别。

因 Linux 是开源的，其中的源代码由多人维护，所以系统运行结果中的字节单位不一致，如 kB/K/M/G 的单位应为 KB/KB/MB/GB。

党的二十大报告指出，实施科教兴国战略，强化现代化建设人才支撑。坚持党管人才原则，坚持尊重劳动、尊重知识、尊重人才、尊重创造，实施更加积极、更加开放、更加有效的人才政策，引导广大人才爱党报国、敬业奉献、服务人民。

本书以企业人才岗位需求为目标，突出知识与技能的有机融合，让读者在学习过程中举一反三，培养创新思维，以适应高等职业教育人才的建设需求。

本书由杭州职业技术学院的李新辉、吴恒、杨乃如编著，书中部分项目素材由关联的校企合作企业提供。笔者在编写本书的过程中参考了部分网络资源，在此一并对提供这些资源的作者表示感谢。为方便教师教学，本书还配有电子课件及相关资源，包括虚拟机、源代码、PPT、教学设计、习题答案等，读者可登录华信教育资源网注册后免费下载。如果有问题，则可在网站留言板留言或与电子工业出版社联系（E-mail：hxedu@phei.com.cn），也可与笔者直接联系（E-mail：lxh2002@126.com）。

教材建设是一项系统工程，需要在实践中不断加以完善及改进，由于笔者水平有限，书中难免存在疏漏和不足之处，敬请同行专家与广大读者批评和指正。

编著者

目　录

第 1 章

认识并安装 Linux

 学习目标

知识目标

- 了解服务器的概念，以及与计算机的区别
- 了解操作系统的功能与主要分类，对 Linux 适用的领域有基本认识
- 掌握在虚拟机中安装常见 Linux 发行版的方法
- 了解虚拟机主要的网络连接模式

能力目标

- 会在计算机中安装 VMware Workstation 虚拟机管理软件
- 会使用 VMware 安装 CentOS、Rocky Linux、Ubuntu 等虚拟机
- 会将安装好的虚拟机迁移到其他机器上

素质目标

- 培养良好的学习态度和学习习惯
- 培养良好的人际沟通和团队协作能力
- 建立探索未知领域的意识和信心

1.1 引言

　　Linux 是一种在全球被广泛使用的开源操作系统，也是很多对运营成本敏感的中小型企业的首选操作系统。除少数商业发行版外，绝大部分的 Linux 发行版是免费和开源的，这意味着开发者可以查看其源代码并根据自己的需要进行修改，还可以根据 GPL（General Public License，通用公共许可证）规定的开源许可条款对其进行重新发布。Linux 也被认为是稳定、通用且比 Windows 更为安全的操作系统，可以被轻松地部署到各类平台（如服务器裸机、虚拟机和云服务器环境等）上。

1.2　操作系统介绍

1.2.1　计算机与服务器

在现实生活中，我们经常会听到计算机和服务器的说法，但很多人对它们的概念并不是很清楚。计算机一词俗称"电脑"，也被称为个人计算机（Personal Computer，PC），代表一种供个人在日常工作和生活中使用的计算设备，目前也成了台式计算机和笔记本电脑的统称。不过，计算机实际上存在很多种形态，比如工业领域中使用的计算机被称为"工控机"等。服务器，即 Server，代表能够提供特定网络服务的机器设备，如图 1-1 所示。从本质上说，服务器也是计算机的一种，它与计算机具有相似的 CPU、内存、磁盘等，但其背后的技术是为不同目的而设计的，在硬件配置、运行稳定性、可扩展性等方面要比计算机强得多。不过，有时只要普通计算机能够满足最低硬件要求，就可以像服务器一样使用，不过更多的是被应用于程序开发调试的场合，它并不是真正的服务器，也无法取代服务器。

现在的主流计算机大多搭载支持 x86_64 架构的 CPU，安装一个方便易用的图形界面操作系统（Windows、macOS 等），可以运行 Office、浏览器、聊天程序等应用软件。与此不同的是，服务器通常都是专用的，这意味着它除执行服务器本身的任务以外，不会承担其他不必要的任务，比如淘宝、京东等电子商务平台的服务器，都是 24 小时不间断运行的，用于存储、发送和处理订单数据。因此，服务器在设计上必须比计算机更可靠，硬件规格更高，系统架构更灵活等，特别是服务器的内存容量会远大于计算机，比如配备 1TB 以上的内存。此外，服务器还会提供普通计算机不常用的硬件功能，包括更稳定的内存技术、UPS 不间断电源、高性能 RAID 存储，甚至其与计算机在物理外观上的区别也比较明显，具有更多的可插拔磁盘槽位、良好的散热通风设备等，如图 1-2 所示。需要说明的是，这里所说的架构，并不是指物理形状，而是指包括 x86/x86_64、ARM/ARM64、PowerPC、MIPS、RISC-V 等不同类型指令集的 CPU，其中，x86 和 ARM 较为常见，被广泛应用于计算机和智能手机上。我们可以简单地将架构理解为类似于人类的语言体系，不同架构的 CPU 相当于不同地方的人说着不同的语言或方言，如果服务器采用的是不同架构的 CPU，那么其运行的应用软件也是不通用的，就像智能手机上的应用程序（App）不能直接安装到计算机上一样。不过，因为软件生态的发展，目前大部分服务器采用的是 x86_64 架构的 CPU，所以也常称为"x86 服务器"或"PC 服务器"，代表和计算机使用同一类架构的 CPU，这样它们在软件上就可以互通，保证了用户可以使用丰富的软件资源。

图 1-1　服务器示意图　　　　　　　　图 1-2　不同物理外观的计算机与服务器

除了常见的 x86 服务器，还有一类功能更为强大的专用服务器，分为小型机、大型机两种类型。小型机是指采用 8～32 个甚至更多的处理器，性能和价格介于 x86 服务器和大型机之间的一种高性能 64 位计算机。传统小型机都是采用 RISC、MIPS 架构的 CPU，且运行 UNIX 操作系统的"封闭专用"的计算机系统，因此又被称为"RISC 服务器"或"UNIX 服务器"，如图 1-3 所示。小型机与 x86 服务器在使用上存在着较大的差别，其中最重要的差别就是小型机具有高可靠性、高可用性和高服务性，能够持续运转不停机、自动检测潜在的问题，并实时在线诊断和精确定位问题，对这些问题做到准确无误地快速修复。

图 1-3　小型机（UNIX 服务器）

大型机，又名大型主机，它具有专用的 CPU 处理器指令集、操作系统和应用软件，因此，大型机不仅是一个硬件上的概念，还是一个硬件和专属软件的有机整体。大型机是 20 世纪 60 年代发展起来的计算机系统，经过几十年的不断更新，其稳定性和安全性目前在所有计算机系统中是首屈一指的。大型机主要被应用在政府、银行、交通、保险公司和大型制造企业等机构的关键业务上，像大数据处理、行业顾客分析、企业资源规划、银行交易处理等，其特点是处理数据的能力强大、稳定性和安全性非常高，所以大型机直到今天还有其固定的应用市场。不过，现在的大型机主要是指 IBM z 系列的产品，其占据了大型机 90% 以上的市场份额，如图 1-4 所示。IBM z 系列的大型机一直服务于领先企业的关键业务领域，在全球财富 500 强企业中有 70% 以上是其用户，全球大约有 80% 的企业级数据被存储在 IBM z 系列的大型机上。此外，大型机与当前的云计算、虚拟化等热点技术的联系十分紧密，所有的大型机操作系统都广泛而深入地采用了虚拟化技术。

图 1-4　IBM z 系列的大型机

值得一提的是，从硬件上看，服务器主要是指包括 x86 服务器、小型机、大型机等在内的机器设备，但很多时候我们会把那些能够提供专门服务的软件也称为"服务器"，比如互联网上应用广泛的 Web 服务器、数据库服务器等，它们就是指可以提供 Web 服务、数据库服务的应用程序，像 Nginx、MySQL、Oracle、DB2 等都可以被称为软件层面的"服务器"。

1.2.2　操作系统的分类

操作系统（Operating System，OS）是在计算机硬件上运行的一个十分重要的基础软件，它负责管理计算机的 CPU、内存，以及所有硬件和软件资源，并允许用户通过输入设备（键盘、鼠标等）和输出设备（显示器、打印机等）与主机进行交互。例如，当多个应用程序同时运行时，操作系统负责协调它们之间访问计算机上 CPU、内存、磁盘、网络等硬件的时机，以确保每个应用程序都能够获得所需要的资源，保证其正常运行。对一台现实中的计算机来说，如果没有安装操作系统，那么这台计算机将毫无用途。

操作系统根据应用场景的不同，可大致划分为 PC 操作系统、服务器操作系统、智能设备操作系统、嵌入式操作系统四大类。

1. PC 操作系统

在使用计算机时，操作系统通常已经预装在计算机上，或者第一件事就是安装操作系统。现代的操作系统普遍采用了图形用户界面（Graphical User Interface，GUI），允许用户通过鼠标来操作界面上的图标、按钮和菜单命令等，相比早期只能输入字符命令控制计算机的方式，这极大地增强了它的可操作性和易用性。目前，计算机上常见的三大操作系统分别是微软公司的 Windows、苹果公司的 macOS 及 Linux 桌面版。虽然每种操作系统都有自己的界面设计风格，但它们的设计理念、使用方法和操作习惯基本上是相似的。

1）Windows

Windows 由微软公司在 20 世纪 80 年代中期发布，按其推出的时间顺序分别有 Windows 1.0、Windows 3.2、Windows 95、Windows 98、Windows ME、Windows 2000、Windows XP、Windows Vista、Windows 7、Windows 10、Windows 11 等版本，它们是曾经或正在被广泛使用的主流 PC 操作系统。其显著的特点是简单易用、有强大的多媒体功能，典型的 Windows 界面如图 1-5 所示。实际上，Windows 是从早期的 MS-DOS 逐步发展而来的，最初只是 MS-DOS 上的一个图形界面软件。如今，Windows 已经是世界上主流的 PC 操作系统。

图 1-5　典型的 Windows 界面

2）macOS

macOS 是一种运行于 Macintosh 系列计算机上的操作系统，也是首个在商用领域中获得巨大影响力的成功案例，搭载了 macOS 的苹果 MacBook 笔记本如图 1-6 所示。不过，macOS 是全封闭的，只能在苹果公司开发的硬件上使用，在界面设计风格和使用体验上比较独特，底层采用的是以 BSD UNIX 为基础的系统内核。2012 年之前该操作系统被命名为 Mac OS X，在 2012 年至 2016 年期间被改名为 OS X，2016 年之后被改名为 macOS。

图 1-6　搭载了 macOS 的苹果 MacBook 笔记本

在受众面上，macOS 的功能特点与 Windows 有比较明显的区别。首先，macOS 更适用于设计创作，很多设计类软件在 macOS 上是独有的，加之基于 UNIX 的原因，macOS 相比 Windows 更加稳定，系统界面更美观精致，操控更人性化，这也是大多数设计和创作人员愿意使用 macOS 的原因。其次，macOS 是基于 UNIX 开发的，这使得它可以直接沿用 UNIX（UNIX 是服务器领域中的一个操作系统，稍后进行介绍）生态中的众多软件。最后，macOS 基于 UNIX 内核，本身具有较高的安全性，很少会遇到类似 Windows 中出现的病毒问题。macOS 的应用对象以 IT 工作者和设计师为主，基于 UNIX 内核的特性使其在 IT 工作者群体中深受欢迎，时尚的外形设计和对设计软件良好的支持使其在设计师圈子中的热度一直很高。

3）Linux 桌面版

Linux 自诞生之初是不带图形用户界面的，用户只能通过命令进行管理，比如运行程序、编辑文档、删除文件等（与 MS-DOS 类似）。所以，要想熟练地使用 Linux，就必须记住很多命令。之后，随着 Windows 的普及，计算机的操作界面变得越来越简单美观，人们慢慢习惯了图形化的用户界面，这也间接促进了 Linux 的变革，其很快推出了图形化的桌面环境，比如，作为 Linux 家族成员之一的 Ubuntu 桌面版的主界面如图 1-7 所示。不过，Linux 的桌面环境只是一个普通程序，它没有与操作系统的内核绑定，两者的开发也不同步，因此，只要在 Linux 上安装一个桌面环境软件，用户就能看到各种漂亮的界面，常见的 Linux 桌面环境软件有 KDE、GNOME、Unity、MATE、Cinnamon、Xfce 等。

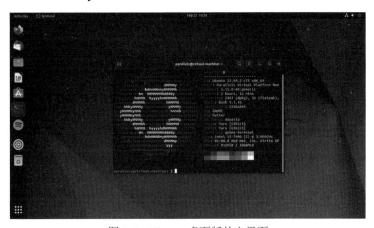

图 1-7　Ubuntu 桌面版的主界面

需要指出的是，Linux 的应用场合主要是服务器，在日常工作和生活中使用 Linux 的情况并不多见，而且主要是被一些专业人员使用，其在图形性能和操作便利性方面相比 Windows 和 macOS 还存在不小的差距，甚至一些硬件因为缺少 Linux 的驱动程序而无法在 Linux 上正常使用。此外，Linux 内的娱乐性应用软件偏少，这也是导致其普及受限的因素之一。

2. 服务器操作系统

服务器操作系统主要是指计算机上安装的为外部提供网络服务的操作系统，如 Web 服务器、数据库服务器等，它们是企业 IT 架构的基础平台。虽然 x86 架构的服务器操作系统支持安装在普通的计算机上，但由于服务器操作系统通常要承担额外的管理和配置任务，并且有着更高的稳定性、安全性要求，因此其硬件配置和可靠性通常都比普通计算机高很多。

服务器操作系统主要分为四大类：NetWare、Windows Server、UNIX 和 Linux。在各种设备和网络都比较落后的年代，NetWare 占据着局域网应用中的重要地位，支持多处理器和高容量内存管理，具有出色的文件共享和打印功能，通过开放标准和文件协议为企业网络提供较高的扩展能力。不过，NetWare 的主要缺点是需要进行昂贵的硬件投资，以及安装过程具有挑战性，并且许多应用程序也不支持该操作系统。目前，NetWare 只被少量应用在某些特定行业中，平时基本上看不到它的身影。为此，接下来我们主要介绍 Windows Server、UNIX 和 Linux 这三大操作系统，它们的常见发行版如下。

- Windows Server 发行版：Windows Server 2003/2008/2012/2016/2019/2022 等。
- UNIX 发行版：AIX、HP-UX、Solaris、FreeBSD 等。
- Linux 发行版：Red Hat Enterprise Linux、CentOS、Debian、Ubuntu 等。

1）Windows Server

Windows Server 是由微软公司在 2003 年推出的服务器操作系统，旨在为企业提供动态可伸缩的基础架构和强大平台，支持多种应用程序、服务和虚拟化技术，提供了多项安全性功能（如身份验证、授权、加密、审计和防病毒等），以及丰富的管理和维护工具。Windows Server 的主界面如图 1-8 所示。相较于其他操作系统，Windows Server 继承了 Windows 家族一贯的易用性，极大地降低了使用者的学习成本，但因为图形环境与内核是绑定在一起的，所以对服务器硬件的要求较高，稳定性上要比 UNIX 和 Linux 偏弱一些，适合在中小型企业或非关键场合中使用。

图 1-8　Windows Server 的主界面

2）UNIX

UNIX 诞生于 1969 年，当时著名的 AT&T（美国电话电报公司）下属的贝尔实验室发布了一个用 C 语言编写的名为"UNIX"的操作系统，这是一个强大的多用户、多任务的分时操作系统，支持多种处理器架构，内建 TCP/IP 网络支持，具有良好的稳定性和安全性。UNIX 本身是一种需要商业授权的操作系统，参与开发的厂商众多（不像 Windows 或 macOS 那样，整个操作系统都是由同一家公司开发的），主流的 UNIX 发行版有 AIX（见图 1-9）、HP-UX、Solaris 等，它们都属于 UNIX，但相互之间并不完全相同。造成这一现象的历史原因是，一些大学和科研机构参与了 UNIX 的开发，但最终在收费问题上，这些商业和非商业的阵营出现了很大分歧，因此导致了 UNIX 的大分裂：一类是基于 System V 的商业收费版 UNIX（如 AIX、HP-UX 等），另一类是 BSD 开源版本的 UNIX（如 FreeBSD、OpenBSD、NetBSD 等）。不过，由于 C 语言编译器支持多种不同的硬件平台，因此两类 UNIX 就被分别移植到了更广泛的机器上运行。

图 1-9　AIX 的界面

UNIX 主要支持大型的文件系统服务、数据服务等应用，甚至一些出众的服务器厂商生产的高端服务器产品只支持 UNIX，因此在许多人眼中，UNIX 就是高端操作系统的代名词。UNIX 可应用于大型企业的核心关键业务，如银行和证券公司的交易系统，它比 Windows Server 和 Linux 要更稳定，更方便维护和管理，当然也需要相匹配的硬件设备，并且价格非常昂贵。预算充足的大型企业或机构，可以选择使用 UNIX。

3）Linux

Linux 准确地说是"Linux 内核"，现在普遍指使用了 Linux 内核的操作系统，因此它也被称为 GNU/Linux，简称 Linux。在 1983 年，美国自由派程序员 Richard Stallman 认为，一个好的操作系统不应控制在商业公司手中，程序员应当拥有能自由控制的操作系统，于是他发起了 GNU 项目。GNU 的名称来源于"GNU is Not UNIX"的首字母，本意为"GNU 不是 UNIX，也不受 UNIX 的种种限制（UNIX 是由商业公司控制的）"。GNU 项目规划了一个完整操作系统的全景蓝图，它一方面将现有的开源代码直接纳入其中，另一方面专门组织力量对市场上没有或不开源的部分进行开发。20 世纪 90 年代初，GNU 项目的大部分组件已经成形，但有一个关键问题，就是内核开发的进展不太顺利。

1991 年，芬兰程序员 Linus Torvalds 受 Minix 和 UNIX 思想的影响和启发，开发了一个可自由使用的 Linux 内核（Minix 是阿姆斯特丹自由大学计算机科学系的塔能鲍姆教授，为了在课堂上讲授操作系统原理而开发出来的一个与 UNIX 兼容的操作系统，其名称取自"Mini UNIX"的缩写，原因是当时 AT&T 将 UNIX 的源代码私有化了，在大学中不能使用 UNIX 的代码进行教学）。1992 年，Linux 内核和几乎制作完成的 GNU 项目结合起来，恰好构成了一个完整的操作系统，这就是后来的"GNU/Linux"，即一个基于 Linux 的 GNU 操作系统，其中 GNU 项目提供了除 Linux 内核以外的大部分软件。Linux 内核采取的是 GPL 协议授权，允许用户免费使用和自由传播，但同时它规定了任何使用 Linux 内核的操作系统必须公开其源代码。需要指出的是，Linux 并没有使用 UNIX 的源代码，它是开发人员按照公开的 POSIX（Portable Operating System Interface of UNIX）标准重新编写的，这是为各种不同 UNIX 发行版上运行的软件而定义的"一整套 API 标准"的总称，确定了软件可移植性的关键要素，这样应用程序就可以在不同的 UNIX 上通用。

站在用户的角度考虑，如果能进一步加上一些实用工具，或者打包成一个单击几下鼠标就能安装使用的操作系统就更好了。因此，一些开源社区和商业公司在 GNU/Linux 的基础上开发了自己的软件产品，将其打包成一个安装之后就能使用的操作系统，这些操作系统也被统称为"Linux 发行版"。目前，全球有几百种不同的 Linux 发行版，有开源社区开发的 CentOS、Debian、openSUSE 等，也有商业公司开发的 Red Hat Enterprise Linux、Oracle Linux、SUSE Linux Enterprise 等。常见 Linux 发行版的 Logo 如图 1-10 所示。

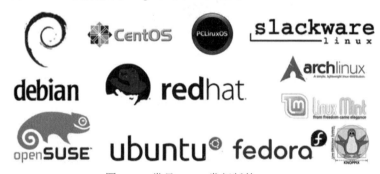

图 1-10 常见 Linux 发行版的 Logo

- Red Hat Enterprise Linux：简称 RHEL，属 Red Hat 公司所有，是全世界范围内应用十分广泛的 Linux 发行版。它具有极强的性能与稳定性，是已经在众多生产环境中应用的服务器操作系统。
- Fedora：由 Red Hat 公司发布的桌面版 Linux 套件，用户可以免费体验到最新的技术或工具，这些技术或工具在成熟后会被加入到 RHEL 中，因此 Fedora 也成了 RHEL 的技术试验版本。
- CentOS：开发者社区通过把 RHEL 的源代码重新编译，发布给用户免费使用，因此 CentOS 具有广泛的使用人群，在国内企业中的应用比例非常高。CentOS 后来被 Red Hat 公司收购，并于 2024 年 6 月停止维护，被调整为 CentOS Stream 的方式发布，是定位于 Fedora 和 RHEL 之间的过渡版本。CentOS Stream 是一个滚动升级的版本，不再是原生 RHEL 代码的重新编译稳定版（即复刻版），因此无法保证系统的稳定性与兼容性。
- Rocky Linux：2020 年 12 月，Red Hat 公司宣布停止对 CentOS 项目的开发，转而开发该操作系统的一个上游变种 CentOS Stream。为此，CentOS 原创始人随后宣布重启一个新的 Rocky Linux 项目来实现 CentOS 的原始目标。Rocky Linux 旨在成为一个使用 RHEL 源代码的完整下游二进制兼容版本，以继续提供一种由社区支持且可用于生产环境的企业级 Linux 操作系统。
- Debian：稳定性和安全性强，提供了免费的基础支持，在国外拥有很高的认可度和使用率，很多 Linux 发行版是基于 Debian 开发的，相当于 Debian 的下游版本。
- Ubuntu：由 Canonical 公司基于 Debian 开发，有着非常漂亮的桌面环境，适合在日常工作中使用，对新款硬件具有极强的兼容性。Ubuntu 与 Fedora 都是非常出色的 Linux 桌面操作系统，Ubuntu 还包括应用于服务器领域的 Server 版本。
- openSUSE：使用量在欧洲排名第一，默认以 KDE5 作为桌面环境，也提供了 GNOME 桌面版本。它的软件包管理系统采用 RPM 和自主开发的 zypper，提供了一个集中的系统管理工具 YaST，类似于 Windows 的控制面板功能。
- Oracle Linux：一个开放、完整的操作环境，除了提供操作系统功能，还提供虚拟化、管理和云原生计算等工具，以及统一的支持服务，与 RHEL 应用 100%二进制兼容，得益于此，它通常也可作为其他 Linux 发行版（如 CentOS 等）的替代品。

3．智能设备操作系统

随着时代的发展，智能手机已经成为人们生活中不可或缺的一部分，智能设备操作系统作为重要的软件平台，受到了广泛的关注。智能设备操作系统最初是指运行在智能手机硬件上的一个软件平台，它负责控制并管理智能手机上的各种功能和软件应用，后来逐渐延伸到平板电脑、智能电视等领域。不同的智能设备操作系统具有不同的特色，包括界面设计、应用程序开发支持、安全性能等方面。在智能手机领域中曾出现过一些比较著名的智能设备操作系统，如 Symbian、Palm、BlackBerry、Windows Mobile 等，随着市场的优胜劣汰，目前智能设备操作系统主要由苹果公司的 iOS 和 Google 公司的 Android 统领，两者加起来占据了超过 99%的市场份额。

1）iOS

iOS 是苹果公司为旗下移动设备开发的专有移动操作系统，支持 iPhone、iPad 等设备，其界面如图 1-11 所示。iOS 是 2007 年在苹果全球开发者大会上被公布的，最初是设计给 iPhone 设备使用的，后来陆续被应用到 iPod Touch、iPad 设备上。iOS 与 macOS 一样，都是属于类 UNIX 的商业操作系统，其原名为 iPhone OS，但因为 iPad、iPod Touch 这些设备也是使用的 iPhone OS，所以 2010 年在苹果全球开发者大会上其被改名为 iOS。目前，iOS 是紧随 Android 之后全球第二大受欢迎的移动操作系统。

图 1-11　iOS 的界面

iOS 的主要版本通常每年被发布一次，因为用于 iPad 的操作系统已独立出来成为 iPadOS，此外已停产的 iPod Touch 第七代操作系统也不再更新，所以 iOS 16 之后的版本已经成为实质上的 iPhone OS 了。

2）Android

Android 的中文名为"安卓"，是一种基于 Linux 内核（不包含 GNU 软件套件）的自由及开放源代码的移动操作系统，是由 Google 公司和开放手机联盟领导开发出来的。Android 最初由安迪·鲁宾开发，2005 年被 Google 公司收购，2007 年 Google 公司联合 84 家硬件制造商、软件开发商、电信运营商组建开放手机联盟，其核心为 AOSP（Android Open Source Project）开源项目。随后，Google 公司以 Apache 许可证的授权方式发布了 Android 的源代码。2008 年 10 月，搭载 Android 1.5 的第一部智能手机 HTC Dream(G1)（见图 1-12）被发布，它由 HTC 公司与 T-Mobile 运营商联合推出，配置了一块 3.17 英寸的触控屏，分辨率为 480 像素×320 像素，处理器型号为高通 MSM8201，主频为 528MHz，运行内存也只有 192MB，但在当时这已经是顶级配置了。

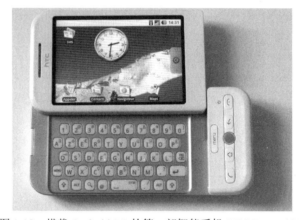

图 1-12　搭载 Android 1.5 的第一部智能手机 HTC Dream(G1)

Android 自正式发布以来，依次发布过 1.5、1.6、2.1、2.2、2.3、3.x、4.x、5.x、6.0、7.x、8.x、9、10、11、12、13、14 等版本，与此同时迅速扩展到平板电脑和其他领域，包括智能电视机、智能手表等，如图 1-13 所示。

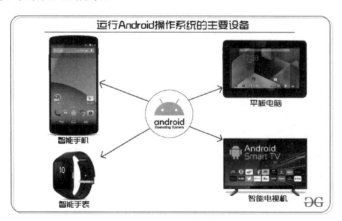

图 1-13　Android 的应用领域

4. 嵌入式操作系统

嵌入式操作系统，是"嵌入式系统"上的一种基础软件。这里所说的嵌入式系统，是指以嵌入式计算机为技术核心，直接面向用户、产品和具体应用，软硬件可缩减，适用于对功能、可靠性、成本、体积、功耗等综合性能有严格要求的场合，它相当于一台特制的迷你计算机，带有 CPU、内存和存储，只是不能安装类似 Windows 的 PC 操作系统，所以一般也把这种特制的计算机统称为"嵌入式系统"。

嵌入式系统的主要特点如下。

- 高可靠，在恶劣环境或突然断电的情况下，系统仍然能够正常工作。
- 实时性，嵌入式系统具有实时处理能力，能够在用户可容忍时间内做出响应。
- 与具体的应用设备有机结合在一起，升级换代也是与具体产品同步进行的。
- 软件代码一般固化在 ROM（只读存储器）或闪存中，而不是配置磁盘。

嵌入式系统是在微处理器问世之后才真正发展起来的。1971 年 11 月，Intel 公司成功推出了第一款微处理器 Intel 4004，其后 TI、Motorola、Zilog 等厂家陆续推出了许多种 8 位、16 位的微处理器。这种以微处理器为核心的技术，被广泛应用到仪器仪表、医疗设备、机器人、家用电器等领域中作为控制系统使用，之后，计算机设备厂家开始大量以"插件"方式向用户提供 OEM（原始设备制造商）定制产品，由用户根据自己的需要选择一套合适的 CPU 板、存储器板及各种 I/O 插件板，从而构成专用的计算机系统，并将其嵌入到自己的设备中使用，如图 1-14 所示。

图 1-14　常见的包含嵌入式操作系统的设备

和计算机一样，嵌入式系统也需要操作系统的支撑，典型的嵌入式系统开发板如图 1-15 所示。嵌入式操作系统，也被称为 RTOS（Real Time Operating System，实时操作系统），是一种用途广泛的系统软件，通常包括底层硬件驱动、系统内核、设备驱动接口、通信协议、图形用户界面、标准化浏览器等。嵌入式操作系统负责嵌入式系统的全部软、硬件资源的分配、任务调度、控制和协调并发程序运行活动，能够通过裁剪某些模块达到系统所要求的功能。在嵌入式领域中广泛使用的操作系统包括 VxWorks、μC/OS-II、eCos、μClinux、Windows Embedded 等。

除了嵌入式系统，还有一类被称为"单片机"的系统。单片机是一种集成电路芯片，它把具有数据处理能力的 CPU（中央处理器）、RAM（随机存储器）、ROM（只读存储器）、多种 I/O

接口和中断系统、定时器/计数器等功能（可能还包括显示驱动、A/D 转换器等电路）集成到一块芯片上，从而构成一个更小且完善的"微缩型计算机"，典型的单片机开发板如图 1-16 所示。由于单片机是把全部功能集成在一块芯片上的，因此成本低廉（比如几元），被广泛应用到工业控制、家用电器等领域中，像洗衣机、冰箱、空调等设备都要用到单片机。

图 1-15　典型的嵌入式系统开发板　　　　图 1-16　典型的单片机开发板

那么，单片机与嵌入式系统应该怎么区分呢？嵌入式系统几乎是一个完整的迷你计算机，需要使用专门的操作系统软件。而单片机则更像是一个没有外设的微缩型计算机，其硬件配置较低，不用借助任何操作系统，只要将代码烧写到单片机芯片中就能工作。不过，随着半导体技术的迅猛发展，现在越来越多的硬件功能都能被设计到单片机中，所以嵌入式系统和单片机之间的硬件区别越来越小，分界线也越来越模糊。

1.2.3　Linux 的应用领域

Linux 的应用领域主要有三大类，即服务器领域、嵌入式系统领域、桌面 PC 领域，其中以服务器领域的应用最多。

1．Linux 在服务器领域中的应用

当今，服务器操作系统已经变成 Linux、UNIX 和 Windows 三分天下的局面。Linux 可谓后起之秀，尤其是近几年，服务器端 Linux 不断地扩大市场份额，增长势头迅猛。Linux 作为企业级服务器的应用十分广泛，如图 1-17 所示，可以作为企业 Web 服务器、数据库服务器、负载均衡服务器、邮件服务器、DNS 服务器、代理服务器等，其不但能使企业降低运营成本，还能使服务器获得高稳定性和高可靠性。Linux 和 UNIX 一样，也适用于大型企业，特别是对于业务量大、安全性和稳定性要求高的企业，其可在各种超级计算机上运行超大型应用程序。据粗略统计，全球访问量排名前 100 万的服务器有超过九成使用 Linux 作为服务器操作系统。

图 1-17　Linux 应用于企业级服务器

2. Linux 在嵌入式系统领域中的应用

由于 Linux 是开放源代码的,拥有强大的功能,运行可靠、稳定性强,也很灵活,具有极强的可伸缩性,并且广泛支持大量的微处理器体系架构、硬件设备、图形环境和通信协议,因此在嵌入式系统领域中,从消费电子、网络设备到专用的仪器仪表控制系统,都活跃着 Linux 的身影。特别是经过近几年的发展,Linux 已经成功跻身于主流的嵌入式开发平台,比如,英伟达 Jetson 系列人工智能嵌入式开发板如图 1-18 所示。

图 1-18 英伟达 Jetson 系列人工智能嵌入式开发板

3. Linux 在桌面 PC 领域中的应用

Linux 在桌面应用上的改进已经达到较好的水平,现在完全可以作为一种集办公应用、多媒体、网络应用等多功能于一体的图形用户界面操作系统。在 Linux 中,用户可以使用 Chrome/Firefox 浏览器上网,使用 OpenOffice 办公软件处理文档和表格等。典型的 Linux 桌面版如图 1-19 所示。

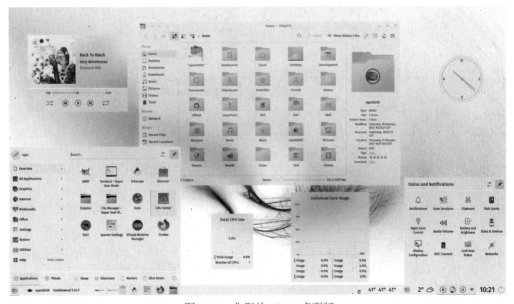

图 1-19 典型的 Linux 桌面版

虽然 Linux 的桌面环境支持已经比较广泛,但是当前还远远无法与 Windows、macOS 这类桌面操作系统竞争，其中的障碍之一就是 Linux 的桌面性能与后两者差距较大，其他障碍还有用户的使用观念、操作习惯等因素。此外，很多用户熟知的应用软件未被移植到 Linux 上也是其中一个障碍。

1.3 VMware Workstation 的安装

在生产环境下，Linux 一般是通过光盘或优盘引导安装到服务器上的，或者通过云服务器环境进行安装。考虑到学习的便利性，这里使用 VMware Workstation（简称 VMware）虚拟机管理软件将不同版本的 Linux 安装到虚拟机中。VMware 是一款功能强大的桌面虚拟机管理软件，为用户提供了在单一桌面上同时运行不同操作系统，以及开发、测试、部署新的应用程序的最佳解决方案。VMware 可以在一台机器上同时运行 Windows、Linux 等多种操作系统，每种操作系统都可以进行单独的虚拟分区，而且不会影响真实磁盘的数据，甚至在 VMware 中还可以通过网卡将几台虚拟机连接为一个局域网，使用起来极其方便。

图 1-20　VMware-workstation-full-14.0.0.24051.exe 安装文件

VMware Workstation 的常见版本有 12.x、14.x、16.x 等，下面以 VMware Workstation 14.0 为例介绍其在 Windows 上的安装过程，其他版本的安装过程与此类似。

（1）双击 VMware-workstation-full-14.0.0.24051.exe 安装文件（见图 1-20），启动 VMware Workstation 的安装。

（2）在"欢迎使用 VMware Workstation Pro 安装向导"界面中，单击"下一步"按钮；在"最终用户许可协议"界面中，勾选"我接受许可协议中的条款"复选框，并单击"下一步"按钮，如图 1-21 所示。

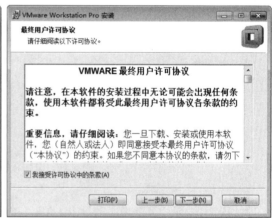

图 1-21　VMware Workstation 安装向导和最终用户许可协议

（3）在"自定义安装"界面中，采用默认设置，直接单击"下一步"按钮；在"用户体验设置"界面中，取消勾选所有的复选框，并单击"下一步"按钮，如图 1-22 所示。

（4）在"快捷方式"界面中，默认勾选所有复选框，单击"下一步"按钮；在"已准备好安装 VMware Workstation Pro"界面中，直接单击"安装"按钮，即可正式启动安装过程，如图 1-23 所示。

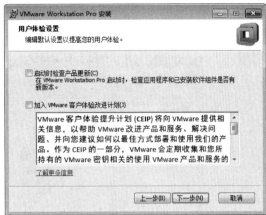

图 1-22   VMware Workstation 自定义安装和用户体验设置

图 1-23   VMware Workstation 快捷方式设置和启动安装过程

（5）在安装过程中，所做的工作就是将文件复制到系统中，并设置各种服务，安装完成后，单击"许可证"按钮输入 VMware Workstation 对应版本的序列号，或者直接单击"完成"按钮结束安装，如图 1-24 所示。

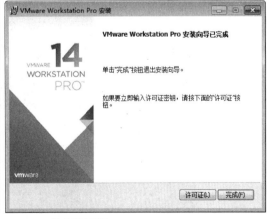

图 1-24   VMware Workstation 的安装过程

（6）启动已安装的 VMware Workstation，其中，主界面的左侧是已创建的虚拟机库，顶部是与虚拟机管理相关的功能菜单，右侧默认显示 VMware Workstation 的主页快捷功能图标，如图 1-25 所示。

图 1-25　VMware Workstation 主界面

接下来分别阐述在 VMware 虚拟机中安装 CentOS7、Rocky Linux 9.1、Ubuntu 22.04、Debian 12.1 这 4 个 Linux 发行版的详细步骤。

1.4　在 VMware 虚拟机中安装 Linux 发行版

1.4.1　安装 CentOS 虚拟机

CentOS 官方网站首页如图 1-26 所示，读者可以从中下载 CentOS 或 CentOS Stream 的 ISO 光盘镜像。为方便读者学习，本书配套资源中已经包含本节所要使用的 CentOS7 安装镜像。

图 1-26　CentOS 官方网站首页

（1）在打开的 VMware 主界面中，选择主菜单中的"文件"→"新建虚拟机"命令，创建 VMware 虚拟机，如图 1-27 所示。

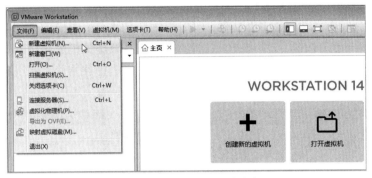

图 1-27　创建 VMware 虚拟机

（2）在"欢迎使用新建虚拟机向导"界面中，采用默认推荐的"典型"配置，单击"下一步"按钮；在"安装客户机操作系统"界面中，选中"安装程序光盘映像文件(iso)"单选按钮，并单击右侧的"浏览"按钮，找到下载好的"CentOS-7-x86_64-Minimal-2207-02.iso"文件，单击"下一步"按钮，如图 1-28 所示。

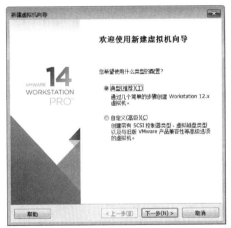

图 1-28　VMware 新建虚拟机向导（配置、安装来源）

（3）在"命名虚拟机"界面中，设定虚拟机名称及虚拟机文件的保存位置，单击"下一步"按钮，如图 1-29 所示。

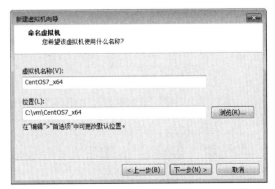

图 1-29　VMware 虚拟机名称和文件保存位置设置

（4）在"指定磁盘容量"界面中，可以设定虚拟机使用的最大磁盘大小，默认为 20GB，也可以根据需要进行调整，如果要在虚拟机中安装大型应用程序，就应该增加其容量。需要指出的是，虚拟机文件的大小是在使用过程中按需增加的，这里设置的只是最大容量限制。至于是将虚拟机存储为单个文件还是多个文件，可以根据自己的喜好选择，不影响使用效果。设置完成后，单击"下一步"按钮。之后，单击"完成"按钮结束虚拟机的创建工作，或者单击"自定义硬件"按钮修改虚拟机的一些默认设置，例如，虚拟机中使用的 CPU 核数及内存等，如图 1-30 所示。

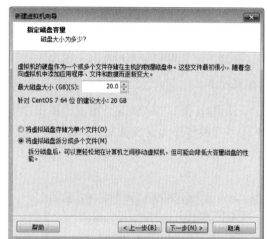

图 1-30　VMware 磁盘容量和硬件设置

（5）虚拟机创建完成后，VMware 会自动启动 CentOS 的安装过程，CentOS 安装启动界面如图 1-31 所示。如果在安装过程中遇到问题，那么可以考虑先将虚拟机的内存设置得大一些，比如设为 2GB 以上，再尝试安装一遍，这个阶段出现的问题一般都是由虚拟机的内存不足造成的。

图 1-31　CentOS 安装启动界面

当出现 CentOS 的安装启动界面后，默认会等待十几秒的时间才会启动 CentOS 的安装，此时可以通过鼠标单击虚拟机的安装启动界面，并按键盘上的上、下方向键选中所需选项（如选中"Install CentOS 7"）并按回车键，就会立即启动安装过程。

🔴 **学习提示**

需要注意的是，当单击虚拟机的安装启动界面后，VMware 通常会自动锁定键盘和鼠标操作，即此后的键盘和鼠标操作都是针对虚拟机的。如果希望回到 Windows 中进行键盘或鼠标操作，则可以按 Ctrl+Alt 快捷键进行解锁。因为这里的 VMware 虚拟机是安装在 Windows 中的，所以 Windows 也被称为"宿主机"，相当于 VMware 虚拟机是"寄宿"在 Windows 中的。

（6）CentOS 正式启动后，首先会执行虚拟机的硬件配置检测，过程如图 1-32 所示。

```
[  OK  ] Started Forward Password Requests to Plymouth Directory Watch.
[  OK  ] Reached target Paths.
[  OK  ] Reached target Basic System.
[  OK  ] Started Device-Mapper Multipath Device Controller.
         Starting Open-iSCSI...
[  OK  ] Started Open-iSCSI.
         Starting dracut initqueue hook...
[  11.644240] dracut-initqueue[721]: mount: /dev/sr0 is write-protected, mounting read-only
[  OK  ] Created slice system-checkisomd5.slice.
         Starting Media check on /dev/sr0...
/dev/sr0:    3b5a95e79c193b9e2ec9287ab69f6456
Fragment sums: 12f781449c85388c2d3b92fd69797faa6cdd24377853e3b3f5def3cf7a58
Fragment count: 20
Press [Esc] to abort check.
Checking: 080.6%_
```

图 1-32　检测过程

（7）当硬件配置检测执行完成后，将启动一个图形化的安装界面，在该界面中可以选择安装过程中使用的语言，如图 1-33 所示。由于我们下载的是最小版 CentOS7 镜像，安装后并不支持中文，因此这里采用默认的"English"选项设置即可，单击"Continue"按钮继续下一步操作。

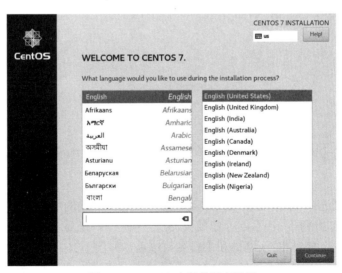

图 1-33　CentOS 安装的语言设置

（8）在安装设置界面中，单击空白区域并按住鼠标左键向上拖动，直到出现"INSTALLATION DESTINATION"（安装目标）选项为止，单击该选项以确认系统安装的目标磁盘，否则无法进行下一步操作，如图 1-34 所示。

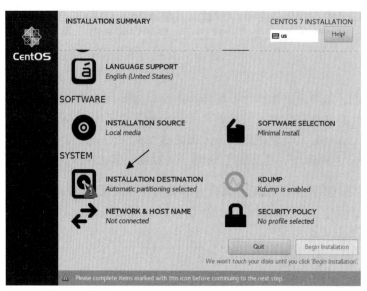

图 1-34 单击"INSTALLATION DESTINATION"选项

（9）在"INSTALLATION DESTINATION"界面中，默认已经勾选创建虚拟机时分配的磁盘空间，采用默认设置即可，直接单击"Done"按钮，如图 1-35 所示。

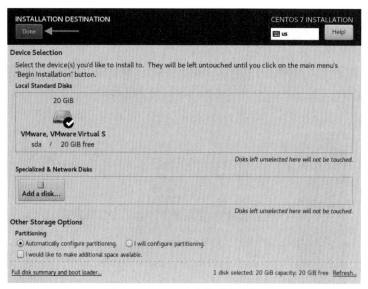

图 1-35 CentOS 安装磁盘选择

（10）除了需要选择 CentOS 的安装磁盘，还需要设置网络的状态，这是因为 CentOS7 在安装时默认不会启用网卡，这会对安装完成之后的工作造成不便，因此单击界面上的"NETWORK & HOST NAME"（网络和主机名）选项，如图 1-36 所示。

（11）在"NETWORK & HOST NAME"界面中，将网络状态开关切换为"ON"，这样 VMware 就会自动分配一个 IP 地址给当前的虚拟机，用户还可以根据需要设置主机名（如 centos-vm）或保持默认内容不变，单击"Done"按钮完成网络状态和主机名的设置，如图 1-37 所示。

图 1-36　单击 "NETWORK & HOST NAME" 选项

图 1-37　CentOS 网络状态和主机名设置

（12）现在一切准备就绪，单击 "Begin Installation" 按钮正式开始安装 CentOS，如图 1-38 所示。

图 1-38　开始安装 CentOS

（13）在复制安装文件的过程中，还要设置系统 root 账号的密码，此时单击界面上的"ROOT PASSWORD"选项，如图 1-39 所示。

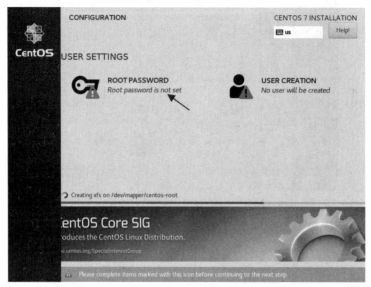

图 1-39　单击"ROOT PASSWORD"选项

（14）为简单起见，分别在密码框和密码确认框中输入 root 作为密码，连续单击两次"Done"按钮，完成密码的设置，如图 1-40 所示。

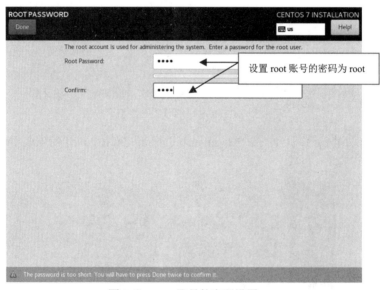

图 1-40　root 账号的密码设置

（15）当安装过程结束后，会显示最后一个界面，在该界面中只需单击"Reboot"按钮重启虚拟机即可，如图 1-41 所示。

（16）启动安装好的 CentOS 虚拟机后，会出现一个启动菜单（见图 1-42），默认等待 5 秒就会进入系统。当然，也可以先通过鼠标单击虚拟机的界面，然后使用键盘上的上、下方向键进行选择并按回车键，其中第一项表示正常启动 CentOS 虚拟机，第二项通常只在维护 CentOS 虚拟机时才使用且启动后部分功能会受限。

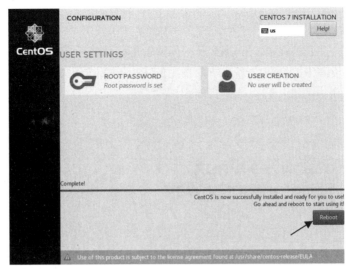

图 1-41　CentOS 虚拟机安装完成后的界面

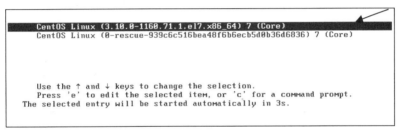

图 1-42　CentOS 虚拟机的启动菜单

（17）当 CentOS 虚拟机启动完成后，会出现登录界面（见图 1-43），这是 CentOS 虚拟机的入口，此时需要输入账号 root 及密码 root，如果一切正常，就会进入 Linux 的默认命令行提示符界面，这个界面也被称为 Shell 终端。

图 1-43　CentOS 虚拟机的登录界面

需要特别注意的是，在 "Password:" 右侧输入的密码是不会显示的，因此输完密码后直接按回车键即可，无须在输入密码时担心是否真正输入了密码。由于此时还没有开始介绍 Linux 的命令使用方法，因此这里直接将安装好的 CentOS 虚拟机关闭，在命令提示符的右侧输入 poweroff 命令并按回车键即可，如图 1-44 所示。

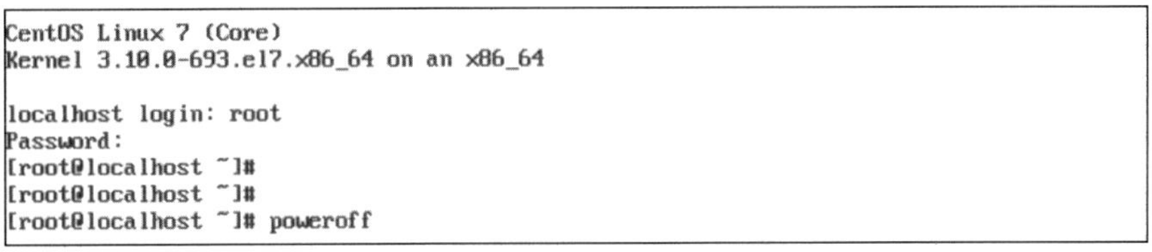

```
CentOS Linux 7 (Core)
Kernel 3.10.0-693.el7.x86_64 on an x86_64

localhost login: root
Password:
[root@localhost ~]#
[root@localhost ~]#
[root@localhost ~]# poweroff
```

图 1-44　输入 poweroff 命令并按回车键

1.4.2 安装 Rocky Linux 虚拟机

Rocky Linux 官方网站首页如图 1-45 所示，读者可以从中下载 Rocky Linux 的 ISO 光盘镜像。由于本书配套资源中已经包含本节所要使用的 Rocky Linux 9.1 安装镜像，因此此处直接使用它即可。

图 1-45　Rocky Linux 官方网站首页

（1）参照安装 CentOS 虚拟机的步骤，在 VMware 中启动新建虚拟机向导，采用默认推荐的"典型"配置，指定要安装的 Rocky Linux 9.1 镜像，如图 1-46 所示。在指定安装的镜像后，界面上会提示"无法检测此光盘映像中的操作系统。您需要指定要安装的操作系统"信息，这是因为当前的 VMware 版本不能识别 Rocky Linux 9.1 镜像的操作系统类型，下一步我们将手动指定，这里忽略即可，单击"下一步"按钮。

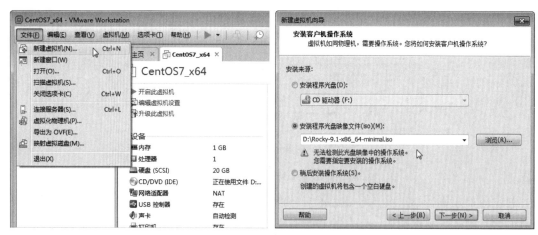

图 1-46　新建 Rocky Linux 虚拟机和指定要安装的镜像

（2）指定客户机操作系统为"Linux"，版本为"CentOS 7 64 位"（因为 Rocky Linux 与 CentOS 都是来自 RHEL 源代码的二次编译，所以它们属于同一种类型），单击"下一步"按钮，修改虚拟机名称和文件的保存位置，设置完成后单击"下一步"按钮，如图 1-47 所示。

（3）在"指定磁盘容量"界面中，保持默认设置不变，单击"下一步"按钮。如果希望修改虚拟机的内存、CPU 核数，则可以单击"自定义硬件"按钮进行调整。这里直接单击"完成"按钮结束 Rocky Linux 虚拟机的创建，如图 1-48 所示。

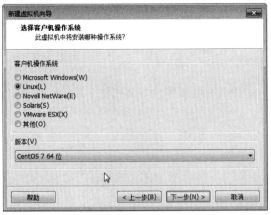

图 1-47　Rocky Linux 虚拟机的类型、名称和文件保存位置设置

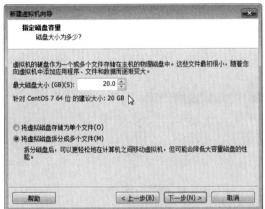
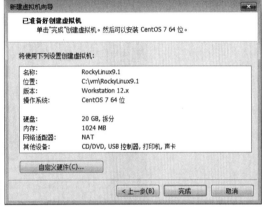

图 1-48　Rocky Linux 虚拟机的磁盘容量和硬件设置

（4）当 Rocky Linux 虚拟机创建完成后，需要手动将其启动。首先单击 VMware 左侧虚拟机库中的"RockyLinux9.1"选项，然后单击右侧的"开启此虚拟机"链接，此时虚拟机将开始启动。当出现安装启动界面后默认要等待 60 秒才会启动虚拟机，此时可通过鼠标单击安装启动界面，在默认选中的第二项上按回车键，就会立即启动，如图 1-49 所示。

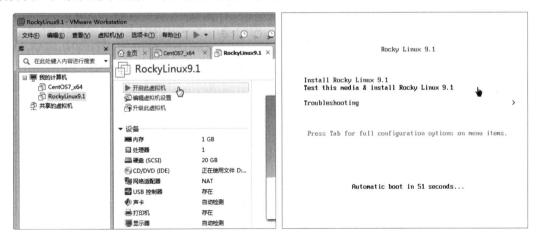

图 1-49　Rocky Linux 虚拟机的启动操作步骤

（5）Rocky Linux 同样先执行虚拟机的硬件配置检测，过程如图 1-50 所示。

```
[  OK  ] Finished Wait for udev To Complete Device Initialization.
         Starting Device-Mapper Multipath Device Controller...
[  OK  ] Started Device-Mapper Multipath Device Controller.
[  OK  ] Reached target Preparation for Local File Systems.
[  OK  ] Reached target Local File Systems.
[  OK  ] Reached target System Initialization.
[  OK  ] Reached target Basic System.
/dev/sr0:   98a0207a90d8247fb510f32ef71cbaf3
Fragment sums: d3c62853e6d77a568b6e5341d42a5be91e7d2a2a43a5beeda4ecf861fb8b
Fragment count: 20
Supported ISO: yes
Press [Esc] to abort check.
Checking: 076.3%_
```

图 1-50　检测过程

（6）当硬件配置检测执行完成后，将启动一个图形化的安装界面，该界面与 CentOS 的安装界面基本一样，且默认为中文语言环境，如图 1-51 所示。不过，这个中文语言界面只在安装过程中有效，这是因为我们使用的是 Rocky Linux 最小版镜像，它不包含桌面环境所需的软件包，当安装结束后，中文语言是不可用的。

图 1-51　Rocky Linux 的安装语言设置

（7）单击"继续"按钮，出现"安装信息摘要"界面，将其向上滚动，会发现底部有两个选项出现感叹号的提示，单击其中的"安装目的地"选项。采用默认的安装目标位置设置，单击"完成"按钮回到"安装信息摘要"界面，如图 1-52 所示。

图 1-52　Rocky Linux 的安装目标位置设置

（8）单击"root 密码"选项，设置 root 账号的密码，否则"开始安装"按钮会一直保持灰色，无法执行后面的安装过程，在"ROOT 密码"界面中，分别在密码框和确认密码框中输入 root，取消勾选"锁定 root 账户"复选框，同时勾选"允许 root 用户使用密码进行 SSH 登录"复选框。由于这里设置的密码过短，因此需要单击两次"完成"按钮，如图 1-53 所示。

图 1-53　Rocky Linux 的 root 账号密码设置

（9）当回到"安装信息摘要"界面后，"开始安装"按钮就可用了，单击"开始安装"按钮，如图 1-54 所示。

图 1-54　单击"开始安装"按钮

（10）安装过程需要持续几分钟，当安装完成后，单击"重启系统"按钮，安装好的虚拟机就会重新启动，Rocky Linux 的"安装进度"界面如图 1-55 所示。

图 1-55　Rocky Linux 的"安装进度"界面

（11）在 Rocky Linux 虚拟机启动的过程中，还会显示一系列相关的启动过程检测信息，如图 1-56 所示。

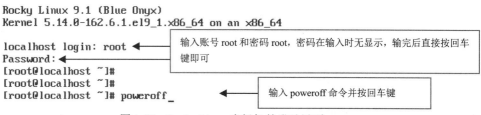

```
[   14.979097] vmwgfx 0000:00:0f.0: [drm] Screen Target display unit initialized
[   14.983887] vmwgfx 0000:00:0f.0: [drm] Fifo max 0x00040000 min 0x00001000 cap
   0x0000077f
[   14.984087] vmwgfx 0000:00:0f.0: [drm] Using command buffers with DMA pool.
[   14.984096] vmwgfx 0000:00:0f.0: [drm] Available shader model: Legacy.
[   14.992084] fbcon: svgadrmfb (fb0) is primary device
[   14.993034] Console: switching to colour frame buffer device 160x48
[   15.010245] [drm] Initialized vmwgfx 2.20.0 20211206 for 0000:00:0f.0 on minor 0
[  OK  ] Finished Create Volatile Files and Directories.
         Starting Security Auditing Service...
         Starting Rebuild Journal Catalog...
[  OK  ] Started /usr/sbin/lvm vgchange -aay --autoactivation event r1.
```

图 1-56　Rocky Linux 虚拟机启动过程的检测信息

（12）当 Rocky Linux 虚拟机启动完成后，会显示一个登录界面（见图 1-57），在 "login:" 右侧输入账号 root，并在 "Password:" 右侧输入密码 root，即可登录 Rocky Linux 虚拟机。类似地，在命令行提示符右侧输入 poweroff 命令并按回车键即可将当前虚拟机关闭。

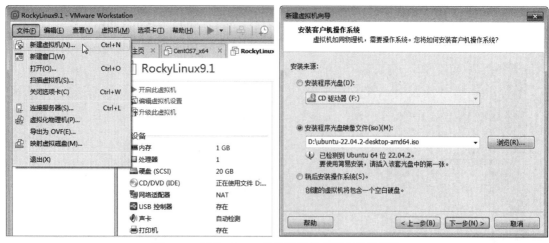

```
Rocky Linux 9.1 (Blue Onyx)
Kernel 5.14.0-162.6.1.el9_1.x86_64 on an x86_64

localhost login: root
Password:
[root@localhost ~]#
[root@localhost ~]#
[root@localhost ~]# poweroff_
```

输入账号 root 和密码 root，密码在输入时无显示，输完后直接按回车键即可

输入 poweroff 命令并按回车键

图 1-57　Rocky Linux 虚拟机的登录界面

1.4.3　安装 Ubuntu 虚拟机

由于在 1.4.1 节和 1.4.2 节中安装的 CentOS7 和 Rocky Linux 9.1 默认都不带图形用户界面，因此只能通过 Linux 命令来使用它们。接下来准备安装的是包含图形用户界面的 Ubuntu 22.04 和 Debian 12.1 桌面版，本节来安装 Ubuntu 22.04。

（1）在 VMware 中启动新建虚拟机向导，采用默认推荐的 "典型" 配置，指定要安装的 Ubuntu 22.04 镜像，单击 "下一步" 按钮，如图 1-58 所示。

图 1-58　新建 Ubuntu 虚拟机和指定要安装的镜像

（2）设置虚拟机名称和文件的保存位置，并将最大磁盘大小调整为 60GB，如图 1-59 所示。因为桌面环境的系统安装的文件比较多，并且为方便后续安装其他桌面软件，所以可将最大磁盘大小调整得大一些。

图 1-59　Ubuntu 虚拟机名称、文件保存位置和磁盘容量设置

（3）由于 Ubuntu 需要运行桌面环境，因此 VMware 默认的 1024MB 内存就显得比较紧张了，单击"自定义硬件"按钮，将内存调整为 2GB（2048MB）或 2GB 以上，否则后续的安装过程很可能会遇到问题。内存调整完成后，单击"硬件"界面中的"关闭"按钮，并单击"完成"按钮结束虚拟机的创建，如图 1-60 所示。

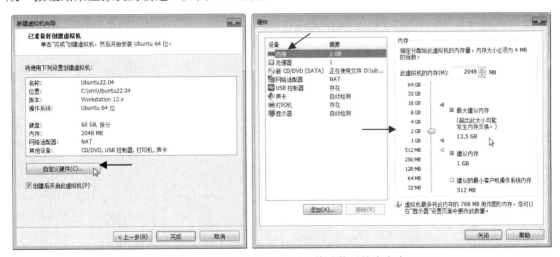

图 1-60　Ubuntu 虚拟机的硬件设置（修改使用的内存为 2GB）

（4）虚拟机创建完成后，VMware 会自动启动 Ubuntu 的安装过程。在 Ubuntu 的启动菜单位置，使用鼠标单击安装启动界面，通过键盘上的上、下方向键选中"Try or Install Ubuntu"选项（见图 1-61）并按回车键，否则要等待一会儿才会进入初始安装界面。

（5）在进入 Ubuntu 的初始安装界面后，将会显示一个图形化的桌面安装环境，如图 1-62 所示。

（6）在"欢迎"界面中，首先单击左侧列表框中的"中文(简体)"选项，然后单击右侧的"安装 Ubuntu"按钮，进行安装语言的设置，如图 1-63 所示。

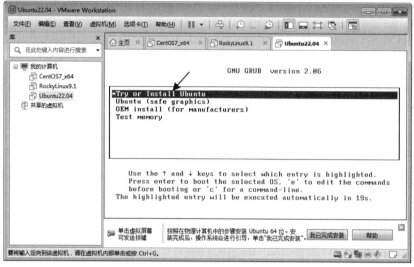

图 1-61　选中"Try or Install Ubuntu"选项

图 1-62　Ubuntu 的初始安装界面

图 1-63　Ubuntu 的安装语言设置

（7）在"键盘布局"界面中采用默认的"Chinese"设置，单击"继续"按钮；在"更新和其他软件"界面中选中"最小安装"单选按钮，并将"其他选项"中的复选框都取消勾选，单击"继续"按钮，如图 1-64 所示。

图 1-64　Ubuntu 的键盘布局和软件安装设置

（8）在"安装类型"界面中，选中"清除整个磁盘并安装 Ubuntu"单选按钮，并单击"现在安装"按钮，此时会显示一个"将改动写入磁盘吗？"确认框，直接单击"继续"按钮即可，如图 1-65 所示。需要指出的是，这里所谓的清除磁盘，是指清除分配给虚拟机的磁盘空间，并不会影响宿主机 Windows 的磁盘分区，也不会对当前系统造成其他损害。

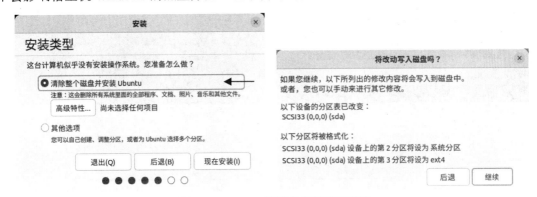

图 1-65　Ubuntu 的磁盘安装类型设置

（9）在"时区设定"界面中，采用默认的 Shanghai 时区设置即可，单击"继续"按钮。接下来需要设定虚拟机的计算机名和登录账号。因为 Ubuntu 默认是不允许使用 root 账号直接登录的，所以这里准备创建一个日常使用的账号 demo（该账号是可以获取到 root 权限的），按照图 1-66 所示的信息进行设置，将密码设置为"demo"，计算机名设置为"ubuntu-vm"（其他名称也可以），选中"登录时需要密码"单选按钮，并单击"继续"按钮。

（10）下面正式开始安装 Ubuntu 虚拟机。在这一阶段，需要进行安装文件的复制、从网络下载必要的文件和语言包、硬件配置、临时文件的删除等一系列工作，如图 1-67 所示。安装完成后，单击"现在重启"按钮，Ubuntu 虚拟机将重新启动。

（11）在启动之前，必须先使用鼠标单击虚拟机安装界面中的"Please remove the installation medium, then press ENTER:"，并按回车键移走安装介质文件，这样虚拟机就正式启动了，如图 1-68 所示。

图 1-66　Ubuntu 的登录信息设置

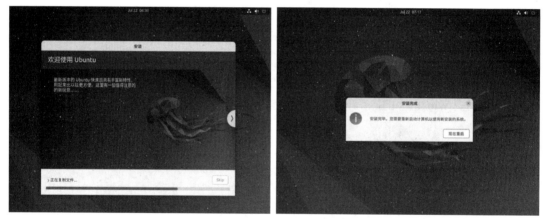

图 1-67　Ubuntu 虚拟机的安装过程

图 1-68　Ubuntu 虚拟机安装完成的确认

（12）当虚拟机启动之后，首先会出现一个登录界面（见图 1-69），这里默认列出了虚拟机安装时创建的 demo 账号。使用鼠标单击 demo 账号，输入密码 demo，按回车键，即可登录系统。

图 1-69　Ubuntu 虚拟机的登录界面

（13）在首次进入 Ubuntu 桌面环境时，需要进行初始配置。单击"在线账户"界面右上角的"跳过"按钮，忽略在线账户的设置，在"Ubuntu Pro"界面中，默认选中"Skip for now"单选按钮，直接单击右上角的"前进"按钮，如图 1-70 所示。

图 1-70　Ubuntu 初始配置（1）

（14）在"为 Ubuntu 添砖加瓦"界面中，默认选中"是，将系统信息发送给 Canonical"单选按钮，直接单击右上角的"前进"按钮；在"欢迎使用 Ubuntu"界面中，也采用默认设置，直接单击右上角的"前进"按钮，如图 1-71 所示。

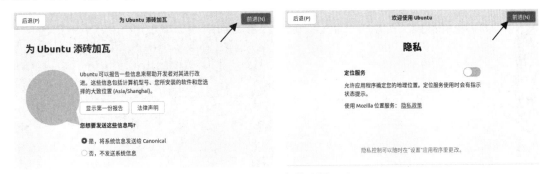

图 1-71　Ubuntu 初始配置（2）

（15）单击"准备就绪"界面右上角的"完成"按钮，结束首次登录的初始配置，进入 Ubuntu 的默认桌面环境，如图 1-72 所示。

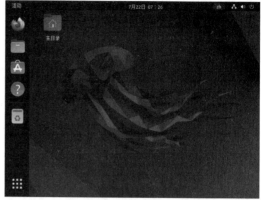

图 1-72　单击"完成"按钮进入 Ubuntu 的默认桌面环境

（16）Ubuntu 启动后默认的桌面环境分辨率是 800 像素×600 像素，下面调整一下该分辨率。在 Ubuntu 桌面的空白区域中单击鼠标右键，在弹出的快捷菜单中选择"显示设置"命令，此时会打开一个"设置"界面，如图 1-73 所示。

图 1-73　Ubuntu 的桌面环境分辨率设置入口

（17）在"设置"界面右侧的"分辨率"下拉列表中单击"1280×800(16：10)"选项，单击右上角的"应用"按钮，并在弹出的"保留这些显示设置吗？"确认框中，单击"保留更改"按钮，如图 1-74 所示。

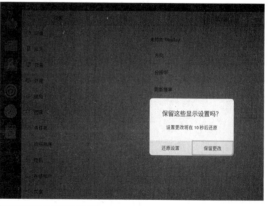

图 1-74　Ubuntu 的桌面环境分辨率设置

（18）修改完 Ubuntu 的桌面环境分辨率后，就可以像在 Windows 中一样使用鼠标进行操作了。在桌面上单击左下角的"应用程序列表"图标，此时会列出系统默认安装好的应用程序，可以根据需要启动它们，如图 1-75 所示。再次单击左下角的"应用程序列表"图标，返回桌面。

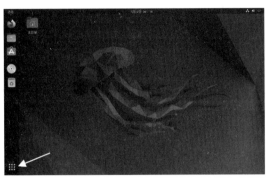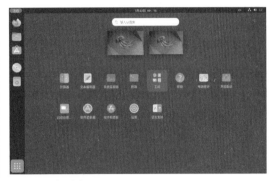

图 1-75　Ubuntu 的应用程序列表

（19）Linux 终端程序的使用频率比较高，在桌面空白位置单击鼠标右键，在弹出的快捷菜单中选择"在终端中打开"命令，此时就会显示一个 Ubuntu 的终端窗口（因为 Ubuntu 具有图形化界面，显示的是窗口程序，所以要加上"窗口"一词），即可在其中输入 Linux 命令进行相关操作，如图 1-76 所示。

图 1-76　打开 Ubuntu 的终端窗口

（20）单击桌面右上角的功能区，在弹出的下拉列表中单击"关机"选项，并在弹出的"关机"确认框中单击"关机"按钮，即可将 Ubuntu 虚拟机关闭，如图 1-77 所示。

图 1-77　关闭 Ubuntu 虚拟机的方法

至此，Ubuntu 虚拟机的安装工作就结束了。

在 1.2.2 节中提到过，Debian 是很多 Linux 发行版的上游，Ubuntu 就是从 Debian 衍生而来的。实际上，Debian 更适合作为服务器操作系统，因为它比 Ubuntu 更稳定。Debian 的整个系统基础核心非常小，不仅稳定，而且占用磁盘空间小，对内存要求也不高，只需配置 128MB 的云主机即可流畅运行 Debian，而这对于 CentOS 则会略显吃力。由于 Debian 与 CentOS 的发展路线不同，因此它的帮助文档相比 CentOS 要略少一些，技术资料也更少。在国内服务器领域中，采用 CentOS 的企业远多于采用 Debian 的，而在国外采用 Debian 的企业稍多一些。Debian 是目前全球最大的社区发行版，由严格的开发组织维护，成千上万个超级黑客贡献着代码，而且有数量庞大的软件仓库，目前已有超过 30 000 个应用。Debian 的 Logo 是海螺形状的，如图 1-78 所示。

图 1-78　Debian 的 Logo

在 1.4.4 节中，我们将简单介绍 Debian 12.1 桌面版的安装过程，具体使用方法与 Ubuntu 基本类似。

1.4.4　安装 Debian 虚拟机

（1）在 VMware 中启动新建虚拟机向导，采用默认的"典型"配置，指定要安装的 Debian 12.1 镜像，忽略"无法检测此光盘映像中的操作系统。您需要指定要安装的操作系统。"提示信息，单击"下一步"按钮，如图 1-79 所示。

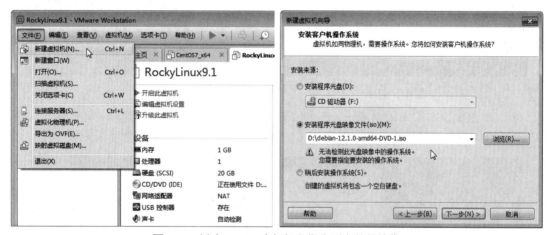

图 1-79　新建 Debian 虚拟机和指定要安装的镜像

（2）同样地，受当前 VMware 软件版本的限制，我们要手动指定虚拟机的操作系统。选中"客户机操作系统"界面中的"Linux"单选按钮，在"版本"下拉列表中单击"Debian 9.x 64 位"选项，这也是我们所用 VMware 软件能够识别的 Debian 最高版本，尽管与实际虚拟机的版本不一致，但并不会影响实际使用，如图 1-80 所示。

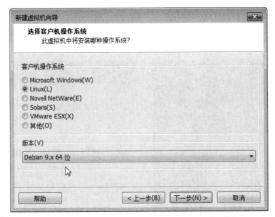

图 1-80　指定 Debian 虚拟机的操作系统

（3）设置虚拟机名称和文件的保存位置，并将最大磁盘大小调整为 60GB，如图 1-81 所示。

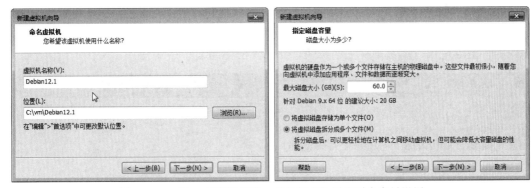

图 1-81　Debian 虚拟机名称、文件保存位置和磁盘容量设置

（4）同样地，由于我们准备安装的 Debian 是包含桌面环境的，因此要单击"自定义硬件"按钮，将内存调整为 2GB（2048MB），如图 1-82 所示。当然，如果不准备安装桌面环境，则默认的 1GB 内存大小也是够用的。内存调整完成后，单击"完成"按钮，结束虚拟机的创建。

图 1-82　Debian 虚拟机的硬件设置

（5）虚拟机创建完成后，在 VMware 主界面中选中该虚拟机名称，并单击"开启此虚拟机"链接。由于 Debian 的安装也是采用的图形化操作方式，因此首先使用鼠标单击安装启动界面，然后在默认的"Graphical install"命令上按回车键，以启动安装过程，如图 1-83 所示。

（6）安装过程的第一步是设置语言，单击"Chinese(Simplified)-中文(简体)"选项，并单击"Continue"按钮，如图 1-84 所示。

图 1-83　Debian 虚拟机的安装启动界面　　　　　　　图 1-84　语言设置

（7）在"请选择您的位置"界面中，单击"中国"选项，并单击"继续"按钮，采用默认的"汉语"键盘配置，单击"继续"按钮，如图 1-85 所示。

图 1-85　Debian 虚拟机的位置和键盘设置

（8）加载安装程序的组件，稍后会显示一个设置系统主机名的界面，将输入框中的内容修改为"debian-vm"，并单击"继续"按钮，如图 1-86 所示。

图 1-86　Debian 虚拟机的主机名设置

（9）在"配置网络"界面中，这里直接忽略域名的设置（也可根据实际需要设置一个域名），单击"继续"按钮，输入 root 账号的密码，为简单起见，将密码设置为"root"，单击"继续"按钮，如图 1-87 所示。

图 1-87　Debian 虚拟机的域名和 root 账号密码设置

（10）在"设置用户和密码"界面中，首先将用户的全名设置为"demo"，单击"继续"按钮，然后将账号的用户名设置为"demo"，单击"继续"按钮，如图 1-88 所示。

图 1-88　Debian 虚拟机的新用户设置

（11）将 demo 账号的密码也设置为"demo"，单击"继续"按钮，在"对磁盘进行分区"界面中采用默认的"向导–使用整个磁盘"选项设置，单击"继续"按钮，如图 1-89 所示。

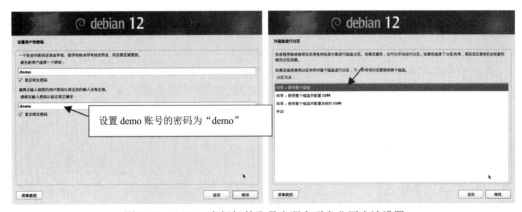

图 1-89　Debian 虚拟机的账号密码和磁盘分区方法设置

（12）采用默认选中的磁盘设置，单击"继续"按钮，并采用默认的"将所有文件放在同一个分区中"选项设置，单击"继续"按钮，如图 1-90 所示。

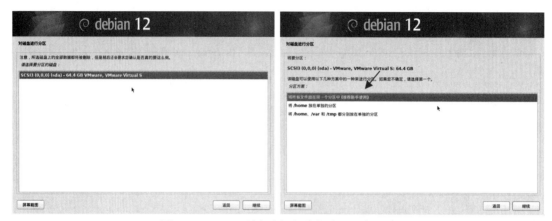

图 1-90　Debian 磁盘选择和磁盘分区方案设置

（13）设置完磁盘分区信息后，单击"继续"按钮进行确认，选中"是"单选按钮，将修改写入分配给该虚拟机的虚拟磁盘，单击"继续"按钮，如图 1-91 所示。

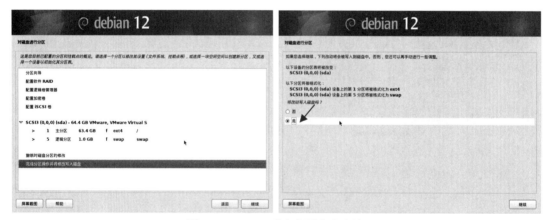

图 1-91　Debian 磁盘分区信息确认

（14）Debian 在安装时，首先会安装一个基本的系统，然后询问是否扫描额外的安装介质，选中"否"单选按钮，单击"继续"按钮，如图 1-92 所示。

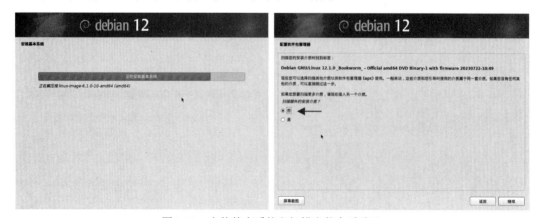

图 1-92　安装基本系统和扫描安装介质确认

（15）基本系统安装完成后，在"配置软件包管理器"界面中，选中"是"单选按钮，单击"继续"按钮，找到 Debian 仓库镜像站点所在的国家"中国"，单击"继续"按钮，如图 1-93 所示。

图 1-93　Debian 仓库镜像站点设置

（16）在"Debian 仓库镜像站点"列表框中，列出了国内主要的镜像站点，可以根据需要选择某台镜像站点，或者采用默认的"deb.debian.org"设置，单击"继续"按钮，保持"HTTP 代理信息"为空，单击"继续"按钮，如图 1-94 所示。

图 1-94　Debian 仓库镜像站点选择和 HTTP 代理信息设置

（17）随后进行软件包的配置，稍后界面中会询问是否要参加软件包流行度调查，选中"是"单选按钮，单击"继续"按钮，如图 1-95 所示。

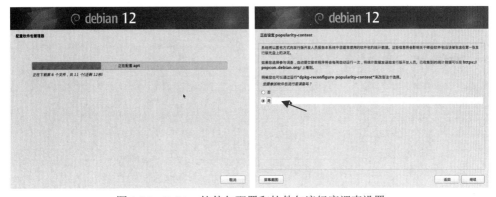

图 1-95　Debian 软件包配置和软件包流行度调查设置

（18）在"软件选择"界面中，勾选"SSH server"复选框，以便后续能够远程登录 Debian，其余选项保持默认设置，单击"继续"按钮，接下来就是软件安装的过程，这一阶段安装程序会从前面设置的镜像站点下载必要的文件安装到系统中，如图 1-96 所示。

图 1-96　Debian 软件选择和安装

（19）在"安装 GRUB 启动引导器"界面中，选中"是"单选按钮，单击"继续"按钮，并单击第二项"/dev/sda"（即分配给 Debian 虚拟机的虚拟磁盘分区），再次单击"继续"按钮，如图 1-97 所示。

图 1-97　Debian GRUB 启动引导器设置

（20）在结束安装进程阶段，安装程序还会从镜像站点下载必要的文件，安装完成后单击"继续"按钮，如图 1-98 所示。

图 1-98　Debian 安装进程结束

（21）在结束安装进程后会重启进入新系统，如图 1-99 所示。

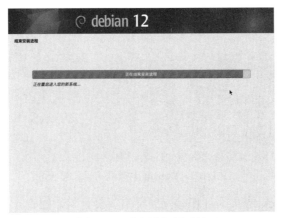

图 1-99　重启进入新系统

（22）在安装启动界面中，选中"Debian GNU/Linux"选项并按回车键，即可正式开始启动 Debian 虚拟机，如图 1-100 所示。

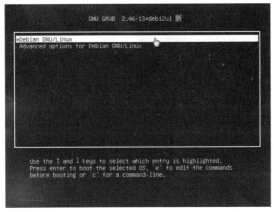

图 1-100　选中"Debian GNU/Linux"选项

（23）在启动 Debian 虚拟机的过程中，会显示各种系统检测和服务启动信息，如图 1-101 所示。

```
[ OK ] Started cron.service - Regular background program processing daemon.
       Starting dbus.service - D-Bus System Message Bus...
       Starting e2scrub_reap.service - ...tale Online ext4 Metadata Check Snapshots...
[ OK ] Reached target getty.target - Login Prompts.
[ OK ] Started low-memory-monitor.service - Low Memory Monitor.
       Starting polkit.service - Authorization Manager...
       Starting power-profiles-daemon.service - Power Profiles daemon...
       Starting switcheroo-control.service - Switcheroo Control Proxy service...
       Starting systemd-logind.service - User Login Management...
       Starting udisks2.service - Disk Manager...
[ OK ] Started vgauth.service - Authent...rvice for virtual machines hosted on VMware.
       Starting open-vm-tools.service -...ice for virtual machines hosted on VMware...
[ OK ] Started open-vm-tools.service - ...rvice for virtual machines hosted on VMware.
```

图 1-101　系统检测和服务启动信息

（24）当 Debian 虚拟机启动完成后，会显示一个登录界面，在这里默认列出了系统安装时创建的 demo 账号，使用鼠标单击 demo 账号，输入密码 demo 并按回车键，即可登录系统，如图 1-102 所示。

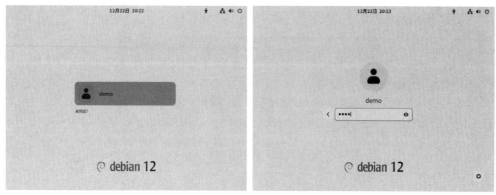

图 1-102 Debian 虚拟机的登录界面

（25）在首次进入 Debian 桌面环境时，同样需要进行初始配置。在"欢迎"界面中，采用默认的"汉语"选项设置，直接单击右上角的"前进"按钮，在出现的"输入"界面中，采用默认的"中文(智能拼音)"选项设置，单击右上角的"前进"按钮，如图 1-103 所示。

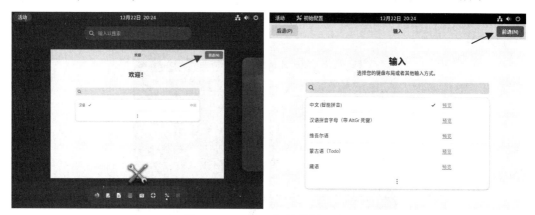

图 1-103 Debian 初始配置（1）

（26）在"隐私"界面中，采用默认设置，单击右上角的"前进"按钮，并在"在线账号"[①]界面中单击右上角的"跳过"按钮忽略在线账号的设置，如图 1-104 所示。

图 1-104 Debian 初始配置（2）

---

① 图 1-104 中"在线帐号"的正确写法应为"在线账号"。

（27）初始配置完成后，单击"配置完成"界面中的"开始使用 Debian GNU/Linux"按钮进入 Debian 12.1 桌面环境，同时桌面底部还会显示部分应用程序的快捷图标，以及"应用程序列表"图标，这些图标可通过单击 Debian 桌面左上角的"活动"按钮进行隐藏或显示，如图 1-105 所示。

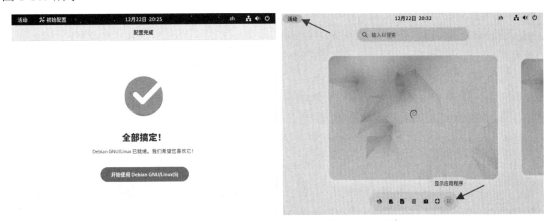

图 1-105　Debian 初始配置完成后进入桌面环境

（28）单击"应用程序列表"图标，桌面上会列出系统预安装的各种应用程序，如图 1-106 左图所示。我们也可以找到其中的某个应用程序（如"终端"）图标，将其拖放至底部的快捷图标列表中。单击桌面左上角的"活动"按钮，即可回到默认桌面，如图 1-106 右图所示。再次单击桌面左上角的"活动"按钮，会重新显示底部的快捷图标，以及列出当前正在运行的应用程序。

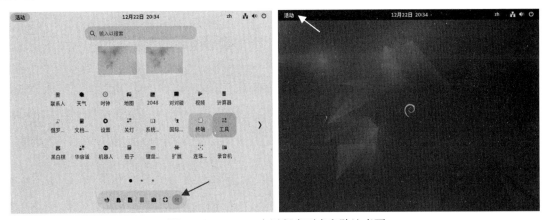

图 1-106　Debian 应用程序列表和默认桌面

（29）与 Ubuntu 的操作类似，可以通过单击 Debian 桌面右上角的功能区域，将当前虚拟机关闭。

安装好 Linux 虚拟机之后，就可以正式开始学习 Linux 了。需要指出的是，从第 2 章开始，将主要以 Ubuntu 22.04、CentOS7、Rocky Linux 9.1 这 3 个发行版为例讲解 Linux 的一般使用方法，其中 Ubuntu、CentOS 也是很多国内 Linux 发行版的基础。之所以要同时以多个 Linux 发行版作为学习载体，一个基本的原因是，当前没有哪一个发行版是 Linux 领域的权威标准，每个企业采用的 Linux 发行版可能都不一样，甚至在同一个企业内部还会同时采用多个 Linux 发行版。另外，还有一个原因，就是在不同的 Linux 发行版上分别进行同样的操作任务，一方面有助于初学者进一步强化 Linux 命令的使用方法（因为 Linux 主要命令的使用方法都是一样的），另一方面通过这种方式也能使读者切身体会到不同 Linux 发行版之间存在的细小差异，以培养其适应不同操作环境的能力。

需要指出的是，CentOS 项目于 2024 年 6 月结束生命周期并停止维护，CentOS 的继任者 CentOS Stream 和替代者之一 Rocky Linux 将会持续发布。其中，CentOS Stream 将是企业级 Linux 新技术的试验田，在稳定之后才会合并到其他下游的 Linux 发行版（如 RHEL 等）中。CentOS 当前在国内的普及度较高，在短时间内并不会消失，同时 CentOS Stream 这个上游不稳定版大概率不会像 CentOS 一样在企业生产环境中被广泛采用。虽然 CentOS 已不再更新，但其核心内容与其他 Linux 发行版并无多少差异，支持的 Linux 命令也基本上是一样的，因此也没有必要为 CentOS 过时是否值得学习而纠结。对 Debian 系统来说，虽然本书只是附带介绍一下，但因为 Ubuntu 本身是基于 Debian 衍生而来的（Debian 也是很多其他 Linux 发行版的上游），它的操作方法与 Ubuntu 大体是一样的，所以如果有了 Ubuntu 操作基础，使用 Debian 就不会存在多少困难。

1.5　VMware 虚拟机的使用和迁移

1.5.1　VMware 虚拟机的使用

1.3 节介绍了 VMware 的安装过程，本节简单介绍一下 VMware 的基本使用方法。当创建好虚拟机后，VMware 左侧的虚拟机库中会列出当前已有的虚拟机（可通过主菜单中的"查看"→"自定义"→"库"命令隐藏或显示这个库），在选中某台虚拟机后，就可以在右侧单击"开启此虚拟机"链接启动该虚拟机，如图 1-107 所示。

图 1-107　VMware 虚拟机库

如果希望调整虚拟机的某些参数，则在选中某台虚拟机后，单击右侧的"编辑虚拟机设置"链接，此时就可以对虚拟机进行内存、处理器等方面的参数调整，如图 1-108 所示。不过，如果虚拟机正在运行，那么所做的修改需要等到下一次虚拟机重启后才会生效。

在选中某台虚拟机后，选择 VMware 主菜单中的"虚拟机"→"电源"命令，可以对虚拟机进行关闭、挂起、重置等操作，相当于计算机的关闭电源、休眠等功能，如图 1-109 所示。

右击列出的某台虚拟机（以 CentOS7_x64 虚拟机为例，其他虚拟机与此类似），在弹出的快捷菜单中选择"管理"→"克隆"命令，如图 1-110 所示，在现有虚拟机基础上复制出一台新的虚拟机，这在很多情况下是非常方便的。具体克隆过程如下。

图 1-108 VMware 虚拟机参数调整

图 1-109 VMware 虚拟机常用操作

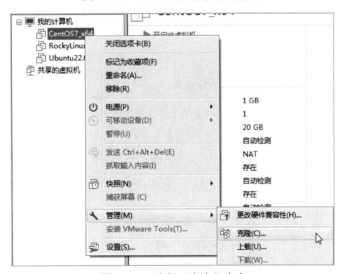

图 1-110 选择"克隆"命令

（1）在"欢迎使用克隆虚拟机向导"界面中，直接单击"下一步"按钮；在"克隆源"界面中，采用默认的"虚拟机中的当前状态"选项设置，单击"下一步"按钮，如图 1-111 所示。

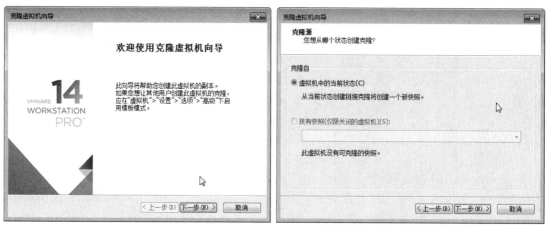

图 1-111 "欢迎使用克隆虚拟机向导"和"克隆源"界面

（2）在"克隆类型"界面中，可以选择"创建链接克隆"或"创建完整克隆"克隆方法，如图 1-112 左图所示，前者必须与现有虚拟机文件一起使用，相当于在现有虚拟机文件的基础上多加了一些内容，而后者的虚拟机文件则是完全独立的，相当于完全复制出来的一台虚拟机。因此，用户可以根据自己的实际需求进行选择。单击"下一步"按钮后，在"新虚拟机名称"界面中，可以设置新克隆出来的虚拟机名称及文件的保存位置，单击"完成"按钮即可，如图 1-112 右图所示。

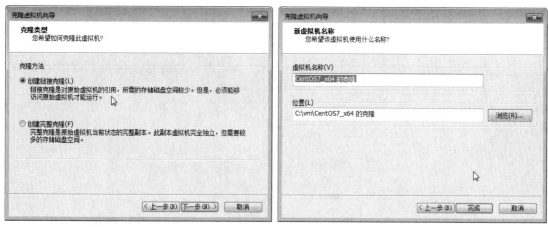

图 1-112 VMware 虚拟机克隆方法选择及虚拟机名称和文件保存位置设置

（3）当完成克隆的具体工作后，单击"关闭"按钮结束克隆，此时，在 VMware 左侧的虚拟机库中就多出了一台新克隆出来的虚拟机，如图 1-113 所示。这台新克隆出的虚拟机的初始状态与被克隆的原虚拟机是一模一样的，后续对新克隆出的虚拟机的修改，并不会对原虚拟机产生影响。

如果要将虚拟机从当前库中移除，则可在该虚拟机上单击鼠标右键，在弹出的快捷菜单中选择"移除"或者"管理"→"从磁盘中删除"命令，如图 1-114 左图所示。其中，"移除"命令只是将虚拟机从当前 VMware 中移除，并不会对磁盘上的虚拟机文件产生实际影响，而"从磁盘中删除"命令则会把虚拟机文件一并移除，因此在正式移除时还要再确认一次，以避免误操作，如图 1-114 右图所示。

图 1-113　完成 VMware 虚拟机的克隆工作

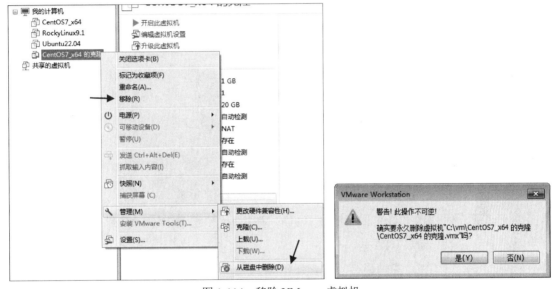

图 1-114　移除 VMware 虚拟机

1.5.2　VMware 虚拟机的迁移

　　虚拟机的迁移是指将虚拟机文件从一个 VMware 转移到另一个 VMware 上，或转移到与 VMware 虚拟机兼容的其他虚拟机管理软件中，这样不仅可以节省重新安装虚拟机的时间，同时能对虚拟机进行备份。我们可以在 VMware 虚拟机库中使用鼠标单击需要迁移的虚拟机，当鼠标指针悬停在虚拟机上时，系统会自动显示出该虚拟机配置文件（扩展名为".vmx"）的目录，如图 1-115 所示，或者在右侧虚拟机详情的底部也能查看虚拟机配置文件的目录，即虚拟机文件所在的目录。

　　现在假定要将 CentOS7 虚拟机迁移到其他计算机上安装的 VMware 中，首先将 CentOS7 虚拟机对应的文件夹打包并压缩为一个文件，如图 1-116 所示，然后将其复制到另外一台安装了兼容版本的 VMware 的计算机上并解压缩，解压缩后的文件夹的放置位置无特殊要求。

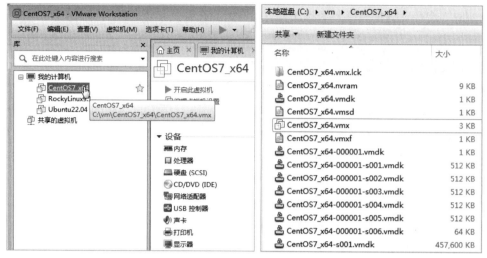

图 1-115　VMware 虚拟机配置文件的目录

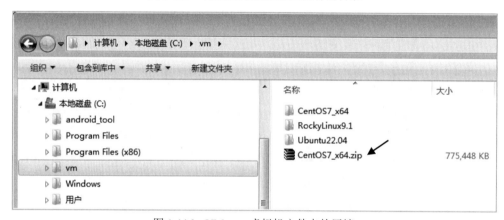

图 1-116　VMware 虚拟机文件夹的压缩

为了演示方便，这里首先将当前计算机的 VMware 中现有的 CentOS7 虚拟机移除，如图 1-117 所示，然后从解压缩后的文件夹中打开一台虚拟机，以模拟虚拟机的迁移过程。

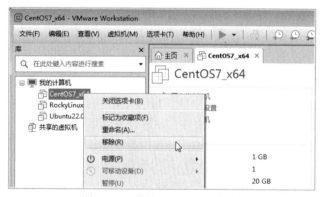

图 1-117　移除 CentOS7 虚拟机

选择 VMware 主菜单中的"文件"→"打开"命令，找到迁移过来的虚拟机压缩包解压缩后的文件夹所在位置，此时会自动定位到一个扩展名为".vmx"的虚拟机配置文件，选中该文件并单击"打开"按钮即可，如图 1-118 所示。

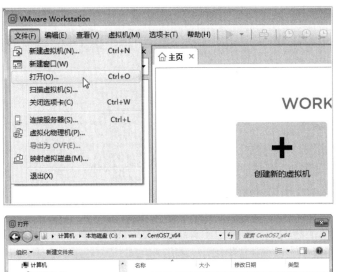

图 1-118 打开 CentOS7 虚拟机

当打开扩展名为 ".vmx" 的虚拟机配置文件后，VMware 虚拟机库中就会多出一台迁移过来的虚拟机。在启动这台新迁移过来的虚拟机时，VMware 会显示一个确认框，单击 "我已复制该虚拟机" 或 "我已移动该虚拟机" 按钮均可，如图 1-119 所示，这样就正式启动虚拟机了。

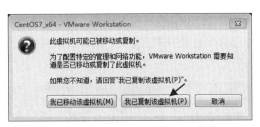

图 1-119 启动 VMware 虚拟机时的确认框

学习提示

要打开迁移过来的虚拟机，还有一个更直接的方法，就是找到虚拟机文件夹中扩展名为 ".vmx" 的虚拟机配置文件并双击，这样就可以将新的虚拟机导入到 VMware 中了。此外，如果迁移过来的虚拟机的版本比当前安装的 VMware 的版本要高，则在打开时会失败，此时可使用记事本一类的编辑器手动修改扩展名为 ".vmx" 的配置文件，将其中类似 "virtualHW.version = "16"" 的内容（通常在第三行）设为当前 VMware 的版本数字，比如修改为 12、14（分别代表 VMware Workstation 12.0、VMware Workstation 14.0 版本）等，保存文件后再打开一般就没问题了。如果仍不能正常启动迁移过来的虚拟机，则可以检查一下 "虚拟机设置" 界面中的客户机操作系统的类型是否一致或兼容，如图 1-120 所示。

图 1-120　VMware "虚拟机设置" 界面中的客户机操作系统类型检查

1.6　VMware 虚拟网络连接模式

在使用 VMware 虚拟机时，很多初学者会遇到与网络连接相关的问题，为此本节来介绍 VMware 的 3 种网络连接模式，即桥接（Bridged）模式、NAT（网络地址转换）模式、仅主机（Host-Only）模式，这些网络连接模式可通过 VMware 主菜单中的 "编辑" → "虚拟网络编辑器" 命令进行查看，对应名字分别为 VMnet0（桥接模式）、VMnet8（NAT 模式）和 VMnet1（仅主机模式），如图 1-121 所示。其中，VMnet1 和 VMnet8 都可以设置自动分配给虚拟机的 IP 地址范围。也就是说，虚拟机启动后自动获取到的 IP 地址，就是从这里设置的 IP 地址范围中得来的。

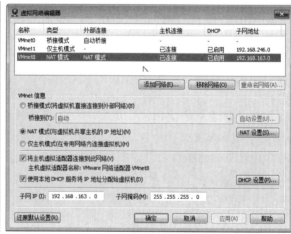

图 1-121　查看 VMware 虚拟网络连接模式

那么这些网络连接模式到底有什么作用呢？实际上，这里的 VMnet0 表示桥接模式下的虚拟交换机；VMnet1 表示仅主机模式下的虚拟交换机；VMnet8 表示 NAT 模式下的虚拟交换机。

此外，在 Windows 的"网络连接"界面中，可以清楚地看到名为"VMnet1"和"VMnet8"的两个连接到各自虚拟交换机的网卡（VMware Network Adapter），如图 1-122 所示。需要注意的是，这里的两个虚拟交换机的网卡的命名，刚好与 VMware 的两台虚拟交换机的名字一样。

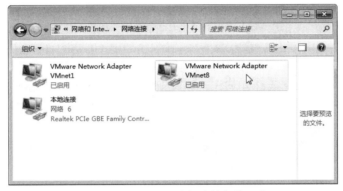

图 1-122　VMware 虚拟交换机的网卡

1．桥接模式

桥接模式是指宿主机网卡与虚拟机网卡借助"虚拟网桥"进行通信。在桥接的作用下，虚拟机与宿主机的地位是平等的，相当于将"虚拟机"与"宿主机"接入到同一个外部交换机上，此时虚拟机的 IP 地址需要与宿主机的 IP 地址在同一个网段，且网关和 DNS 配置也要与宿主机的一致。在桥接模式下，与外部交换机相连的其他物理主机也能"看到"虚拟机，其角色就像一台真实的主机一样。桥接模式的网络结构及简化示意如图 1-123 所示。

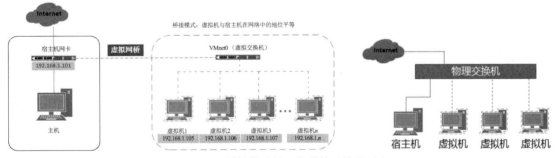

图 1-123　桥接模式的网络结构及简化示意

2．NAT 模式

NAT 模式是 VMware 创建虚拟机时默认使用的模式，也是用得最多的一种网络类型。在 NAT 模式下，虚拟机利用一个"内部网络"与宿主机进行连接，还可以借助虚拟 NAT 设备与外网进行通信，但外网中的主机并不能直接"看到"虚拟机。此时，相当于虚拟机"躲"在宿主机的背后，不直接与外网连接，但又可以通过宿主机连接外网，从而实现一定程度的网络隔离效果。NAT 模式的网络结构及简化示意如图 1-124 所示。

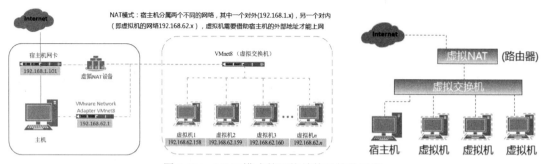

图 1-124　NAT 模式的网络结构及简化示意

3．仅主机模式

仅主机模式与 NAT 模式大体相似，主要区别就是它没有"虚拟 NAT 设备"。此时，虚拟机不能连接外网，且只在"内部网络"中与宿主机进行数据交互。仅主机模式的网络结构及简化示意如图 1-125 所示。

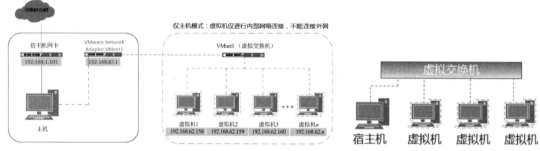

图 1-125　仅主机模式的网络结构及简化示意

对于"NAT 模式"和"仅主机模式"来说，用户还可以根据需要在"虚拟网络编辑器"中设置"内部网络"地址段，可设置为 Internet 的任意保留地址，如 10.0.0.0～10.255.255.255、172.16.0.0～172.16.255.255 或 192.168.0.0～192.168.255.255。在大多数情况下，VMware 自动分配的 IP 地址都是以"192.168"开头的，这也是我们经常看到的虚拟机 IP 地址段。

确定好 VMware 的"内部网络"地址段后，VMware 就可以利用 DHCP 功能自动获取虚拟机的 IP 地址。不过，由于自动获取的虚拟机 IP 地址会经常发生变化，因此用户也可以根据虚拟机所处的"内部网络"地址段，手动配置虚拟机的 IP 地址，但应避开已分配的虚拟机 IP 地址，以避免发生冲突。

1.7　习题

（1）在 VMware 中打开一个现有的虚拟机文件（如本书配套资源中包含的名为"manjaro-xfce-18.1.5.zip"的虚拟机压缩包），将其解压缩后在 VMware 中打开，并将其启动。

（2）在自己的计算机上安装 VMware，并尝试安装 Ubuntu 22.04、CentOS7 或 CentOS Stream、Rocky Linux 9.1、Debian 12.1 虚拟机。

第2章

Linux 系统应用基础

 学习目标

知识目标

- 了解 Linux 的 Shell 终端与桌面环境
- 了解 Linux 的多用户机制和用户创建与登录的方法
- 理解 Linux 的文件系统结构、文件目录属性、用户主目录
- 了解常用的 Linux 命令
- 初步掌握 vi 编辑器常用编辑命令的用法
- 了解 Linux 远程终端的连接方法

能力目标

- 会在 Linux 中创建账号并进行登录
- 会使用 vi 编辑器创建文件，以及编辑文件的内容
- 会使用 MobaXterm 等常用的远程终端软件远程登录 Linux 系统

素质目标

- 培养良好的学习态度和学习习惯
- 培养良好的人际沟通和团队协作能力
- 培养和树立正确的科学精神和创新意识

2.1 引言

在一般情况下，服务器上安装的 Linux 大部分不会附带图形化的用户界面，无法像 Windows 那样只需通过简单的鼠标单击就能完成大部分的操作功能，因此用户必须掌握一些 Linux 的基本知识才能使用它，而且，Linux 的设计理念与我们平常更多接触的 Windows 还是有较大差异的。Linux 系统上的各种操作功能，主要通过一些"命令"来完成，这些命令既可以在命令行

提示符界面的终端中执行，也可以在具有图形化的用户界面的终端窗口中执行。无论使用哪种方式，掌握常见的 Linux 命令都是熟练使用 Linux 的一个必备条件，因为 Linux 上的大部分软件是没有图形化的用户界面的，所以只能借助命令来完成工作。

2.2 Linux 操作环境

2.2.1 Shell 终端解释器

1. 终端与控制台

我们经常会听到"终端"（Terminal）和"控制台"（Console）这两个概念，因此了解它们对后面 Linux 的学习还是有帮助的。早期，由于计算机的价格非常昂贵，一台计算机一般是被多人同时使用的，在这种情况下，计算机的主机上就要连接多套键盘和显示器，那个时候专门有可以连接到一台计算机主机的设备，它只包含显示器、键盘，以及简单的处理电路，本身并不具有处理信息的能力，只是负责连接到主机（通常是通过串口连接的），用户通过登录设备访问主机，如图 2-1 所示。在这种情况下，主机上必须安装支持多用户、多任务的操作系统。我们把这种"只包含显示器、键盘和简单处理电路且通过串口连接到主机"的设备称为"终端"。

那么什么是控制台呢？一台机床或设备上的控制箱，通常被称为控制台，如图 2-2 所示。顾名思义，控制台就是一个用来操控机器设备的功能面板，面板上有多个控制按钮。类似地，我们将连接到主机并用来操作它的键盘和显示器称为"控制台"。控制台和终端的区别在于，终端是通过串口连接到主机上的，不属于本身就有的设备，而控制台则属于主机的一部分，且一台主机只有一个控制台，它是系统管理员用来管理主机的。在主机启动时，所有启动信息都会显示到控制台上，但不会显示到终端上，这是因为在主机未完成启动时，用户还不能通过终端登录。换个角度理解，控制台是主机的基本设备，而终端则是附加设备。当然，由于现在所谓的控制台与早期的终端具有相同的功能，因此控制台目前也被统称为终端。

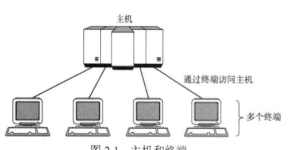

图 2-1　主机和终端

图 2-2　机床上的控制台

如今，由于计算机硬件的价格越来越便宜，通常都是一个人使用一台计算机进行操作，不再有以前那种特殊的"终端"，因此，现在终端和控制台的概念也慢慢模糊了，逐渐变成了软件的概念，即通过软件来模拟以前那种硬件终端的工作方式。比如，在安装了 Linux 的物理主机上，可以通过按键盘上的 Ctrl+Alt+F1、Ctrl+Alt+F2、Ctrl+Alt+F3、Ctrl+Alt+F4、Ctrl+Alt+F5、Ctrl+Alt+F6 快捷键来切换默认的 6 个虚拟终端，好比以前多人共用的主机上的 6 个终端，这也是它们被称为"虚拟终端"的原因。此外，还可以通过 TCP/IP 网络以远程方式连接到主机上，比如 Telnet、SSH 或 Ubuntu 的终端，这些都被称为"伪终端"（即不是真正的终端），如

图 2-3 所示。尽管现在的 Linux 仍然支持通过主机串口连接到一个真正的终端上，但早期的这种终端已经消失，因此终端和控制台的概念就不再做区分，只需简单地把终端和控制台理解为可以输入命令行并显示程序运行过程信息和输出结果的软件。

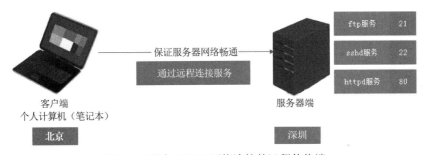

图 2-3　通过 TCP/IP 网络连接的远程伪终端

2．Shell 命令解释器

在设计理念上，Windows 与 Linux 还是存在较大差异的。Windows 是针对普通用户设计的，提供了简单易用的图形用户界面，允许用户使用鼠标进行操作，而 Linux 是为专业技术人员和服务器设计的，它追求的是高效和稳定，功能强大，并不注重图形化的桌面操作。所以，Linux 的主要管理工具就是 Shell 终端，而非图形用户界面。为了能够熟练地在 Shell 终端上进行操作，必须先学习各种基本的命令，以及它们的参数使用方法。但是，Linux 的命令有几百条，每条命令又有非常多的参数和使用方法，所以用户还需要耐心学习并进行长时间的积累。值得一提的是，微软公司曾经的 MS-DOS 系统也是通过一个类似 Linux 终端的命令行提示符界面进行管理的，用户需要输入命令才能进行操作，直至今天的 Windows 系列版本中仍保留"命令行提示符"的功能，相当于一个内嵌版的"MS-DOS"系统。

那么，在终端中输入"命令"时，Linux 是如何理解这些命令并做出相应动作的呢？这里就不得不提到一个叫作"Shell"的命令解释器。Shell 一词的本意是"外壳"，与"内核"相对应，是提供给用户与计算机硬件交互的一种手段，如图 2-4 所示。实际上，Shell 本身也是一个应用程序，它在 Linux 开机时启动，是用户与主机交互的对话环境，这个对话环境只有一个命令提示符，用户可从键盘输入命令，所以也被称为命令行接口（Command Line Interface，CLI）。Shell 应用程序在这里充当了命令解释器的角色。它首先接收用户输入的命令，并对命令进行解释和简单处理，然后将其传递给操作系统内核执行，并将执行结果返回用户，比如显示在屏幕上。此外，Shell 命令解释器还能像编程语言一样支持变量定义、条件判断、循环操作等语法，从而使用户编写出具备各种功能的脚本代码，而这些脚本代码都是通过 Shell 命令解释器来解释执行的。

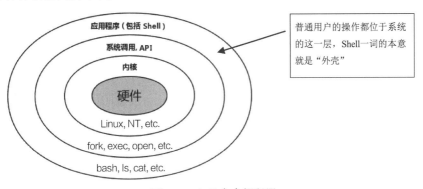

图 2-4　Shell 命令解释器

当登录 Linux 进入命令行提示符界面，或者启动一个终端时，就会出现 Shell 命令解释器的提示符，该提示符默认是一串前缀信息，并以一个美元符号（$）或井号（#）结尾，此时就可以在光标位置输入 Linux 的各种命令。CentOS 的 Shell 命令提示符界面如图 2-5 所示。

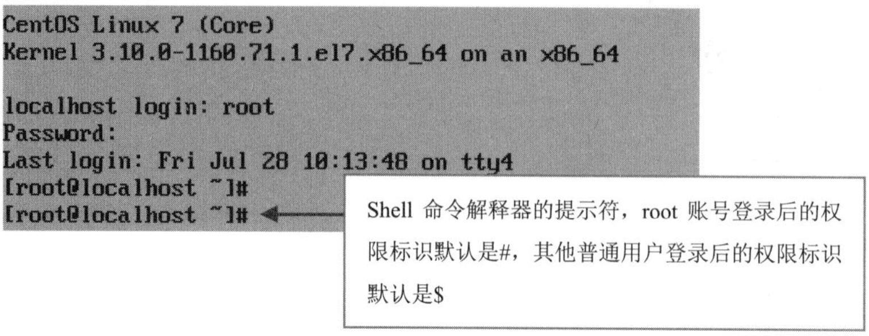

图 2-5　CentOS 的 Shell 命令提示符界面

在 Shell 命令解释器的提示符下，我们可以通过执行 echo　$SHELL 命令来查看当前正在使用的 Shell 命令解释器程序属于哪一种。此外，还可以通过执行 cat　/etc/shells 命令来查看当前系统包含的各种 Shell 命令解释器列表。当然，用户也可以安装第三方的 Shell 命令解释器到 Linux 系统中。

2.2.2　Linux 桌面环境

在第 1 章中提到过，Linux 的桌面环境只是一个普通的应用程序，和操作系统内核相互独立，所以用户可以根据需要自由选择 Linux 桌面环境，或者仅在需要的时候启动它。与 Windows 不同，用户在使用 Linux 时面临的一个主要问题，就是可供选择的东西太多了，这对初学者往往会产生较大困扰。因此，下面来介绍在不同 Linux 发行版中经常会接触到的桌面环境，这些桌面环境也被看成"图形化"的 Shell，以区别于具有命令行提示符界面的 Shell 终端环境。

1. KDE

KDE（K Desktop Environment，K 桌面环境）如图 2-6 所示。KDE 是基于 Qt 库开发的，最初于 1996 年作为开源项目被公布，1998 年第一个版本被发布，现在 KDE 是使用量排名十分靠前的桌面环境，许多流行的 Linux 发行版都包含了 KDE，如 Ubuntu、Kubuntu、Linux Mint、openSUSE、Fedora 等。KDE 和 Windows 的界面比较类似，Windows 的用户使用 KDE 不会有太大的障碍。KDE 的外观设计优美、高度可定制，还兼容比较旧的硬件设备。

2. GNOME

GNOME（GNU Network Object Model Environment，GNU 网络对象模型环境）于 1999 年首次被发布，现已成为很多 Linux 发行版默认的桌面环境，如图 2-7 所示。GNOME 的特点是界面简洁，没有太多的定制选项。GNOME 是 Fedora 的默认桌面环境，在一些流行的 Linux 发行版（如 Debian、openSUSE 等）中也有支持。

2011 年，GNOME 项目的开发人员对 GNOME 3 进行了重大更新，其不再采用传统的 Windows 风格的界面，而是被全新设计，这次更新惊艳了很多用户。不过，这也使部分用户和开发人员感到不满，因此开发人员又开发了多款其他桌面环境，如 MATE 和 Cinnamon。

图 2-6　KDE

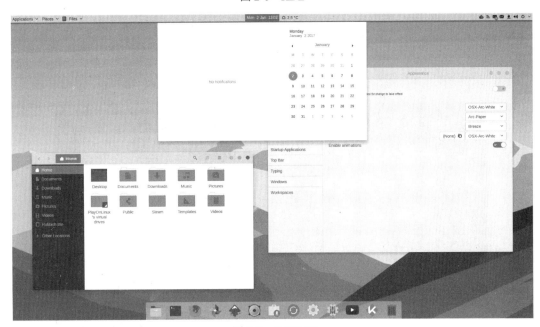

图 2-7　GNOME

3．Unity

Unity 是由 Canonical 公司开发的，也是 Ubuntu 的默认桌面环境，它运行在 GNOME 基础上，使用了所有 GNOME 的核心应用，2010 年 Unity 的第一个版本被发布。Unity 如图 2-8 所示，它的界面风格与 KDE、GNOME 的有些不一样，左边有一个启动器，位于启动器顶部的是"搜索"图标。此外，它还提供了隐藏启动器、触摸侧边栏的显示选项等功能。

图 2-8　Unity

4．MATE

GNOME 项目的 GNOME 3 进行了全新的界面设计，这使一些开发人员感到不满，于是他们推出了新的桌面环境，MATE 就是其中之一，如图 2-9 所示。MATE 可以被认为是 GNOME 2 的延续，通过传统的隐喻设计，MATE 为 Linux 或其他类 UNIX 操作系统提供了直观的桌面环境。不过，MATE 会让人感觉是在使用旧的桌面环境，但它实际上是结合了历年来图形界面上的诸多改进。MATE 非常适用于低配计算机，如树莓派。MATE 提供了一个轻量级的桌面环境，能够兼容较旧的硬件设备。对初学者来说，MATE 要比 GNOME 和 Unity 更易上手。

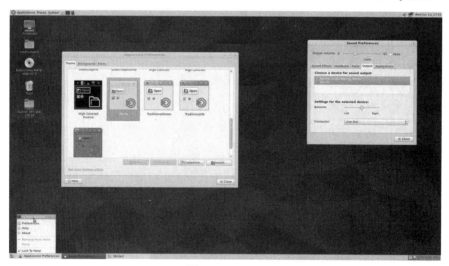

图 2-9　MATE

5．Cinnamon

Cinnamon 是因 LinuxMint 团队不满 GNOME 3 的大跨度改进而开发的一个桌面环境，如图 2-10 所示。但 Cinnamon 与 MATE 的不同之处在于，它是建立在 GNOME 3 基础上的，并且目前仍在被积极开发中，该桌面环境兼顾功能与创新，与 Windows 7 的桌面环境很相似，这也是微软公司不再提供对 Windows 7 的更新和维护之后，有很多人转而使用 LinuxMint 的原因（LinuxMint 的默认桌面环境就是 Cinnamon）。

此外，Cinnamon 还拥有 GNOME 和 Unity 等其他桌面环境所没有的一些功能，是一个高度可定制的桌面环境。Cinnamon 还可以通过设置管理器来安装新主题，其种种出色的功能，对刚接触 Linux 的新用户来说是非常方便的。

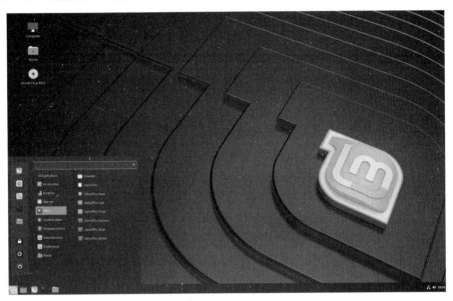

图 2-10　Cinnamon

6. DDE

DDE（Deepin Desktop Environment，深度桌面环境）是国内的深度科技团队基于 Qt 和 GO语言开发的美观易用、极简操作的桌面环境，主要由桌面、启动器、任务栏、控制中心、窗口管理器等组成，系统预装了一些特色应用，既能让用户体验到丰富多彩的娱乐功能，也可以满足他们基本的日常工作需要，如图 2-11 所示。

图 2-11　DDE

2.3 Linux 用户管理基础

2.3.1 Linux 用户

Linux 是一种多用户、多任务的操作系统，支持多个用户在同一时间内登录，不同用户可以在同一个 Linux 发行版中运行不同的应用程序，他们之间互不影响。与电子邮件、QQ 等应用程序类似，Linux 的每个用户都有唯一的账号，如图 2-12 所示。在登录系统时，只有输入正确的用户名和密码才能进入系统及其所属的主目录（主目录是一个完全独立的账号工作目录，默认其他普通用户对该目录无访问权限）。通过账号机制，系统管理员可以对使用 Linux 的用户进行跟踪，控制他们对文件、目录等系统资源的访问权限，以提供安全性保护。平时读者在使用计算机时，对账号的感受可能并不是太强烈，但运行 Linux 的服务器对用户的划分是很明确的，Linux 就是通过账号来限定每个用户各自的权限的，并以此约束用户的操作行为，所以学习与用户相关的管理命令是非常有必要的。

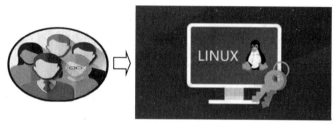

图 2-12　Linux 的用户

Linux 的用户主要分为两大类：系统用户、登录用户。所谓系统用户，是指为了能够让那些后台进程或服务程序以非管理员的身份运行而设置的一类特殊账号，这类账号从来不会在系统登录时使用，如 dbus、shutdown、nobody 等都是 Linux 安装后就自动创建好的系统用户。登录用户，则是指在使用 Linux 时登录系统的账号，包括内置的超级用户账号 root 和其他普通用户账号，其中 root 账号与 Windows 内置的 Administrator 系统管理员账号的角色是类似的，如图 2-13 所示，二者都对系统拥有最高的操作许可权限，所以在涉及对系统本身的一些修改操作时要特别慎重，否则有可能导致系统本身的正常功能受损，甚至完全无法使用。

图 2-13　Windows 内置的 Administrator 系统管理员账号

我们先来看一下如何登录 Linux 系统。Ubuntu 桌面版等带有图形用户界面的系统，在启动后通常会出现一个类似电子邮件系统登录的界面，在界面上会列出几个常用的账号，用户也可以输入指定的账号进行登录。当选择了某个账号，或者输入指定的账号后，再输入正确的密码并按回车键，即可登录系统，如图 2-14 所示。

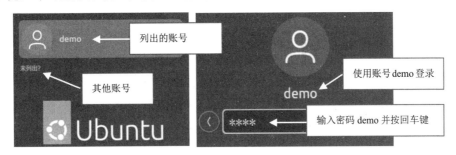

图 2-14　Ubuntu 桌面版的用户登录

CentOS、Rocky Linux 等非图形用户界面的 Linux 系统，在启动后显示 login 登录提示位置，用户需要手动输入账号和密码（在输入密码时界面上不会显示任何字符，密码输入完成后直接按回车键即可）。以 CentOS 为例，字符终端的登录界面如图 2-15 所示。

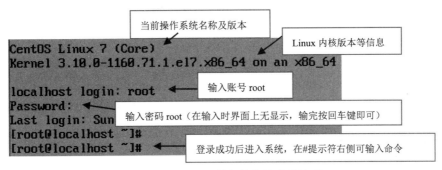

图 2-15　CentOS 的字符终端登录界面

以上就是使用在安装虚拟机的过程中创建的 demo 账号登录系统，以及使用 Linux 内置的超级用户账号 root 登录系统的一般方法（Ubuntu 默认是禁止直接使用 root 账号进行登录的）。接下来介绍 Linux 用户的创建与登录系统的方法。

2.3.2　Linux 用户的创建与登录

首先需要明确的一点是，Linux 只支持具有 root 权限的用户创建新的账号，因此在学习本节之前，要先确保已经使用 demo 账号登录 Ubuntu 系统，以及使用 root 账号登录 CentOS、Rocky Linux 系统。

（1）在 Ubuntu 中，启动一个终端窗口的方法是：在桌面空白位置单击鼠标右键，在弹出的快捷菜单中选择"在终端中打开"命令（或者在应用程序列表中，找到终端的应用程序图标并单击），如图 2-16 所示。

为方便起见，还可以将终端的应用程序图标添加到屏幕左侧的收藏栏中，方法是：在收藏栏的终端应用程序图标上单击鼠标右键，在弹出的快捷菜单中选择"添加到收藏夹"命令，这样终端的应用程序图标就被固定到收藏栏中了，如图 2-17 所示，以后只需单击这个快捷图标即可启动终端窗口。

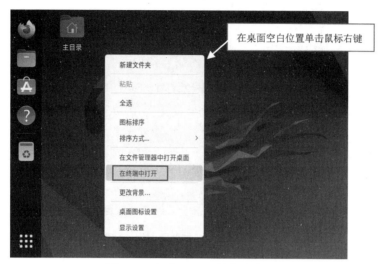

图 2-16　启动 Ubuntu 的终端窗口

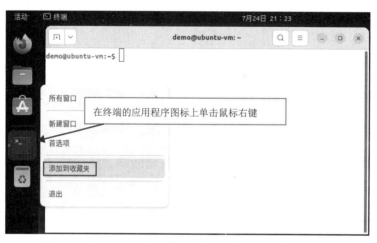

图 2-17　将 Ubuntu 的终端应用程序图标添加到收藏夹中

好了，现在准备在 Ubuntu 中添加一个名为 "abc" 的账号，并设置其密码为 123。虽然 Ubuntu 在安装过程中创建的 demo 账号不是超级用户账号，但是 Ubuntu 已经自动赋予它能够通过 sudo 命令获取 root 权限，只不过在尝试获取 root 权限时，一般需要输入 demo 账号的密码才能操作。

sudo　adduser　abc	◇ 在执行 sudo 命令时需要输入当前账号的密码以获取管理员权限，该密码默认在 15 分钟之内有效，在这期间不用重复输入

◇ sudo 是一个使普通用户获取 root 权限的命令，但不是所有普通用户都能执行 sudo 命令，需要在/etc/sudoers 目录中进行配置才行

◇ adduser 是 Ubuntu 用来创建账号的一个交互式命令，可以设定账号的各种信息。实际上，Ubuntu 也支持使用 useradd 命令创建账号，但操作过程相比 CentOS 和 Rocky Linux 要烦琐一些

```
demo@ubuntu-vm:~$ sudo  adduser  abc
[sudo] demo 的密码：        ← 输入 demo 的密码 demo
正在添加用户"abc"...
正在添加新组"abc" (1001)...
```

正在添加新用户"abc" (1001) 到组"abc"...

创建主目录"/home/abc"... ◀—— 在创建账号 abc 时，系统会自动创建主目录/home/abc

正在从"/etc/skel"复制文件...

新 的 密码：◀—— 输入密码 123 并按回车键（在输入时界面上无显示，输完按回车键即可）

无效的密码： 密码少于 8 个字符

重新输入新的 密码：◀—— 再次输入密码 123 并按回车键

passwd：已成功更新密码

正在改变 abc 的用户信息

请输入新值，或直接按回车键以使用默认值

```
全名 []:        ◀—— 这几步直接按回车键即可
房间号码 []:
工作电话 []:
家庭电话 []:
其他 []:
```

这些信息是否正确？ [Y/n] y ◀—— 输入 y，完成账号的创建

demo@ubuntu-vm:~$

至此，Ubuntu 系统中的账号 abc 就创建好了。类似地，我们在 CentOS、 Rocky Linux 上添加一个名为"abc"的账号，并设置其密码为 123。

useradd abc	◇ useradd 命令用来新增一个用户，其后跟着指定的账号，默认会自动创建账号对应的工作目录（主目录），该目录的名字与账号名相同
passwd abc	◇ 在执行 passwd 命令时，两次输入的密码均为 123

◇ passwd 命令用于设定账号的密码，其后跟着账号，在输入密码时界面上不会有任何显示
◇ 如果仅创建了账号，而没有设置该账号的密码，那么是无法使用这个账号进行登录的

```
[root@localhost ~]# useradd  abc
[root@localhost ~]# passwd  abc
Changing password for user abc.
New password:    ◀—— 输入 123 并按回车键，在输入时界面上无显示
BAD PASSWORD: The password is shorter than 8 characters
Retype new password:    ◀—— 再次输入 123 并按回车键
passwd: all authentication tokens updated successfully.
[root@localhost ~]#
```

需要注意的是，在设置账号 abc 的密码时，密码需要输入两次。在输入密码时虽然会提示"BAD PASSWORD"的信息（不是好密码，即密码少于 8 个字符），但最终密码仍是可以设置成功的。

（2）当账号创建完成后，就可以使用新账号登录系统了。使用新账号登录系统有两种方法，包括注销或重启。由于重启 Linux 系统并使用新账号进行登录的方式比较简单，因此这里就不做演示了，我们主要说明一下如何进行注销操作，然后使用新账号登录系统。

在 Ubuntu 中，单击桌面右上角的功能区，在弹出的下拉列表中单击"注销"或"切换用户"选项（"注销"代表退出当前账号，"切换用户"是指保留当前账号的登录状态并切换到另一个账号,此时相当于系统同时有多个账号处于登录状态），如图 2-18 所示。

在注销当前登录的账号时，为避免误操作，系统还会显示一个是否确认注销的对话框，当执行注销操作后，Ubuntu 会返回登录界面，在这里可以选择新的账号进行登录。如果所用的账号未在列表中显示，则可以通过单击界面上的"未列出？"按钮来手动输入账号和密码，如图 2-19 所示。对新创建的账号来说，在首次登录后，Ubuntu 还会要求其进行一系列的初始配置，这些步骤与安装好 Ubuntu 22.04 虚拟机并重启后的初始配置步骤是一样的，在此不予赘述。

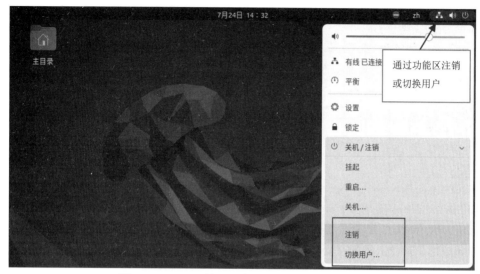

图 2-18　Ubuntu 的"注销"和"切换用户"选项

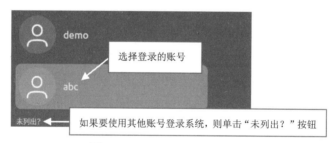

图 2-19　Ubuntu 的新账号登录

另外，需要补充说明的一点是，如果是在 Ubuntu 的终端窗口中执行 exit 命令（见图 2-20），则只是退出当前终端，并不会注销用户的登录状态，这与接下来介绍的 CentOS、Rocky Linux 的字符 Shell 终端操作效果不太一样。

图 2-20　在 Ubuntu 的终端窗口中执行 exit 命令

在 CentOS、Rocky Linux 中使用新的账号登录，可以先输入 exit 或 logout 命令退出当前终端，然后输入新的账号进行登录。

exit 或 logout（使用新账号 abc 进行登录）	◇ logout 命令用来退出当前的 Linux 终端，exit 命令既可以用来退出当前的 Linux 终端，还可以用来退出当前运行的脚本代码

```
[root@localhost ~]#
```

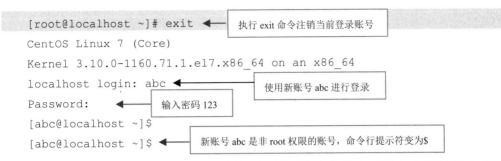

```
[root@localhost ~]# exit          ← 执行 exit 命令注销当前登录账号
CentOS Linux 7 (Core)
Kernel 3.10.0-1160.71.1.el7.x86_64 on an x86_64
localhost login: abc             ← 使用新账号 abc 进行登录
Password:                 ← 输入密码 123
[abc@localhost ~]$
[abc@localhost ~]$        ← 新账号 abc 是非 root 权限的账号，命令行提示符变为$
```

容易看出，在使用 abc 账号登录系统后，界面上命令行右侧的命令提示符变成了"$"，而此前使用 root 账号登录系统后的提示符是"#"，这也是区分普通用户账号和超级用户账号的一个明显特征。

学习提示

若要临时切换用户账号，则还可以直接在 CentOS/Rocky Linux 的终端或 Ubuntu 的终端窗口中使用 su 命令，并输入要切换的新账号的密码（如果当前是 root 账号，则切换到新账号时不用输入密码）。在 Ubuntu 这类具有桌面环境的操作系统中，使用 su 命令切换账号的方法仅对当前终端有效，而不会产生整个 Ubuntu 注销的效果。例如：

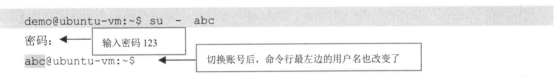

```
demo@ubuntu-vm:~$ su - abc
密码：              ← 输入密码 123
abc@ubuntu-vm:~$   ← 切换账号后，命令行最左边的用户名也改变了
```

最后提一下如何在 Debian 中创建账号。在 Debian 中创建账号的方法与在 Ubuntu 中的基本类似，也是打开一个终端，但要先执行 su 命令切换为 root 账号。这也是在 Debian 中获取 root 权限的方法，它不像 Ubuntu 那样直接使用 sudo 命令就可以获取 root 权限。

debian

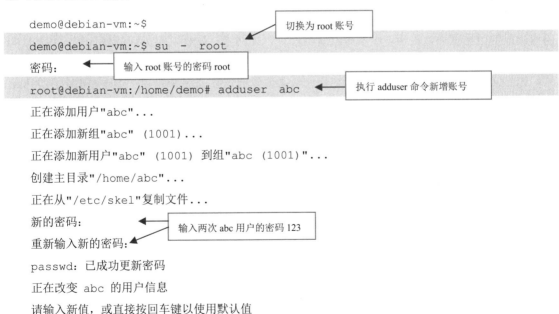

```
demo@debian-vm:~$
demo@debian-vm:~$ su - root      ← 切换为 root 账号
密码：              ← 输入 root 账号的密码 root
root@debian-vm:/home/demo# adduser abc      ← 执行 adduser 命令新增账号
正在添加用户"abc"...
正在添加新组"abc" (1001)...
正在添加新用户"abc" (1001) 到组"abc (1001)"...
创建主目录"/home/abc"...
正在从"/etc/skel"复制文件...
新的密码：          ← 输入两次 abc 用户的密码 123
重新输入新的密码：
passwd: 已成功更新密码
正在改变 abc 的用户信息
请输入新值，或直接按回车键以使用默认值
```

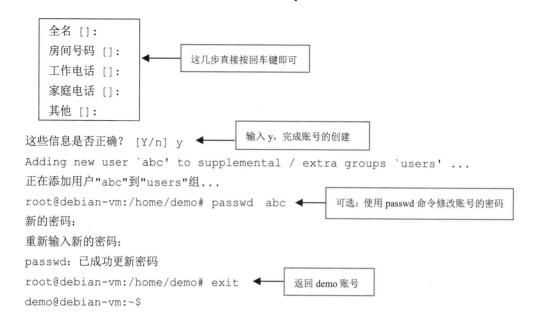

 随堂练习

分别在 Ubuntu、CentOS、Rocky Linux、Debian 中创建一个以你的姓名全拼命名的账号的新用户，并尝试使用这个新账号登录系统。

2.4　Linux 文件管理基础

2.4.1　Linux 文件系统结构

在 Linux 中，所有数据都被组织成文件，这些文件又被分别放置到适当的目录中，从而形成一个被称为"文件系统"的树状结构（即从根目录开始的倒置树状结构）。此外，Linux 还把所有普通的数据文件、目录、设备等都看成文件，如网卡、鼠标甚至外接摄像头等设备，所以这里所指的"文件"实际上是一种更加广义的概念，这一点与我们平时所说的文件有点不太一样。大部分 Linux 发行版的文件系统结构比较类似，但也存在少许差异，不过通常会包含 bin、home、usr、tmp、var 等常见的目录，如图 2-21 所示，其中，根目录使用"/"符号表示，虚线箭头代表对应目录的链接文件（相当于快捷方式），比如根目录下面的 bin 目录（图 2-21 最左侧）实际指向的是 usr 目录下面的 bin 子目录（图 2-21 最左侧的 bin 下虚线箭头所指的位置）。

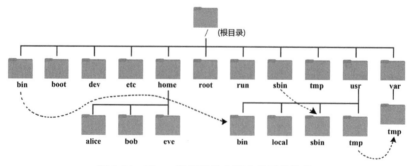

图 2-21　Linux 发行版的典型文件系统结构

掌握 Linux 的文件系统结构，对学习 Linux 来说是非常关键的，读者可以从以下几个角度加以理解。

（1）Linux 的文件系统只有一个根目录，系统中的其他所有普通文件、目录、设备等都被分别组织到根目录及根目录下面的各个子目录中。Linux 中的"根目录"与 Windows 中的"C 盘"在概念上有点接近，但 Linux 并不存在 C 盘、D 盘、E 盘这样的说法。也就是说，整个 Linux 操作系统有且只有一个"根目录"，类似于 Windows 将整个磁盘空间划分成单个 C 盘的做法。Windows 的 C 盘和典型目录如图 2-22 所示。

图 2-22　Windows 的 C 盘和典型目录

（2）Linux 根目录是整个文件系统中的一个顶级目录，其路径使用"/"符号表示，类似 C:\ 的效果（注意区分它们中的斜杠"/"和反斜杠"\"的用法，Linux 使用斜杠，Windows 则使用反斜杠）。Linux 根目录下的子目录，以"/bin""/usr/local/bin"等形式表示，开头的"/"表示根目录，所以"/bin"表示"根目录"下的 bin 子目录，"/usr/local/bin"则表示"根目录"的"usr 目录"的"local 目录"下的"bin 目录"，目录名之间的斜杠代表父、子目录之间的层级结构关系，类似"C:\Windows\System32"这样的路径表示方式。

（3）Linux 根目录下默认包含的子目录，绝大部分有专门的用途，就像我们平常在 Windows 中看到的 Windows、Program Files、ProgramData 等目录一样。典型的 Windows C 盘目录结构如图 2-23 所示。

图 2-23　典型的 Windows C 盘目录结构

Linux 的 bin、sbin、home、root、usr 等常用目录的作用如下。

- **/bin** 是 Binaries（二进制文件）的缩写，用来存放常用的命令程序文件。
- **/sbin** 是 Superuser Binaries（超级用户的二进制文件）的缩写，用来存放系统管理员使用的系统管理命令程序文件。
- **/home** 是普通用户账号的主目录所在地，Linux 的每个登录用户都有一个专属的主目录，这个主目录具有排他性，其他用户不能访问，且主目录名一般是以用户的账号命名的，像图 2-21 中的 alice、bob 和 eve 都是主目录。
- **/root** 是超级用户账号 root 的工作目录，即 root 账号所属的主目录。
- **/usr** 是 unix shared resources（UNIX 共享资源）的缩写，这是一个非常重要的目录，用

户的很多应用程序和文件都被存放在这个目录下，类似 Windows 系统中的 Program Files 目录。

（4）Linux 的根目录是指整个文件系统的顶端，和 root 超级用户账号没有关系（虽然 root 一词的中文含义刚好也是"根""树根"）。

在对 Linux 文件系统有了一个基本认识之后，接下来我们使用 cd 命令切换到不同的目录，并通过 ls 命令列出当前目录下包含的文件。比如，在 Ubuntu 中打开一个终端窗口，并输入下面的命令。

cd /usr	◇ cd 命令用于切换目录，全称为 change directory，后面跟着指定的目录
ls	◇ ls 命令用于列出当前目录下包含的文件，全称为 list
ls -l	◇ -l 是命令参数，表示以长格式（long）列出文件的详细信息，每行显示一个文件
ll	◇ ll 是 ls -l 的别名，两者等价

```
demo@ubuntu-vm:~$
demo@ubuntu-vm:~$ cd /usr          切换到/usr 目录
demo@ubuntu-vm:/usr$ ls
bin  games  include  lib  lib32  lib64  libexec  libx32  local  sbin  share  src
demo@ubuntu-vm:/usr$ ls -l
总计 112
drwxr-xr-x   2 root root 36864  7 月 23 21:56 bin
drwxr-xr-x   2 root root  4096  2 月 23 2023 games
drwxr-xr-x  10 root root  4096  7 月 23 19:35 include
drwxr-xr-x  98 root root  4096  7 月 23 21:56 lib
drwxr-xr-x   2 root root  4096  2 月 23 2023 lib32
drwxr-xr-x   2 root root  4096  2 月 23 2023 lib64
...
demo@ubuntu-vm:/usr$ ll
总计 120
drwxr-xr-x  14 root root  4096  2 月 23 2023 ./
drwxr-xr-x  20 root root  4096  7 月 23 19:14 ../
drwxr-xr-x   2 root root 36864  7 月 23 21:56 bin/
drwxr-xr-x   2 root root  4096  2 月 23 2023 games/
drwxr-xr-x  10 root root  4096  7 月 23 19:35 include/
drwxr-xr-x  98 root root  4096  7 月 23 21:56 lib/
...
```

需要注意的是，在使用 ls 命令列出当前目录下包含的文件时，默认会以不同的颜色显示它们的名称，其中蓝色代表目录，青色代表软链接文件（相当于快捷方式），绿色代表可执行文件等。

2.4.2 Linux 文件目录属性

在 Windows 中，我们可以很方便地通过资源管理器窗口来对文件进行操作，如文件复制、文件打开、文件属性查看等。例如，查看 C:\Program Files 文件夹的属性，如图 2-24 所示。

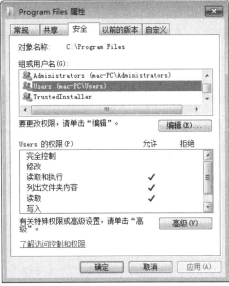

图 2-24　查看 C:\Program Files 文件夹的属性

对一般不带桌面环境的 Linux 来说，我们可以使用 ls -l 或 ll 文件管理命令来查看文件的具体信息。下面是查看 Linux 文件详细信息的一个例子。

```
[root@localhost ~]# ls -l /boot
total 100904
-rw-r--r--. 1 root root   153619 Jun 28  2022 config-3.10.0-1160.71.1.el7.x86_64
drwxr-xr-x. 3 root root       17 Jul 21 17:51 efi
drwxr-xr-x. 2 root root       27 Jul 21 17:52 grub
drwx------. 5 root root       97 Jul 21 17:59 grub2
-rw-------. 1 root root 63924900 Jul 21 17:56 initramfs-0-rescue-939c6c516bea48f6b6ecb5d
-rw-------. 1 root root 21733909 Jul 21 17:59 initramfs-3.10.0-1160.71.1.el7.x86_64.img
-rw-r--r--. 1 root root   320652 Jun 28  2022 symvers-3.10.0-1160.71.1.el7.x86_64.gz
-rw-------. 1 root root  3622036 Jun 28  2022 System.map-3.10.0-1160.71.1.el7.x86_64
-rwxr-xr-x. 1 root root  6777448 Jul 21 17:56 vmlinuz-0-rescue-939c6c516bea48f6b6ecb5d0b
-rwxr-xr-x. 1 root root  6777448 Jun 28  2022 vmlinuz-3.10.0-1160.71.1.el7.x86_64
```

文件类型及　　　用户和用户组　字节大小　最后修改时间　　　　文件名
读/写权限

这里列出的是/boot 目录下的文件（包含普通文件、子目录等），其中显示的各部分内容对初学者来说，还是有点复杂的。我们以最后的 "vmlinuz-3.10.0-1160.71.1.el7.x86_64" 文件为例，按从右到左的顺序对该文件的属性信息进行详细分析。

（1）"vmlinuz-3.10.0-1160.71.1.el7.x86_64" 代表文件的名称。

```
-rwxr-xr-x. 1 root root  6777448 Jun 28  2022 vmlinuz-3.10.0-1160.71.1.el7.x86_64
```

（2）"Jun 28 2022" 代表该文件最后一次被修改的时间，这里显示的是 2022 年 6 月 28 日。

（3）"6777448" 代表该文件的大小，以字节为单位，约为 6.8MB。顺便提一下，如果希望显示包含 KB、MB 等单位的数字，则可以在命令行中加上 -h 参数，比如 ls -l -h 或 ll -h。

（4）"root　root" 包含两方面的信息，前者代表该文件所属的用户（User，属主用户，相当于主人），后者代表该文件所属的用户组（Group，群组的意思，简称组，在组里面可包含多个用户账号）。也就是说，这个文件既可被 root 用户访问，也可被 root 用户组访问。在这里，第一个 root 指代 Linux 的超级用户账号"root"；第二个 root 并不是用户名，而是"root 用户组"的意思（只不过刚好与 root 用户同名而已），因此，只要是在 root 用户组中的用户，就拥有对该文件"root 用户组"的访问权限（访问权限稍后解释）。

在创建 Linux 用户账号时，Linux 默认会同时创建一个与账号同名的用户组。比如，在 2.3.2 节中创建 abc 账号时，Linux 自动新增了一个名为"abc"的用户组，该用户组中目前只有一个 abc 账号。当然，我们也可以将其他用户账号添加到 abc 用户组中，这类似 QQ 等聊天工具中的"加群"操作。

（5）数字"1"代表文件的硬链接数。Linux 的链接文件分为"硬链接"和"软链接"两种类型，其中，软链接相当于 Windows 中的快捷方式，硬链接则可以被看成文件的替身。我们可以针对某个文件创建多个硬链接，这些硬链接与源文件实际上是同一个文件，但在形式上可以变成多个"文件"（只有普通文件才能创建硬链接，目录则不可以创建）。不过，平时用得较多的还是软链接，因为软链接既可以针对普通文件创建，也能针对目录创建，从而得到指向某个文件或目录的快捷方式。

`-rwxr-xr-x.`**`1`**`root root  6777448 Jun 28  2022 vmlinuz-3.10.0-1160.71.1.el7.x86_64`

（6）"-rwxr-xr-x"代表文件的类型和访问权限，总共 10 个字符，如图 2-25 所示。

`-rwxr-xr-x. 1 root root  6777448 Jun 28  2022 vmlinuz-3.10.0-1160.71.1.el7.x86_64`

其中，第一个字符用来指示文件的类型，常见的类型如下。

- d：代表目录，全称为 directory。
- -：代表普通文件。
- l：代表链接文件，全称为 link。

此外，文件的类型还包括 b（block），代表块设备节点（如磁盘分区）；p（pipeline），代表命名管道；s（socket），代表套接字等。

接下来的字母组合 rwx，分别用来指示文件的读、写、执行权限，共包括三组 rwx，其含义如下。

- r：可读属性，全称为 read，若为 - ，则代表没有读权限。
- w：可写属性，全称为 write，若为 - ，则代表没有写权限。
- x：可执行属性，全称为 execute，若为 - ，则代表没有执行权限。

这三组 rwx 分别对应文件的属主用户 User、用户组 Group、其他用户 Other 对该文件的访问权限。

- 第一组 rwx：代表文件的属主用户（一般指文件创建者）对该文件的访问权限。
- 第二组 rwx：代表文件的用户组（一个用户组中可包含多个用户）对该文件的访问权限。
- 第三组 rwx：代表除属主用户、用户组以外的其他用户对该文件的访问权限。

最后，我们将文件的详细信息包含的具体内容使用一张图进行展示，以帮助读者加深印象，如图 2-26 所示。

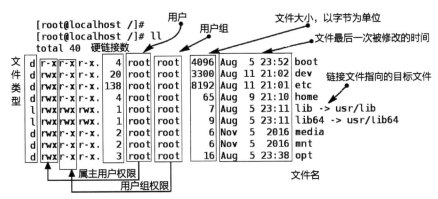

图 2-25　Linux 的文件属性（类型、访问权限）

图 2-26　典型的 Linux 文件详细信息

随堂练习

（1）查看/etc 目录下 profile 文件（即/etc/profile）的详细信息，并分析该文件各部分信息代表的具体含义。

（2）查看/root 目录的详细信息，并分析各部分信息代表的具体含义（这里是指根目录下的 root 目录本身，而不是/root 目录下的文件）。

2.4.3　Linux 用户主目录

从逻辑上讲，当用户通过终端登录 Linux 之后，每时每刻都要处在某个目录之中，此目录也被称为"当前目录"或"工作目录"（Working Directory），用户所在的工作目录，可以通过 cd 命令随时进行切换。在用户一开始登录系统时，默认的工作目录就是用户的"主目录"（Home Directory），这个目录是在创建用户账号时指定的，其默认与账号同名，并且通常被放置于/home 目录下（主目录的名称和所在位置也可以修改）。每个 Linux 用户都有自己单独的主目录，不同用户的主目录一般互不相同且相互隔离。因此，用户的主目录是私有的，不同账号之间不能互相访问，以保证各用户的数据安全。

比如，在 Ubuntu 的终端窗口中输入 ll　/home 命令，列出的用户主目录信息如下。

同样地，可以使用 ll　/home 命令查看 CentOS、Rocky Linux 的用户主目录情况。

```
[root@localhost ~]# ll /home
total 0
drwx------. 2 abc abc 83 Jul 24 17:46 abc          用户 abc 的主目录
[root@localhost ~]#
```

可以注意到，无论是 Ubuntu 还是 CentOS、Rocky Linux，在/home 目录下都不存在 root 用户对应的主目录。这是因为 root 是 Linux 系统内置的超级用户账号，它的主目录默认对应/root 目录，而不是/home 目录下的子目录。所以，root 本身就是一个特殊的账号。

下面简单介绍几个与目录操作相关的命令，以便读者对 Linux 的基本使用有更直接的体会。在 Ubuntu 终端窗口中，输入下面的命令。

pwd	◇ pwd 命令可显示用户当前所在工作目录的路径
cd /usr	◇ cd 命令用于切换目录，以"/"开头的是绝对路径
cd ~	◇ ~ 是用户主目录的指代写法，比如~/a.txt 代表当前用户主目录中的 a.txt 文件。若当前用户是 root，则为/root/a.txt；若当前用户是 demo，则实际为 /home/demo/a.txt
cd /usr/local/include	◇ 切换到/usr/local/include 目录
cd ..	◇ 切换到当前目录的上一级目录（父目录）
cd bin	◇ 不以"/"开头的路径是相对路径，即相对于"当前目录"的路径
cd	◇ 若 cd 命令后不跟目录名，则默认进入用户的主目录
cd -	◇ 切换到上一次所在的目录，- 是"上一次所在的目录"的指代写法
pwd	◇ 在输入命令时，还可以通过按 Tab 键来自动补全命令

```
demo@ubuntu-vm:~$
demo@ubuntu-vm:~$ pwd
/home/demo
demo@ubuntu-vm:~$ cd /usr
demo@ubuntu-vm:/usr$ cd ~
demo@ubuntu-vm:~$ cd /usr/local/include
demo@ubuntu-vm:/usr/local/include$ cd ..
demo@ubuntu-vm:/usr/local$ cd bin          进入当前目录下的 bin 子目录
demo@ubuntu-vm:/usr/local/bin$ cd
demo@ubuntu-vm:~$ cd -
/usr/local/bin
demo@ubuntu-vm:/usr/local/bin$ pwd
/usr/local/bin          当前所在的工作目录
demo@ubuntu-vm:~$
```

在 Linux 文件系统中还有两个特殊的目录，一个是用户所在的工作目录（也叫当前目录），使用单个点符号"."表示；另一个是当前目录的上一级目录（也叫父目录），使用两个点符号".."表示。此外，如果一个文件名是以点符号"."开始的（如".bashrc"），则表示这个文件是被隐藏的，在默认情况下，ls 命令是不会显示这种命名形式的文件的，如果想要将其显示出来，则应在 ls 命令后面加上"-a"参数，代表 all，即列出所有文件。在 Ubuntu 终端窗口或 CentOS/Rocky Linux 终端中，输入 ls -a 命令，就会发现当前用户的主目录中，存在多个以点符号开头的隐藏文件和目录，以及 "." 和 ".." 这两个特殊的文件。以 Ubuntu 为例，显示出来的文件情况如下。

```
demo@ubuntu-vm:~$ ls  -a
.           模板  文档  桌面          .bashrc     .lesshst   snap
..          视频  下载  .bash_history  .cache     .local     .sudo_as_admin_successful
公共的      图片  音乐  .bash_logout  .config    .profile
demo@ubuntu-vm:~$
```

最后，我们将目光聚焦到终端中的命令提示符，并说明各部分所代表的含义，如图 2-27 所示，其中，~表示当前用户的主目录（分别为/root 和/home/demo），命令提示符 # 表示超级用户权限，$ 表示普通用户权限。

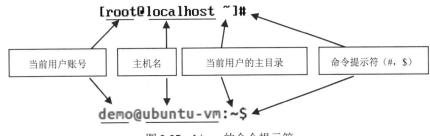

图 2-27　Linux 的命令提示符

2.5　Linux 常用命令快速入门

Linux 中的命令非常丰富，熟悉 Linux 的人从来不会因为它的命令太多而烦恼，因为只有掌握好常用命令，才能比较自如地驾驭它。但对初学者来说，最困难的就是入门阶段，因此学习 Linux 需要有一定的耐心。

除 2.4.3 节中涉及的几个简单命令以外，接下来将介绍一些常用的 Linux 命令，以便读者能够尽快上手使用 Linux，这些命令在不同 Linux 发行版（如 Ubuntu、CentOS、Rocky Linux、Debian 等）上的使用方法都是一样的。

学习提示

本书对 Linux 命令使用方法的介绍，默认以 Ubuntu 系统为例进行操作演示，这些命令一般也完全适用于 CentOS、Rocky Linux 系统，如果有差别，则会另行说明。

此外，Linux 命令是区分字母大小写的，一般的命令都是小写形式。在输入命令或文件路径的过程中，还可以在输入 2～3 个字符后，按 Tab 键进行命令自动补全（如果仍不足以让系统自动补全，就要多输入几个字符，并再次按 Tab 键），这样既可以节省输入时间，还可以避免出现意外的输入错误。

还有一个需要特别注意的问题就是，一些命令后面跟着的内容，叫作命令的 "参数"，这些参数和命令之间需要用空格隔开，不能挤在一起，以避免出现错误。如果一条命令太长，则在行末添加 "\" 符号并按回车键，这样就可以将一条命令分成多行显示（最后一行不要添加 "\" 符号，按回车键后就完成了全部命令的输入），但它们在整体上仍属于一条命令，这种情形在后续的操作过程中将会遇到。

```
demo@ubuntu-vm:~$ cp  -rf  /etc/alsa  ./
demo@ubuntu-vm:~$
demo@ubuntu-vm:~$
```

空格	空格	空格

（1）文件和目录操作命令包括 cd、ls、cp、mv 等。

cd ~ 或 cd	◇ 进入当前用户的主目录，可省略 ~
pwd	◇ 显示用户当前所在工作目录的路径
ls	◇ 列出当前目录下的文件
touch a.txt	◇ touch 命令用于创建一个新的空文件 a.txt
echo "hello" > a.txt	◇ echo 命令用于输出一个字符串，> 用于将输出内容重定向到文件 a.txt 中
cp a.txt b.txt	◇ cp 命令用于复制出一个新文件，全称为 copy
ls -l	◇ 列出当前目录下的文件，并显示文件的详细信息
cat b.txt	◇ cat 命令用于查看文件的内容
mkdir 123	◇ mkdir 命令用于创建一个新目录 123，全称为 make directory
mkdir 456	◇ 创建一个新目录 456
ls	
cp a.txt 123/	◇ 将文件 a.txt 复制到 123 目录中
ls 123/	◇ 查看 123 目录下的文件
rm a.txt	◇ rm 命令用于删除一个文件，全称为 remove
rmdir 456	◇ rmdir 命令用于删除一个空目录，全称为 remove directory
mv b.txt c.txt	◇ mv 命令可对文件进行重命名，全称为 move
ls	
mv c.txt 123	◇ mv 命令还可将文件移动到某个目录下，目录名后可带 "/" 符号也可不带
cd 123	◇ 切换到 123 目录
ls	

```
demo@ubuntu-vm:~$ cd
demo@ubuntu-vm:~$ pwd
/home/demo
demo@ubuntu-vm:~$ ls
公共的  模板  视频  图片  文档  下载  音乐  桌面  snap
demo@ubuntu-vm:~$ touch  a.txt
demo@ubuntu-vm:~$ echo  "hello" > a.txt
demo@ubuntu-vm:~$ cp  a.txt  b.txt
demo@ubuntu-vm:~$ ls  -l
```

将使用 echo 命令输出的内容重定向到文件 a.txt 中

将文件 a.txt 复制出一份新文件 b.txt

```
总计 66896
drwxr-xr-x  2 demo demo      4096 12月 31 09:49 公共的
drwxr-xr-x  2 demo demo      4096 12月 31 09:49 模板
drwxr-xr-x  2 demo demo      4096 12月 31 09:49 视频
drwxr-xr-x  2 demo demo      4096 12月 31 09:49 图片
drwxr-xr-x  2 demo demo      4096 12月 31 09:49 文档
drwxr-xr-x  2 demo demo      4096 12月 31 09:49 下载
drwxr-xr-x  2 demo demo      4096 12月 31 09:49 音乐
drwxr-xr-x  2 demo demo      4096 12月 31 09:49 桌面
-rw-rw-r--  1 demo demo         6  1月 20 22:48 a.txt
```

```
-rw-rw-r-- 1 demo demo      6  1月 20 22:48 b.txt          ◀── 复制出的新文件
drwx------ 5 demo demo    4096  1月 14 16:46 snap
demo@ubuntu-vm:~$ cat  b.txt        ◀──  显示文件 b.txt 的内容
hello
demo@ubuntu-vm:~$ mkdir  123        ◀──┐
                                        ├── 创建目录 123 和 456
demo@ubuntu-vm:~$ mkdir  456        ◀──┘
demo@ubuntu-vm:~$ ls
123  456  公共的  模板 视频 图片 文档 下载 音乐 桌面 a.txt  b.txt  snap
demo@ubuntu-vm:~$ cp  a.txt  123/
demo@ubuntu-vm:~$ ls  123/
a.txt
demo@ubuntu-vm:~$ rm  a.txt        ◀──  删除文件 a.txt。需谨慎，删除后不可恢复。
                                        CentOS、Rocky Linux 默认需输入 y 进行删除确认，n 表示放弃
demo@ubuntu-vm:~$ rmdir  456
demo@ubuntu-vm:~$ mv  b.txt  c.txt        ◀──  修改文件名
demo@ubuntu-vm:~$ ls
123  公共的  模板 视频 图片 文档 下载 音乐 桌面 c.txt  snap
demo@ubuntu-vm:~$ mv  c.txt  123        ◀──  移动文件 c.txt 到 123 目录中
demo@ubuntu-vm:~$ ls
123  公共的  模板 视频 图片 文档 下载 音乐 桌面 snap
demo@ubuntu-vm:~$ cd  123
demo@ubuntu-vm:~/123$ ls
a.txt  c.txt
```

（2）系统基本信息查询命令包括 hostname、df、free 等。

hostname	◇ hostname 命令用于显示当前系统的主机名
df -h	◇ df 命令用于显示磁盘空间，-h 参数可显示数值单位
free -h	◇ free 命令用于显示内存情况，-h 参数可显示数值单位
date	◇ date 命令用于显示或设置系统当前的日期和时间
top	◇ top 命令用于实时查看系统资源信息，按 q 键退出

```
demo@ubuntu-vm:~$
demo@ubuntu-vm:~$ hostname
ubuntu-vm
demo@ubuntu-vm:~$ df  -h        ◀──  显示磁盘空间，-h 代表--human-readable（以 MB、GB 等为单位）
文件系统        大小    已用    可用  已用% 挂载点
tmpfs          193M   1.8M   191M   1% /run
/dev/sda3       59G    15G    41G   27% /
tmpfs          962M      0   962M   0% /dev/shm
tmpfs          5.0M   4.0K   5.0M   1% /run/lock
/dev/sda2      512M   6.1M   506M   2% /boot/efi
tmpfs          193M   100K   193M   1% /run/user/1000
demo@ubuntu-vm:~$ free  -h        ◀──  显示内存情况，-h 代表--human-readable
              total      used      free    shared  buff/cache   available
内存:         1.9Gi     771Mi     179Mi     7.0Mi       971Mi       963Mi
交换:         5.9Gi     153Mi     5.8Gi
demo@ubuntu-vm:~$ date
```

```
2024 年 01 月 04 日 星期四 21:17:45 CST
demo@ubuntu-vm:~$ top    ◄━━━  top 命令的功能类似任务管理器，按 q 键退出

top - 21:17:46 up 2:06, 2 users, load average: 0.13, 0.13, 0.14
任务:     total,    running,   sleeping,   stopped,   zombie
%Cpu(s):   us,        sy,        ni,        id,        wa,      hi,     si,      st
MiB Mem : total,     free,      used,      buff/cache
MiB Swap: total,     free,      used.      avail Mem

进程号 USER    PR NI    VIRT    RES    SHR   %CPU  %MEM     TIME+ COMMAND
    1 root    20  0  167976  10752   5760 S  0.0   0.5   0:06.43 systemd
    2 root    20  0       0      0      0 S  0.0   0.0   0:00.00 kthreadd
    3 root     0 -20      0      0      0 I  0.0   0.0   0:00.00 rcu_gp
    4 root     0 -20      0      0      0 I  0.0   0.0   0:00.00 rcu_par_gp
    5 root     0 -20      0      0      0 I  0.0   0.0   0:00.00 slub_flushwq
    6 root     0 -20      0      0      0 I  0.0   0.0   0:00.00 netns
   10 root     0 -20      0      0      0 I  0.0   0.0   0:00.00 mm_percpu_wq
   11 root    20  0       0      0      0 I  0.0   0.0   0:00.00 rcu_tasks_kthread
   12 root    20  0       0      0      0 I  0.0   0.0   0:00.00 rcu_tasks_rude_kthr+
   13 root    20  0       0      0      0 I  0.0   0.0   0:00.00 rcu_tasks_trace_kth+
   14 root    20  0       0      0      0 S  0.0   0.0   0:02.44 ksoftirqd/0
   15 root    20  0       0      0      0 I  0.0   0.0   0:02.40 rcu_preempt
...
```

（3）网络操作命令包括 ip、ping 等。

ip addr ping 172.16.109.130 ping www.taob**.com	◇ ip 命令用来查看或配置网络，也可以简写为 ip a ◇ ping 命令用来测试网络的连通性，这里的 IP 地址应改成实际虚拟机的 IP 地址

```
demo@ubuntu-vm:~$
demo@ubuntu-vm:~$ ip addr
1: lo: <LOOPBACK,UP,LOWER_UP> mtu 65536 qdisc noqueue state UNKNOWN group
default
    link/loopback 00:00:00:00:00:00 brd 00:00:00:00:00:00
    inet 127.0.0.1/8 scope host lo
       valid_lft forever preferred_lft forever
    inet6 ::1/128 scope host
       valid_lft forever preferred_lft forever
2: ens33: <BROADCAST,MULTICAST,UP,LOWER_UP> mtu 1500 qdisc fq_codel state UP
    link/ether 00:0c:29:7       这里是虚拟机网卡 ens33 的 IP 地址    ff:ff
    altname enp2s1
    inet  172.16.109.130/24   brd   172.16.109.255   scope   global   dynamic
noprefixroute ens33
       valid_lft 1435sec preferred_lft 1435sec
    inet6 fe80::1e06:2ca2:d6a4:cc23/64 scope link noprefixroute
       valid_lft forever preferred_lft forever       这个 IP 地址必须改为实际虚拟机的 IP 地
demo@ubuntu-vm:~$ ping 172.16.109.130    ◄━━━   址，不能照抄
PING 172.16.109.130 (172.16.109.130) 56(84) bytes of data.
64 bytes from 172.16.109.130: icmp_seq=1 ttl=64 time=0.043 ms
64 bytes from 172.16.109.130: icmp_seq=2 ttl=64 time=0.026 ms
```

```
64 bytes from 172.16.109.130: icmp_seq=3 ttl=64 time=0.028 ms
^C
--- 172.16.109.130 ping statistics ---
3 packets transmitted, 3 received, 0% packet loss, time 2034ms
rtt min/avg/max/mdev = 0.026/0.032/0.043/0.007 ms
demo@ubuntu-vm:~$ ping  www.taob**.com
PING www.taob**.com.danuoyi.tbcache.com (61.174.43.211) 56(84) bytes of data.
64 bytes from 61.174.43.211 (61.174.43.211): icmp_seq=1 ttl=128 time=6.19 ms
64 bytes from 61.174.43.211 (61.174.43.211): icmp_seq=2 ttl=128 time=6.79 ms
64 bytes from 61.174.43.211 (61.174.43.211): icmp_seq=3 ttl=128 time=5.99 ms
^C
--- www.taob**.com.danuoyi.tbcache.com ping statistics ---
3 packets transmitted, 3 received, 0% packet loss, time 2004ms
rtt min/avg/max/mdev = 5.988/6.322/6.793/0.342 ms
demo@ubuntu-vm:~$
```

按 Ctrl+C 快捷键终止操作，否则会一直持续 ping 下去

若出现这些信息，则说明网络是顺畅的

测试虚拟机是否能上外网，以淘宝网为例

按 Ctrl+C 快捷键终止操作，否则会一直持续 ping 下去

（4）进程管理命令包括 ps、kill 等。

ps ps -awx ps -awx | more ps -awx | grep <某关键字> kill <某进程的 PID>	◇ ps 命令默认列出当前登录用户的进程信息 ◇ -awx 参数代表加宽显示所有用户进程的详细信息 ◇ 将 ps 命令的输出信息，以管道方式传递给 more 命令处理，以进行翻页显示 ◇ grep 命令可以实现从目标信息中搜索指定"关键字"的操作 ◇ kill 命令用来终止指定的进程，后面跟着具体的 PID。在 Ubuntu 中，可能需要添加 sudo 以获取 root 权限，例如，sudo kill <某进程的 PID>，并根据需要输入 demo 账号的密码

```
demo@ubuntu-vm:~$
demo@ubuntu-vm:~$ ps
    PID    TTY      TIME       CMD
  68982  pts/1    00:00:00   bash
  69206  pts/1    00:00:00   ps
demo@ubuntu-vm:~$ ps -awx
    PID TTY      STAT   TIME COMMAND
      1 ?        Ss     0:06 /lib/systemd/systemd --system --deserialize ...
      2 ?        S      0:00 [kthreadd]
      3 ?        I<     0:00 [rcu_gp]
      4 ?        I<     0:00 [rcu_par_gp]
      5 ?        I<     0:00 [slub_flushwq]
      6 ?        I<     0:00 [netns]
      ...
demo@ubuntu-vm:~$ ps -awx | more
    PID TTY      STAT   TIME COMMAND
      1 ?        Ss     0:06 /lib/systemd/systemd --system --deserialize 50 splash
      2 ?        S      0:00 [kthreadd]
      3 ?        I<     0:00 [rcu_gp]
```

第一列 PID 对应的是进程编号

-awx 是-a、-w、-x 参数的组合，其具体含义后续将叙述

管道符号"|"用于将前一个命令的输出内容传递给后面的 more 命令处理

```
    4 ?         I<     0:00 [rcu_par_gp]
    5 ?         I<     0:00 [slub_flushwq]
    6 ?         I<     0:00 [netns]
...
```

--更多-- ◄── 这里按回车键逐行向下显示，按空格键向后翻页，按 q 键退出

```
...
demo@ubuntu-vm:~$ ps -awx | grep cron    ◄── grep 命令会在传递过来的信息中搜索关键字 cron
  598 ?         Ss     0:00 /usr/sbin/cron -f -P
69240 pts/1     S+     0:00 grep --color=auto cron
demo@ubuntu-vm:~$ sudo kill 598    ◄── 通过 sudo 命令获取 root 权限，密码默认在 15 分钟之内有
[sudo] demo 的密码：◄── 输入 demo 的密码 demo     效。CentOS、Rocky Linux 的 root 账号不需要加上 sudo 命令
demo@ubuntu-vm:~$ ps -awx | grep cron
69225 pts/1     S+     0:00 grep --color=auto update
demo@ubuntu-vm:~$
```

（5）其他实用的内置命令包括 date、which、yum、clear 等。

`date`	◇ date 命令默认显示系统当前的日期和时间
Ubuntu 系统:	◇ date 命令后的-s 参数用来设置系统当前的时间，具体时间请按
`sudo date -s "2023-07-26 17:50"`	照实际修改，不要照抄
CentOS/Rocky Linux 系统:	
`date -s "2023-07-26 17:50"`	
`echo "abcd"`	◇ echo 命令用来在界面上显示文字信息
`echo $PATH`	◇ PATH 是系统默认设置的一个环境变量
`which date`	◇ which 命令用来在 PATH 设置的目录列表中查找命令对应的程序
`alias`	◇ alias 命令用来显示或设置命令别名
`history`	◇ history 命令用来列出操作过的命令列表
Ubuntu 系统:	◇ 从软件仓库中安装 zip 或 7zip 软件包。因为 Ubuntu 已自动
`sudo apt install 7zip`	安装好 zip 软件包，所以这里以安装 7zip 软件包为例演示安装方
CentOS/Rocky Linux 系统:	法。-y（yes）表示不用确认直接安装
`yum -y install zip`	
`clear`	◇ clear 命令用于清除当前界面上显示的内容

```
demo@ubuntu-vm:~$
demo@ubuntu-vm:~$ date
2024 年 01 月 05 日 星期五 08:02:35 CST
demo@ubuntu-vm:~$ sudo date -s "2023-07-26 17:50"    ◄── 设置系统当前的时间，重启后会失效，可再次执行 hwclock -w 命令使其生效
[sudo] demo 的密码：◄── 输入 demo 的密码 demo
2024 年 07 月 26 日 星期五 17:50:00 CST
demo@ubuntu-vm:~$ echo "abcd"
abcd
demo@ubuntu-vm:~$ echo $PATH    ◄── 显示 PATH 环境变量的值
/usr/local/sbin:/usr/local/bin:/usr/sbin:/usr/bin:/sbin:/bin:/usr/games:/usr/local/games:/snap/bin
demo@ubuntu-vm:~$ which date    ◄── which 命令会在 PATH 设置的目录列表中查找 date 命令对应的程序
/usr/bin/date
```

```
demo@ubuntu-vm:~$ alias          ◄──── 查看系统已设置的命令别名
alias alert='notify-send --urgency=low -i "$([ $? = 0 ] && echo ..."'
alias egrep='egrep --color=auto'
alias fgrep='fgrep --color=auto'
alias grep='grep --color=auto'
alias l='ls -CF'
alias la='ls -A'
alias ll='ls -alF'
alias ls='ls --color=auto'
demo@ubuntu-vm:~$ history         ◄──── 列出使用过的 Linux 命令，可以在命令行提示符界面中按键盘上
                                        的上、下方向键进行浏览，按回车键即可重复执行某一条命令
     1  ps awx
     2  ll
     3  pwd
     4  ls
     5  df -h
    ...
demo@ubuntu-vm:~$ sudo  apt  install  7zip   ◄──── 因为上面的命令已经输入过 sudo 命令所需
                                                    的密码，所以 15 分钟之内的 sudo 操作就不
                                                    用再次输入密码了
```

正在读取软件包列表... 完成
正在分析软件包的依赖关系树... 完成
正在读取状态信息... 完成
下列【新】软件包将被安装：
　7zip
升级了 0 个软件包，新安装了 1 个软件包，要卸载 0 个软件包，有 154 个软件包未被升级。
需要下载 971 kB 的归档。
解压缩后会消耗 2,454 kB 的额外空间。
获取:1 http://cn.archive.ubun**.com/ubuntu jammy/universe amd64 7zip amd64
21.07+dfsg-4 [971 kB]
已下载 971 kB，耗时 4 秒 (250 kB/s)
正在选中未选择的软件包 7zip。
(正在读取数据库 ... 系统当前共安装有 180926 个文件和目录。)
准备解压缩 .../7zip_21.07+dfsg-4_amd64.deb ...
正在解压缩 7zip (21.07+dfsg-4) ...
正在设置 7zip (21.07+dfsg-4) ...
正在处理用于 man-db (2.10.2-1) 的触发器 ...
...

```
demo@ubuntu-vm:~$ clear
demo@ubuntu-vm:~$
```

（6）注销、重启、关机命令包括 exit、reboot、poweroff。

exit	◇ exit 命令用来注销并退出当前登录，快捷键为 Ctrl+D
reboot	◇ 重启系统
poweroff	◇ 关机
◇ 在 Ubuntu 的终端窗口中，如果执行 reboot 或 poweroff 命令时提示权限不足，就需要使用 sudo 命令获取 root 权限，如"sudo reboot"或"sudo poweroff"，但一般只需操作 Ubuntu 桌面的功能菜单进行重启或关机即可	

➡️ 随堂练习

　　分别在 Ubuntu、CentOS、Rocky Linux 系统上，至少对以上常用命令操作两遍。需要注意的是，在输入每个命令之后，应结合命令清单和演示步骤中的提示说明信息，仔细体会各个命令的具体含义和作用，通过反复练习来加深对常用命令的理解。

2.6　vi 编辑器的基本使用

　　vi 编辑器是绝大多数 Linux/UNIX 类系统的一个默认编辑器，它拥有强大的文本编辑和处理功能，在日常的系统管理工作中几乎随时都会用到，所以掌握 vi 编辑器的使用方法也是学习 Linux 的一个必修内容。熟练使用 vi 编辑器有助于提高工作效率，因为大部分服务器上安装的 Linux，为了降低不必要的资源消耗是没有附带桌面环境的，用户无法直接使用图形化的文本编辑器，此时就只能使用类似 vi 的具有字符界面的编辑器。

　　需要指出的是，Linux 实际上存在两个 vi 编辑器，一个名为 vi，另一个名为 vim（即 vi 的加强版）。在本书安装的 Linux 中，默认内置的都是加强版的 vim，只是具体版本略有不同，但它们都可以通过 vi 命令来启动。此外，Ubuntu 上默认安装的 vi 编辑器与 CentOS、Rocky Linux 上安装的存在一些操作习惯上的差异，因此这里先单独在 Ubuntu 的终端窗口中执行 vim 软件包的安装命令。

```
*Ubuntu 系统:                                    ◇ 在 Ubuntu 上安装 vim 软件包
  sudo apt -y install vim
```

```
demo@ubuntu-vm:~$
demo@ubuntu-vm:~$ sudo apt -y install vim
正在读取软件包列表... 完成
正在分析软件包的依赖关系树... 完成
正在读取状态信息... 完成
...
正在设置 vim (2:8.2.3995-1ubuntu2.9) ...
```

> 在 Ubuntu 上安装 vim 软件包。如果执行 sudo 命令时提示输入密码，则输入 demo 并按回车键即可。-y（yes）表示不用确认直接安装

　　在准备好 vi 编辑器之后，输入 vi 或 vim 命令即可将其启动。

```
demo@ubuntu-vm:~$
demo@ubuntu-vm:~$ vi

              VIM - Vi IMproved

                版本 8.2.2121
            维护人 Bram Moolenaar 等
        修改者 team+vim@tracker.debian.org
        Vim 是可自由分发的开放源代码软件

            成为 Vim 的注册用户！
  输入  :help register<Enter>      查看说明

  输入  :q<Enter>                  退出
  输入  :help<Enter>  或  <F1>     查看在线帮助
  输入  :help version8<Enter>      查看版本信息
```

　　启动 vi 编辑器后，输入":q"并按回车键，这样就可以在未输入内容的前提下退出编辑器（或者输入":q!"这三个字符，以不保存输入内容的方式直接退出）。如果 vi 命令后面跟了文

件名（如"vi   hello.txt"），那么将会直接打开并显示该文件的具体内容，如果指定的文件不存在，那么系统会创建一个指定的文件。

不过，vi 编辑器使用起来并不像 Windows 记事本那样简单直接，它有两种工作模式：命令模式和编辑模式。当 vi 编辑器启动后，默认是在命令模式下，这意味着输入的内容对 vi 编辑器来说，都是"命令"（并不是在直觉上认为的"文字内容"），通过这些命令可以实现文字内容的复制、移动、删除等功能，因为不能使用鼠标进行操作，只能借助这些 vi 内部命令，所以被称为"命令模式"，就像 Windows 的 Ctrl+C 实际上就是一条复制命令。vi 编辑器的"编辑模式"，就是通常所说的编辑状态，只有在该模式下才可以真正输入文字内容，如同记事本中所操作的那样。在编辑模式下，按 Esc 键，vi 编辑器切换到命令模式（若按一次 Esc 键无效，则可以多按几次）。

为了初步体会 vi 编辑器的使用方法，按 i 键，进入编辑模式，此时可以自由地输入文字内容（Ubuntu 上默认安装的 vi 编辑器，在按上、下方向键时，输入的是内容而不是改变光标位置，与直觉上的操作有所不同，这就是要在 Ubuntu 上单独安装 vim 软件包的原因）。在退出 vi 编辑器时，先按 Esc 键，然后输入":q!"，可以不保存输入内容的方式退出。

下面列出一些常用的 vi 编辑器命令，如图 2-28 和图 2-29 所示。需要注意的是，vi 编辑器命令是区分字母大小写的，它们有不同的作用，如果有冒号，则这个冒号也要作为命令输入。

切换到编辑模式		从命令模式切换到编辑模式后可按方向键移动光标
	i、I	i 从当前光标位置插入（insert） I 将光标移到行首插入（Insert）
	o、O	o 在当前行之后插入一个空行 O 在当前行之前插入一个空行
	a、A	a 在当前字符之后添加内容（append） A 在当前行末尾添加内容（Append）
切换到命令模式	Esc 键	vi 编辑器在启动时默认为命令模式
退出编辑器		先按 Esc 键切换到命令模式
	:wq	保存内容修改并退出（write+quit）
	:q!	不保存内容修改，直接退出
	:q	在无内容修改的情况下退出。如果有内容修改，则必须保存或放弃

图 2-28   vi 编辑器的模式切换和退出命令

常用编辑命令		必须在命令模式下操作，或按 Esc 键切换到命令模式
行号显示		
	:set nu	显示行号（number）
	:set nonu	取消行号显示（no number）
翻页		
	Ctrl+F	向下翻一页（forward），或按 Page Down 键
	Ctrl+B	向上翻一页（backward），或按 Page Up 键
行内快速跳转		
	0	跳到行首，或按 Home 键
	$	跳到行尾，或按 End 键
行间快速跳转		
	9G	跳转到文件中的第 9 行（go）
	gg	跳转到文件的首行（go）
	G	跳转到文件的末尾行（go）
复制		
	yy	复制当前行
	3yy	复制从当前行开始的 3 行
粘贴		
	p	粘贴到光标之后（paste）
剪切/删除		
	x	删除光标处的单个字符
	dd	删除/剪切当前行（delete）
	5dd	删除/剪切从当前行开始的 5 行（delete）
取消与恢复		
	u	取消最近一步操作，重复按 u 键取消多步操作（undo）
	Ctrl+R	反向取消，即重做（redo）
查找		
	/abc	从上而下查找字符串 abc
	n	定位下一个匹配的字符串（next）
	N	定位上一个匹配的字符串（Next）
保存文件		
	:w	保存当前文件
	:w ~/file2.txt	保存为一个文件，或另存为一个文件

图 2-29   vi 编辑器常用的编辑命令

接下来，我们使用 vi 编辑器来创建一个文本文件，并修改其中的文字内容。

```
cd ~                    ◇ 切换到当前用户的主目录，避免出现权限问题。若已在，则忽略该步
vi hello.txt            ◇ 启动 vi 编辑器，以修改 hello.txt 文件中的文字内容
```

```
demo@ubuntu-vm:~$
demo@ubuntu-vm:~$ vi hello.txt
```

读者可自行对照图 2-29 中列出的 vi 编辑器常用的编辑命令，按照图 2-30 所示的内容进行输入练习，并将输入的内容保存到当前主目录的 hello.txt 文件中。通过在 vi 编辑器中反复操作进行强化训练，以便能够掌握 vi 编辑器的基本使用方法。

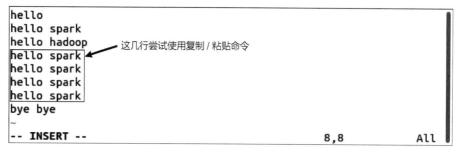

图 2-30　vi 编辑器的输入练习内容

在启动 vi 编辑器后，默认是在命令模式下，此时按 i 键切换到编辑模式，即可输入图 2-30 所示的文字内容。当需要复制时，先将光标移动到需要复制的行中，按 Esc 键切换到命令模式，按 yy 键复制当前行，再将光标移动到要粘贴的位置，按 p 键即可把复制的行粘贴过来。复制完成后，如果要继续编辑文字，则还是按 i 键从命令模式切换到编辑模式。因此，在这个过程中，通常需要不断地在命令模式和编辑模式之间相互切换。

当文字内容输入完成后，先按 Esc 键切换到命令模式，再输入"：wq"（三个字符），以保存文件内容的方式退出 vi 编辑器。

2.7　Linux 远程终端连接

Linux 一般被应用于服务器中，服务器大部分情况下被放置在专门的机房中，因此为了工作上的便利，通常都是远程登录 Linux 进行系统的维护和管理，就像远程的遥控操作一样，一般的做法是在 Linux 上安装 sshd 服务程序实现远程登录功能（默认的端口号为 22）。在 Windows 上，常用的远程登录客户端工具有 Putty、SecureCRT、MobaXterm 等，同时在 Linux 上有一个 ssh 客户端命令可以实现远程登录功能。为简单起见，下面以 MobaXterm 为例，介绍如何在 Windows 上远程登录 Linux 系统，MobaXterm 软件包可从本书配套资源中获取，解压缩后执行其中的"MobaXterm_Personal_23.0.exe"程序即可进行安装。

在 Ubuntu、CentOS、Rocky Linux 这三个系统中，后两者默认安装并启用了 sshd 服务程序，可以直接实现远程登录功能，但由于本书安装的 Ubuntu 选用的是桌面版，其主要是为了方便个人使用，并没有附带 sshd 服务程序，因此需要单独在 Ubuntu 上安装 openssh-server 软件包。为避免与系统预装的 ssh 客户端（openssh-client）版本产生冲突，我们先将 openssh-client 卸载，在安装 openssh-server 时系统会自动重新安装合适版本的 ssh 客户端。

```
*Ubuntu 系统:
 sudo  apt  remove  openssh-client        ◇ 删除系统预装的 openssh-client
 sudo  apt  install  openssh-server        ◇ 安装 openssh-server 远程连接服务软件
```

```
demo@ubuntu-vm:~$ sudo  apt  remove  openssh-client
[sudo] demo 的密码:        若需要输入 demo 账号的密码，则输入 demo 以获取 root 权限
正在读取软件包列表... 完成
正在分析软件包的依赖关系树... 完成
正在读取状态信息... 完成
下列软件包将被【卸载】:
  openssh-client snapd
升级了 0 个软件包，新安装了 0 个软件包，要卸载 2 个软件包
解压缩后将会空出 106 MB 的空间。
您希望继续执行吗？ [Y/n] y        输入 y，确认卸载
(正在读取数据库 ... 系统当前共安装有 178077 个文件和目录。)
正在卸载 snapd (2.58+22.04) ...
...
```

```
demo@ubuntu-vm:~$ sudo  apt  install  openssh-server
正在读取软件包列表... 完成
正在分析软件包的依赖关系树... 完成
正在读取状态信息... 完成
将会同时安装下列软件:
  ncurses-term openssh-client openssh-sftp-server ssh-import-id
建议安装:
  keychain libpam-ssh monkeysphere ssh-askpass molly-guard
下列【新】软件包将被安装:
  ncurses-term openssh-client openssh-server openssh-sftp-server ssh-import-id
升级了 0 个软件包，新安装了 5 个软件包，要卸载 0 个软件包
需要下载 1,657 kB 的归档。
解压缩后会消耗 9,216 kB 的额外空间。
您希望继续执行吗？ [Y/n] y        输入 y，确认安装
...
正在处理用于 man-db (2.10.2-1) 的触发器 ...
正在处理用于 ufw (0.36.1-4build1) 的触发器 ...
demo@ubuntu-vm:~$
```

　　准备工作执行完成后，在正式进行远程登录之前，我们需要先在虚拟机的终端中输入 ip addr 命令，查看即将远程登录 Linux 虚拟机的实际 IP 地址。以远程登录 Ubuntu 虚拟机为例（CentOS、Rocky Linux 与此完全相同），假定虚拟机的 IP 地址为"172.16.109.130"。

　　（1）在 Windows 上启动 MobaXterm，单击主界面左上角的"Session"按钮，启动 MobaXterm

的 Session 会话，如图 2-31 所示。

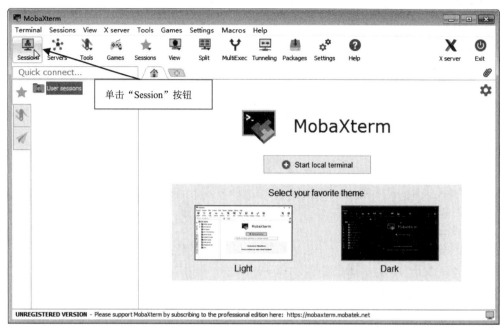

图 2-31 启动 MobaXterm 的 Session 会话

（2）单击"Session settings"界面左上角的"SSH"按钮，输入 Linux 虚拟机的 IP 地址，并勾选"Specify username"复选框，填入账号"demo"（若是 CentOS、Rocky Linux，则填入账号"root"），"Port"（端口）保持 22 不变，单击"OK"按钮，如图 2-32 所示。

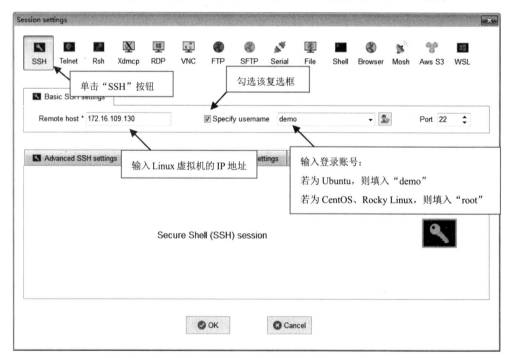

图 2-32 MobaXterm 的 Session 会话设置

（3）在确认框中，勾选"Do not show this message again"复选框，并单击"Accept"按钮，如图 2-33 所示。

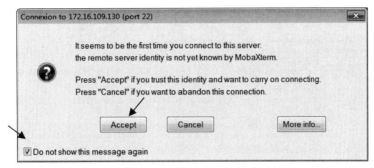

图 2-33　Session 会话连接确认

（4）在打开的登录界面中，输入 demo 账号的密码 demo 并按回车键，如图 2-34 所示。

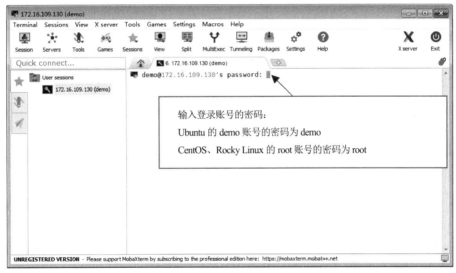

图 2-34　输入远程登录账号的密码

（5）在弹出的确认框中，勾选"Do not show this message again"复选框，并单击"No"按钮不保存账号的密码，如图 2-35 所示。

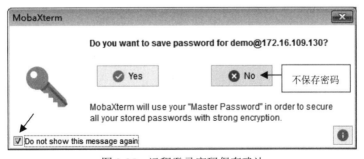

图 2-35　远程登录密码保存确认

（6）成功登录 Linux 后，就可以远程输入 Linux 命令进行操作了，同时可以通过左侧的文件上传或下载功能，将 Windows 中的文件拖放上传至远程 Linux 中，或将远程 Linux 中的文件拖放下载到 Windows 中，如图 2-36 所示。

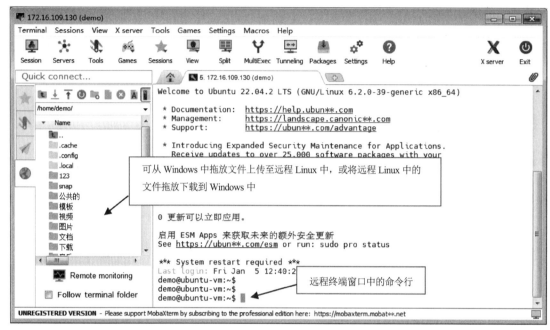

图 2-36　远程登录成功的操作界面

2.8　习题

（1）分析下面这个文件的属性，并回答问题。

-rw-r--r--.　1　root root　643072　Nov 16 03:37　index.db

① 该文件的类型是普通文件还是目录？

② 该文件的属主用户是谁？

③ 该文件有多少字节？

④ 该文件的创建/修改时间是什么？

⑤ 该文件的 root 用户组权限是什么？其他用户是否能够访问该文件？

（2）将自己的姓名以拼音全拼的方式保存到主目录的一个名为"name.txt"的文件中。

（3）按照以下步骤执行相应的命令。

① 在系统中创建一个名为"test"的账号，并使用这个账号进行登录。

② 在 test 账户的主目录中创建一个名为"t202030"的子目录。

③ 切换到 t202030 目录。

④ 在 t202030 目录中创建一个 my.txt 文件，其中包含下面两行内容：

```
My name is test
It's nice
```

⑤ 在界面上显示 my.txt 文件的属性信息。

⑥ 在界面上打印 my.txt 文件所在的目录路径。

（4）反复练习 vi 编辑器的常用编辑命令，并回答以下问题。

① 如何编辑一个现有文件中的文字内容？

② 如何在 vi 编辑器中显示行号？

③ 如何切换到编辑模式，有几种途径？

④ 如何跳转到文件的最后一行和第一行？

⑤ 如何一次性复制 3 行内容？

⑥ 如何将内存中的行，复制/粘贴到指定的位置？

⑦ 如何不使用 Delete 键删除光标位置的字符？

⑧ 如何一次性删除 5 行内容？

⑨ 如何撤销最近一步操作（比如将删除的行恢复）？

⑩ 如何重做最近一步撤销操作？

⑪ 如何将输入的内容保存到文件中？

⑫ 如何查找指定的内容？

⑬ 如何将当前编辑的内容另存为一个文件？

⑭ 如何以不保存输入内容的方式退出 vi 编辑器？

第3章

Linux 系统管理命令

 学习目标

知识目标

- 了解 Linux 系统命令帮助信息的使用方法
- 理解 Linux 文件和目录管理命令的含义和使用方法
- 理解 Linux 文件压缩与解压缩命令的含义和使用方法
- 了解 Linux 硬件资源管理命令的使用方法
- 掌握 CentOS、Rocky Linux 和 Ubuntu 软件包管理命令的含义和使用方法
- 掌握 Linux 的基本网络管理和网络配置命令的含义和使用方法
- 了解 Linux 系统管理相关命令的含义和使用方法
- 了解 Linux 用户管理相关命令的含义和使用方法

能力目标

- 会使用与 Linux 文件和目录管理相关的命令
- 会使用 tar、gzip、zip 等命令在 Linux 上进行文件的压缩和解压缩
- 会使用 free、df、du、top、iotop 等命令查看系统的硬件资源
- 会在 CentOS、Rocky Linux、Ubuntu 上对软件包进行管理
- 会使用基本的 Linux 网络管理命令

素质目标

- 培养耐心细致的学习态度和行为习惯
- 培养和树立正确的科学精神和创新意识

3.1 引言

　　Linux 操作系统的核心就是文件，系统中的所有内容都可以归结为文件，包括命令、硬件

和软件设备、进程等。所谓 Linux 命令，是指在命令行提示符界面上运行的程序文件或程序代码，比如，ls 命令对应/usr/bin/ls 程序文件，cd 命令则是 Shell 命令解释器内置的一个功能，没有对应的程序文件。Shell 命令解释器是指登录成功后出现的 Shell 操作界面，它接收用户的输入，并将其处理为在计算机上可执行的指令。

Linux 之所以不像 Windows 那样在普通人群中被广泛使用，其中一个重要的原因，就是 Linux 的操作主要是通过命令来执行各种工作任务的。这是因为 Linux 主要是针对服务器运行场景而设计的，稳定、高效、灵活是其首要考虑的因素，同时要兼顾节省资源的能力，以提供更高的对外服务能力。Linux 命令使用起来，要比图形化的窗口程序更加灵活，甚至还可以通过 "管道" 机制将不同的命令按照前、后顺序串接起来协同处理，从而实现更为强大的功能。所以，熟练掌握 Linux 命令，也是系统管理和运维人员的一个必备要求。

3.2　Linux 的命令帮助信息

Linux 命令分为两种类型，即内建命令和外部命令。Linux 内建命令属于 Shell 程序（即登录后看到的命令行提示符界面）本身的一部分，在 Linux 启动时就被加载和驻留在系统内存中，因此反应速度较快。Linux 外部命令，则是指通过安装外部的软件包得到的命令，它不随系统加载到内存中，而是在使用的时候其程序文件被调入到内存中运行，当然其功能也会更加丰富。

Linux 系统包含的命令有数百甚至上千个，每个命令又有若干个参数，以适应不同的应用场合。有些命令是我们日常工作需要经常使用的，即便不去刻意记忆，也会因熟能生巧而印象深刻，但对那些不熟悉的命令，或者熟悉的命令中不熟悉的参数，该怎么记忆呢？实际上，我们并不需要耗费大量精力去记忆这些命令和参数，只需学会正确使用 Linux 的命令帮助系统，就能够快速地定位到想要的命令和参数信息。

下面以实际的例子对如何使用 Linux 本身附带的各种命令帮助信息予以说明。仍以 Ubuntu 为例（CentOS 和 Rocky Linux 的命令帮助信息是全英文的，Ubuntu 的部分命令帮助信息已被翻译为中文，但大部分命令帮助信息仍是英文的）。

which ls	◇ 查看命令所在的程序文件路径
ls --help	◇ --help 参数用来查看命令的具体用法，几乎对每个命令都支持。在 Ubuntu 上，--help 参数显示的部分内容是中文信息，而在 CentOS、Rocky Linux 上，其显示的则是英文信息，Debian 的中文化做得比 Ubuntu 更好，其上的命令帮助信息大部分已经是中文内容
man ls	◇ man 是 manual 的简写，显示的命令帮助信息比--help 参数更详细

```
demo@ubuntu-vm:~$
demo@ubuntu-vm:~$ which  ls
/usr/bin/ls
demo@ubuntu-vm:~$ ls  --help
```
用法：ls [选项]... [文件]...　◄── ls 命令的使用格式

列出 <文件>（默认为当前目录）的信息。

如果既没有指定 -cftuvSUX 中任何一个，也没有指定 --sort，则按字母排序项目。

长选项的必选参数对于短选项也是必选的。

　-a, --all　　　　　　　　　不要隐藏以 . 开头的项目　◄── ls 命令的每一个参数说明

　-A, --almost-all　　　　　列出除 . 及 .. 以外的所有项目

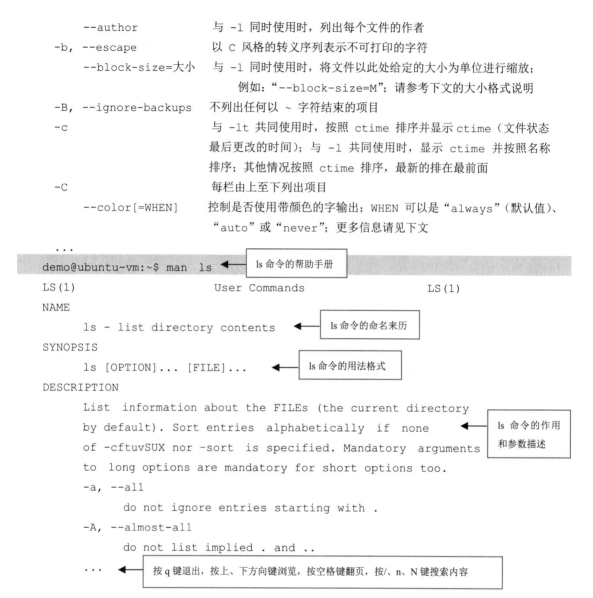

--author	与 -l 同时使用时，列出每个文件的作者
-b, --escape	以 C 风格的转义序列表示不可打印的字符
--block-size=大小	与 -l 同时使用时，将文件以此处给定的大小为单位进行缩放；例如："--block-size=M"；请参考下文的大小格式说明
-B, --ignore-backups	不列出任何以 ~ 字符结束的项目
-c	与 -lt 共同使用时，按照 ctime 排序并显示 ctime（文件状态最后更改的时间）；与 -l 共同使用时，显示 ctime 并按照名称排序；其他情况按照 ctime 排序，最新的排在最前面
-C	每栏由上至下列出项目
--color[=WHEN]	控制是否使用带颜色的字输出；WHEN 可以是 "always"（默认值）、"auto" 或 "never"；更多信息请见下文

...

```
demo@ubuntu-vm:~$ man  ls          ◀── ls命令的帮助手册

LS(1)                    User Commands                    LS(1)
NAME
     ls - list directory contents   ◀── ls命令的命名来历
SYNOPSIS
     ls [OPTION]... [FILE]...        ◀── ls命令的用法格式
DESCRIPTION
     List  information about the FILEs (the current directory
     by default). Sort entries  alphabetically  if  none      ◀── ls 命令的作用
     of -cftuvSUX nor -sort is specified. Mandatory  arguments     和参数描述
     to  long options are mandatory for short options too.
     -a, --all
          do not ignore entries starting with .
     -A, --almost-all
          do not list implied . and ..
···  ◀── 按 q 键退出，按上、下方向键浏览，按空格键翻页，按/、n、N 键搜索内容
```

除 Ubuntu 上的部分命令帮助信息显示的是中文以外，其他绝大部分内容是英文，用户要想顺利阅读还是存在一定困难的，因此可以充分利用互联网资源进行参考，如图 3-1 和图 3-2 所示，此时在搜索框中输入命令名，就可以搜索到命令对应的中文帮助文档信息，这也是初学阶段推荐使用的途径。

注：书中涉及的网址信息，可以在本书配套资源的 PPT 中进行查看。

图 3-1　Linux 命令手册站点例子（1）

图 3-2　Linux 命令手册站点例子（2）

无论如何，要想掌握 Linux 的关键技能，就要尽早、充分地利用命令帮助信息，以此来辅助我们学习 Linux 命令的各种使用方法。

3.3　文件和目录管理

3.3.1　文件和目录操作

1. 切换目录（cd）

cd 是一个用来改变用户当前工作目录的命令。在 Ubuntu 的终端窗口中输入下面的命令，体会其产生的效果。

```
cd  /home              ◇ 进入/home 目录（绝对路径）
cd  ..                 ◇ 返回当前目录的上一级，即根目录（/）
cd                     ◇ 进入当前用户的主目录（用户 demo 的主目录为 /home/demo ）
cd  /usr/local         ◇ 进入 /usr/local 目录（绝对路径）
cd  bin                ◇ 进入当前目录下的 bin 子目录（相对路径，等效于/usr/local/bin）
cd  ../../             ◇ 从当前目录（/usr/local/bin）返回到上两级目录（/usr）
cd  ~                  ◇ 进入当前用户的主目录（/home/demo ）
cd  -                  ◇ 切换到上一次所在的目录
```

```
demo@ubuntu-vm:~$
demo@ubuntu-vm:~$ cd /home          ①
demo@ubuntu-vm:/home$ cd ..          ②
demo@ubuntu-vm:/$ cd                 ③
demo@ubuntu-vm:~$ cd /usr/local      ④
demo@ubuntu-vm:/usr/local$ cd bin    ⑤
demo@ubuntu-vm:/usr/local/bin$ cd ../../   ⑥
demo@ubuntu-vm:/usr$ cd ~            ③
demo@ubuntu-vm:~$ cd -               ⑥
/usr
demo@ubuntu-vm:/usr$
```

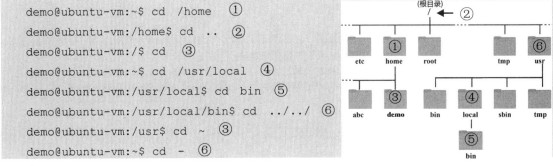

在 cd 命令的后面一般要跟一个目录路径，可以是类似/home 的绝对路径，也可以是类似

bin、../等的相对路径（即最前面不是以斜杠开头的路径），甚至可以是形如/usr/local/../bin 的混合路径（等效于/usr/bin，但一般不会直接这样书写，这通常只用于路径中包含其他环境变量的情况）。无论是绝对路径还是相对路径，路径都必须事先存在才可以，否则在执行 cd 命令时会提示错误。此外，如果 cd 命令后面不带任何目录路径，则默认会切换到用户的主目录，与 "cd ~" 命令等价。

2. 查看文件（ls）

ls 是 Linux 中常用的命令，是 list 的缩写形式，意为 "列表"，默认情况下用来显示当前工作目录下的文件。如果 ls 命令后还指定了目录路径，则会显示指定目录中的文件。通过 ls 命令不仅可以查看 Linux 目录中包含的文件，还可以查看文件的详细信息。例如：

ls	◇ 查看当前目录下的文件（假定在/home/demo 目录下）
ls /	◇ 列出根目录 "/" 下的文件（泛称，指代普通文件和目录）
ls -l	◇ -l 代表--long，即查看当前目录下文件的详细信息（长格式）
ls -a	◇ -a 代表--all，即查看当前目录下的所有文件（显示隐藏文件）
ls -a -l -h	◇ 以长格式和易理解的字节单位，查看当前目录下的文件信息
ls -alh	◇ 与 ls -a -l -h 命令等价，这里将命令行参数合并到一起书写
cd /usr	◇ 切换到根目录下的 usr 子目录
ls lib/	◇ 查看当前目录的 lib 子目录下的文件（即/usr/lib 目录下的文件）

```
demo@ubuntu-vm:~$
demo@ubuntu-vm:~$ ls          ◄─── 因为当前目录为主目录，所以列出的是/home/demo 目录下的文件
123  公共的  模板  视频  图片  文档  下载  音乐  桌面  snap
demo@ubuntu-vm:~$ ls /
bin    dev   lib    libx32      mnt   root  snap      sys   var
boot   etc   lib32  lost+found  opt   run   srv       tmp
cdrom  home  lib64  media       proc  sbin  swapfile  usr
demo@ubuntu-vm:~$ ls -l        ◄─── -l 代表--long，以长格式显示文件的详细信息
总计 40
drwxr-xr-x 2 demo demo 4096 12月 31 09:49 模板
drwxr-xr-x 2 demo demo 4096 12月 31 09:49 视频
drwxr-xr-x 2 demo demo 4096 12月 31 09:49 图片
drwxr-xr-x 2 demo demo 4096 12月 31 09:49 文档
...
demo@ubuntu-vm:~$ ls -a        ◄─── -a 代表--all，列出所有文件，包含隐藏文件
.        视频   桌面           .config   .sudo_as_admin_successful
..       图片   .bash_history  .lesshst  .viminfo
123      文档   .bash_logout   .local    .Xauthority    ◄─── 以.开头的文件为隐藏文件
公共的   下载   .bashrc        .profile
模板     音乐   .cache         snap
demo@ubuntu-vm:~$ ls -a -l -h  ◄─── -h 代表--human-readable，即可读性好的字节单位
总计 88K        ◄─── 文件占用的磁盘大小
drwxr-x--- 15 demo demo 4.0K 1月  5 15:27 .
drwxr-xr-x  3 root root 4.0K 12月 31 08:37 ..
drwxr-xr-x  2 demo demo 4.0K 12月 31 09:49 公共的
```

```
drwxr-xr-x  2 demo demo 4.0K 12 月 31 09:49 模板
...
-rw-------  1 demo demo  560  1 月  5 12:04 .viminfo
-rw-------  1 demo demo   55  1 月  5 13:14 .Xauthority
demo@ubuntu-vm:~$ ls -alh
```

多个命令行参数可合并到一起，这是简化的写法

```
总计 88K
drwxr-x--- 15 demo demo 4.0K  1 月  5 15:27 .
drwxr-xr-x  3 root root 4.0K 12 月 31 08:37 ..
drwxr-xr-x  2 demo demo 4.0K 12 月 31 09:49 公共的
drwxr-xr-x  2 demo demo 4.0K 12 月 31 09:49 模板
...
demo@ubuntu-vm:~$ cd /usr
demo@ubuntu-vm:/usr$ ls lib/
```

因为当前目录为/usr，所以查看的是其 lib 子目录下的文件

```
apg  firmware linux-boot-probes pkgconfig tc apparmor  gcc
apt  girepository-1.0 linux-sound-base      locale pm-utils  terminfo
...
demo@ubuntu-vm:/usr$
```

在这个例子中，我们给出了常用的几种 ls 命令的使用方法，其后主要跟-l、-a、-h 等参数，另外，ls 命令后面还可以跟指定的文件或目录路径（相对路径或绝对路径都可以），如果不跟具体目录路径，则将列出当前目录下的文件。在默认情况下，ls 命令并不会显示以 "." 开头的隐藏文件，如果需要显示这些隐藏文件，那么还要加上 "-a" 参数。

ls 命令支持在文件或目录路径中使用通配符，包括 *、?、[] 等，其中，* 代表任意多个字符，? 代表一个字符，[]代表一个范围。例如：

ls -l /etc/host.conf	◇ 查看/etc/host.conf 文件的详细信息（长格式）
cd /etc	
ls *.conf	◇ *代表任意多个字符，即查看/etc 目录下以 ".conf" 结尾的文件
ls -d [abc]*	◇ 查看以 "a"、"b" 或 "c" 开头的文件，若为目录，则会显示目录名而不会显示其下的文件
ll /boot	◇ ll 等效于 ls -l，是其简写形式，可通过 alias 命令查看

```
demo@ubuntu-vm:~$
demo@ubuntu-vm:~$ ls -l /etc/host.conf
-rw-r--r-- 1 root root 92 10 月 15  2021 /etc/host.conf
demo@ubuntu-vm:~$ cd /etc
demo@ubuntu-vm:/etc$ ls *.conf
adduser.conf        e2scrub.conf    kerneloops.conf   nsswitch.conf    sudo.conf
apg.conf            fprintd.conf    ld.so.conf        pam.conf         sudo_logsrvd.conf
appstream.conf      fuse.conf       libao.conf        pnm2ppa.conf     sysctl.conf
brltty.conf         gai.conf        libaudit.conf     resolv.conf      ucf.conf
ca-certificates.conf hdparm.conf    logrotate.conf    rsyslog.conf     usb_modeswitch.conf
debconf.conf        host.conf       mke2fs.conf       rygel.conf       xattr.conf
deluser.conf        kernel-img.conf nftables.conf     sensors3.conf
demo@ubuntu-vm:/etc$ ls -d [abc]*
```

-d 代表将子目录像普通文件一样显示，如果不加-d，则会同时列出子目录下的文件

```
acpi              apport                 bluetooth               cracklib
adduser.conf      appstream.conf         brlapi.key              cron.d
alsa              apt                    brltty                  cron.daily
alternatives      avahi                  brltty.conf             cron.hourly
anacrontab        bash.bashrc            ca-certificates         cron.monthly
apg.conf          bash_completion        ca-certificates.conf    crontab
apm               bash_completion.d      ca-certificates.conf.dpkg-old  cron.weekly
apparmor          bindresvport.blacklist chatscripts             cups
apparmor.d        binfmt.d               console-setup           cupshelpers
```

```
demo@ubuntu-vm:/etc$ ll  /boot
总计 179936
drwxr-xr-x  4 root root     4096 1月  4 19:48 ./
drwxr-xr-x 20 root root     4096 12月 31 08:35 ../
-rw-r--r--  1 root root   269885 1月 30  2023 config-5.19.0-32-generic
-rw-r--r--  1 root root   275553 11月 16 17:48 config-6.2.0-39-generic
drwx------  3 root root     4096 1月  1  1970 efi/
drwxr-xr-x  6 root root     4096 12月 31 08:54 grub/
lrwxrwxrwx  1 root root       27 12月 31 08:52 initrd.img -> initrd.img-6.2.0-39-generic
-rw-r--r--  1 root root 73241602 1月  4 19:48 initrd.img-5.19.0-32-generic
-rw-r--r--  1 root root 69481233 1月  4 19:48 initrd.img-6.2.0-39-generic
lrwxrwxrwx  1 root root       28 12月 31 08:26 initrd.img.old -> initrd.img-5.19.0-32-generic
-rw-r--r--  1 root root   182800 2月  7  2022 memtest86+.bin
-rw-r--r--  1 root root   184476 2月  7  2022 memtest86+.elf
-rw-r--r--  1 root root   184980 2月  7  2022 memtest86+_multiboot.bin
-rw-------  1 root root  6429633 1月 30  2023 System.map-5.19.0-32-generic
-rw-------  1 root root  7972373 11月 16 17:48 System.map-6.2.0-39-generic
lrwxrwxrwx  1 root root       24 12月 31 08:52 vmlinuz -> vmlinuz-6.2.0-39-generic
-rw-r--r--  1 root root 12186376 2月 23  2023 vmlinuz-5.19.0-32-generic
-rw-------  1 root root 13796904 11月 16 17:50 vmlinuz-6.2.0-39-generic
lrwxrwxrwx  1 root root       25 12月 31 08:52 vmlinuz.old -> vmlinuz-5.19.0-32-generic
demo@ubuntu-vm:/etc$
```

➡ 学习提示

　　想要熟练掌握 Linux 命令的使用方法，最好的方法就是重复练习，同时在输入每条命令并执行后，分析显示结果，这样就能逐步加深对命令的理解，而不是靠死记硬背。因此，快速熟悉命令的唯一方法就是"反复练"（如果命令不经常使用，时间一长就很容易忘记）。

　　在了解了命令的基本功能和使用方法后，如果后续遇到类似的需求，则可以回过头来查看例子中的使用方法，这样经过多次反复查看，自然就能掌握命令的使用方法。此外，互联网上也有很多 Linux 命令的实操案例，在遇到问题时，可以进行搜索并参考。

3. 显示用户当前所在工作目录的路径（pwd）

　　pwd 的全称为 print work directory，意为"打印工作目录"，该命令用来显示用户当前所在工作目录的路径。执行 pwd 命令，可立即得知用户当前所在工作目录的绝对路径。

pwd	◇ 显示用户当前所在工作目录的路径

```
demo@ubuntu-vm:~$
demo@ubuntu-vm:~$ pwd
/home/demo   ◀── 用户当前位于主目录/home/demo 下
demo@ubuntu-vm:~$
```

4. 创建和删除目录（mkdir 和 rmdir）

　　这里所创建和删除的目录，实际是指其中不包含任何内容的"空目录"，即在创建目录时，

　　该目录不能已存在；在删除目录时，该目录下也不能有任何文件或子目录。创建目录的操作很容易理解，即不能在同一个位置创建一个同名的新目录，如果要删除一个目录，则要看该目录是否为空，否则在执行 rmdir 命令时，删除操作会失败。

```
cd  ~                        ◇ 切换到当前用户的主目录，以确保具有操作权限。若已在，则忽略该步
mkdir  a                     ◇ 在当前位置创建一个空目录 a，目录名不能和当前已有目录的名称重复
mkdir  b                     ◇ 创建一个新目录 b
touch  b/2.txt               ◇ 在目录 b 中创建一个空文件 2.txt
rmdir  a                     ◇ 删除空目录 a
rmdir  b                     ◇ 删除目录 b，因为目录 b 中存在一个文件，所以 rmdir 会删除失败
rm  -r  b                    ◇ 使用 rm 命令反复删除目录 b 中的文件，在删除时，Ubuntu 默认不用确
                               认，而 CentOS 和 Rocky Linux 默认会要求确认，也可以添加-f 参数直接
                               强行将整个目录删除
mkdir  -p  ./cc/dd/ee/ff     ◇ 一次性创建多个层级的目录，即使目录已存在，也不会提示错误
mkdir  /home/demo/aa         ◇ 使用绝对路径的方式创建目录
ls
```

```
demo@ubuntu-vm:~$          ◄──── 确保在主目录中，若在其他位置，则可能无操作权限
demo@ubuntu-vm:~$ mkdir  a
demo@ubuntu-vm:~$ mkdir  b
demo@ubuntu-vm:~$ touch  b/2.txt
demo@ubuntu-vm:~$ rmdir  a
demo@ubuntu-vm:~$ rmdir  b  ◄──── 使用 rmdir 命令删除非空目录，会执行失败
rmdir: 删除 'b' 失败：目录非空
demo@ubuntu-vm:~$ rm  -r  b/  ◄──── rm 是删除文件命令，-r（recursive）意为"递归处理"
demo@ubuntu-vm:~$ mkdir  -p  ./cc/dd/ee/ff
demo@ubuntu-vm:~$ mkdir  /home/demo/aa    在 cc 目录下创建 dd 目录，在 dd 目录下创建 ee 目录，以
demo@ubuntu-vm:~$ ls                      此类推。-p 代表--parent，意为"自动创建所需的父目录"
公共的  模板  视频  图片  文档  下载  音乐  桌面  aa  cc  snap
demo@ubuntu-vm:~$
```

　　在这个例子中，首先执行"cd　~"命令切换到主目录，因为接下来要执行创建和删除操作，以/usr 为例，若当前登录的是普通权限的用户（即 Ubuntu 中的 demo 用户，以及 CentOS/Rocky Linux 中的非 root 用户等），就没有权限在/usr 目录中进行创建和删除操作。可以通过查看 Ubuntu 中的/usr 目录的详细信息进行确认。

```
demo@ubuntu-vm:~$ ll  -d  /usr  ◄──── -d 代表--directory，意为"仅显示目录本身而不显示其下的文件"
drwxr-xr-x 14 root root 4096  2 月 23  2023 /usr/
```

　　从显示结果来看，首先，/usr 目录的属主用户是 root，且属于 root 用户组，而 demo 账号既不是 root 用户，也不在 root 用户组中；其次，drwxr-xr-x 代表/usr 的属主用户有 rwx 权限，root 用户组中的用户有 r-x 权限，其他用户也有 r-x 权限（当目录具有执行权限时，代表可以使用 cd 命令进入到该目录中）。因为普通账号属于/usr 目录的"其他用户"范畴，所以不具备写权限，这意味着不能在/usr 目录下创建文件和子目录，也不能进行删除或修改操作（这里讨论的是仅限于/usr 目录下的这一层级，不包括其中的子目录以及再往下的目录层级）。若使用当前登录的 demo 账号在/usr 目录下执行创建和删除操作，就会出现下面的错误提示（在不添加 sudo 获取 root 权限的前提下）。

```
demo@ubuntu-vm:~$ cd  /usr
demo@ubuntu-vm:/usr$ mkdir  a
mkdir: 无法创建目录 "a": 权限不够
demo@ubuntu-vm:/usr$ mkdir  b
mkdir: 无法创建目录 "b": 权限不够
```

当然，如果 Ubuntu 的 demo 账号在执行上述命令时添加了 sudo 命令并获取到了 root 权限，那么还是可以在 /usr 目录下进行创建和删除操作的。同理，CentOS、Rocky Linux 的 root 账号则可以在任意目录下执行各种修改操作。

读者可以查看/home 目录包含的子目录的详细信息，分析各个子目录的访问权限属性，之后就能理解为什么登录账号只能对自己的主目录具有完全操作权限，而对/home 中的其他目录没有访问权限了。

5. 复制文件和目录（cp）

cp 的全称是 copy，该命令主要用于复制文件或目录。在执行 cp 命令时，需要指定复制的源文件或目录，以及目标文件或目录，同时可以根据需要使用一些参数。例如：

```
cd ~                        ◇ 切换到当前用户的主目录，若已在，则忽略该步
cp /etc/hosts .             ◇ 复制/etc/hosts 文件到当前目录下，这里的 . 也可写成 ./
cp -r /etc/dbus-1/ ./       ◇ 复制/etc/dbus-1 目录到当前目录下，-r 代表递归复制（因为目录下面
ls                            会有子目录，所以要进行递归处理）
```

```
demo@ubuntu-vm:~$
demo@ubuntu-vm:~$ cp /etc/hosts .
demo@ubuntu-vm:~$ cp -r /etc/dbus-1/ ./           复制目录和文件的结果
demo@ubuntu-vm:~$ ls
公共的  模板  视频  图片  文档  下载  音乐  桌面  aa  cc  dbus-1  hosts  snap
demo@ubuntu-vm:~$
```

除了 cp 命令的基本用法，我们还可以通过 cp --help 命令查看它的具体参数，其中常用的参数如下。

- -r 或 --recursive：用于复制目录及其下的所有子目录和文件。
- -f 或 --force：强制复制，若目标文件已存在，则会自动强行覆盖，不会给出提示。
- -u 或 --update：仅复制源文件中更新时间较近的文件。
- -v 或 --verbose：显示详细的复制过程，如果复制时间较长，则此参数比较有用。
- -a：此参数通常在复制目录时使用，用于保留链接、文件属性，并复制目录下的所有内容。
- -i 或 --interactive：在复制时如果目标文件已存在，则会询问是否覆盖，输入 y 则目标文件将被覆盖。因为 CentOS/Rocky Linux 默认设置了 alias cp='cp -i'的别名，所以在复制时若存在同名文件，则会自动提示覆盖确认信息，而 Ubuntu 并未设置该别名。

6. 移动与重命名文件和目录（mv）

mv 的全称是 move，用于移动文件或目录、修改文件或目

录的名称。在执行 mv 命令时，同样需要指定移动或重命名的源文件或目录、目标文件或目录。
例如：

`cd`	◇ 切换到当前用户的主目录，若已在，则忽略该步
`cp /etc/issue ./`	◇ 复制文件/etc/issue 到当前目录下
`mv issue issue.txt`	◇ 将文件 issue 重命名为 issue.txt
`mkdir bb`	◇ 创建目录 bb
`mv issue.txt bb/`	◇ 将 issue.txt 文件移动到目录 bb 下
`mv bb bb2`	◇ 将目录 bb 重命名为 bb2
`mkdir -p cc`	◇ 创建目录 cc（若目录已存在，则-p 参数会忽略并继续创建且不报错）
`mv bb2/ cc/`	◇ 将目录 bb2 移动到 cc 目录下（若 cc 目录事先不存在，则该语句将具有重命名的功能）
`ls cc`	

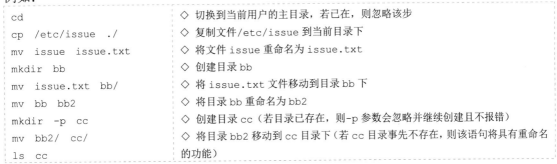

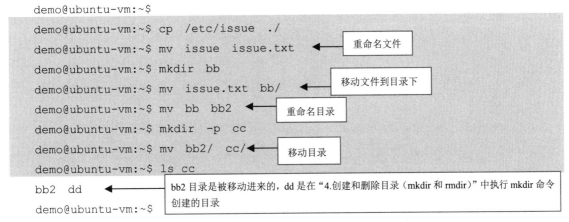

因为带有".txt"扩展名的文件通常是普通文件，所以如果不是特别需要，那么目录尽量不要出现扩展名（尽管这也是被允许的），以避免在直觉上犯错误。比如下面就是不推荐的做法：

```
demo@ubuntu-vm:~$ mkdir cc.txt ◄─── 应避免出现这种有误导性的目录命名的做法
```

同样地，我们也可以通过 mv --help 命令查看 mv 命令的具体参数，其中常用的参数如下。

- -i：如果要移动的源文件或目录与目标文件或目录同名，则会先询问是否覆盖源文件，输入 y，表示覆盖；输入 n，表示忽略该操作。
- -f：如果移动的源文件或目录与目标文件或目录同名，则不给出提示，直接覆盖。
- -n：在移动时，不覆盖任何已存在的文件或目录，相当于忽略已有的文件或目录。
- -u：只有当源文件的创建时间比目标文件的新，或者目标文件不存在时，才执行移动操作。
- -b：当目标文件或目录存在时，在执行覆盖操作前，会先为其创建一个备份。

以上参数可以根据实际需要来选择使用。

🡒 学习提示

对于 mv 命令，当操作对象是一个目录时，若目标目录已存在，则为"移动"操作；若目标目录不存在，则为"重命名"操作（这种情况对文件移动不适用，因为不能将一个文件移动到一个不存在的目标目录中）。对于 cp 命令，当目标是一个目录时，若目标目录已存在，则是将源文件或目录复制到该目标目录中；若目标目录不存在，则是将源目录复制为一个新目录（这种情况对文件复制不适用，因为不能将一个文件复制到一个不存在的目标目录中）。

7. 删除文件和目录（rm）

rm 的全称是 remove，意为"移除"，用于删除文件或目录。例如：

cd	◇ 切换到当前用户的主目录，若已在，则忽略该步
cp -f /etc/hosts ./	◇ 复制/etc/hosts 文件到当前目录下，若已存在，则强制覆盖
cp -rf /etc/dbus-1/ ./dbus-2	◇ 复制/etc/dbus-1 目录到当前目录下，并重命名为 dbus-2
ls	
rm hosts	◇ 删除当前目录下的文件 hosts
rm -rf dbus-2/	◇ 强行删除当前目录下的 dbus-2 子目录，不给出提示
ls	
alias	◇ 列出系统中已设置的命令别名列表

```
demo@ubuntu-vm:~$
demo@ubuntu-vm:~$ cp -f /etc/hosts ./          ← -f（force）表示不给出提示，强制覆盖
demo@ubuntu-vm:~$ cp -rf /etc/dbus-1/ ./dbus-2
demo@ubuntu-vm:~$ ls
公共的  视频  文档  音乐  aa  dbus-1  hosts
模板    图片  下载  桌面  cc  dbus-2  snap
demo@ubuntu-vm:~$ rm hosts
demo@ubuntu-vm:~$ rm -rf dbus-2/          ← -f（force）表示不给出提示，强制删除
demo@ubuntu-vm:~$ ls
公共的  模板  视频  图片  文档  下载  音乐  桌面  aa  cc  dbus-1  snap
demo@ubuntu-vm:~$ alias
alias alert='notify-send --urgency=low -i "$([ $? = 0 ] ... "'
alias egrep='egrep --color=auto'
alias fgrep='fgrep --color=auto'
alias grep='grep --color=auto'
alias l='ls -CF'
alias la='ls -A'
alias ll='ls -alF'
alias ls='ls --color=auto'
demo@ubuntu-vm:~$
```

通过 rm --help 命令可以查看 rm 命令的具体参数，其中常用的参数如下。

- -i：在删除时逐一询问确认。
- -r：将目录及其下包含的文件和子目录逐一删除。
- -f：强行删除文件，不逐一确认。

因为 CentOS/Rocky Linux 默认设置了 alias rm='rm -i'的别名，所以在执行 rm 删除命令时会自动提示确认信息，但因为 Ubuntu 并未设置该别名，所以此时使用 rm 命令删除文件就不会出现确认提示信息，而是直接进行删除。不过，无论是哪一种 Linux，如果要删除目录，那么都必须使用-r 参数才行。

8. 查找文件和目录（find）

find 命令用于在指定目录下查找文件或目录，它还可以使用不同的参数过滤和限制查找的结果。本节以查找文件为例进行介绍。例如：

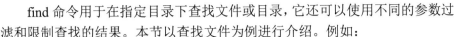

`cd`	◇ 切换到当前用户的主目录，若已在，则忽略该步
`find -name *.txt`	◇ 在当前目录下查找以 ".txt" 结尾的文件
`find /boot -size +1M`	◇ 在 /boot 目录下查找大小超过 1MB 的文件
`find /usr -name *.h`	◇ 在 /usr 目录下查找以 ".h" 结尾的文件
`find /usr -name *.h	grep config`	◇ 在 /usr 目录下查找以 ".h" 结尾且输出的文件名称中包含 config 的文件（不是指文件内容）
`find /usr/include -name *.h	wc -l`	◇ 在/usr/include 目录下查找以 ".h" 结尾的文件并统计个数
`find ./ -name "*.txt"`	◇ 在当前目录下查找以 ".txt" 结尾的文件

```
demo@ubuntu-vm:~$

demo@ubuntu-vm:~$ find -name *.txt
```
> 当 find 命令未指定查找路径时，默认在当前目录下查找。注意：这里-name 不能写成--name，属于特殊情况

```
./cc/bb2/issue.txt
./.cache/tracker3/files/last-crawl.txt
./.cache/tracker3/files/first-index.txt
./.cache/tracker3/files/locale-for-miner-apps.txt
demo@ubuntu-vm:~$ find /boot -size +1M
```
> -size 参数用于指定查找文件的大小，+1M 代表大小超过 1MB 的文件。注意：这里-size 不能写成--size

```
/boot/vmlinuz-5.19.0-32-generic
/boot/grub/unicode.pf2
/boot/grub/fonts/unicode.pf2
/boot/initrd.img-6.2.0-39-generic
/boot/vmlinuz-6.2.0-39-generic
/boot/System.map-6.2.0-39-generic
/boot/System.map-5.19.0-32-generic
find: '/boot/efi': 权限不够
/boot/initrd.img-5.19.0-32-generic
```
> 在 Ubuntu 中要避免权限不够的问题，可以在命令前面加上 sudo，比如 sudo find /boot -size +1M

```
demo@ubuntu-vm:~$ find /usr -name *.h
```
> * 在这里代表任意多个字符，所以就是查找以 ".h" 结尾的文件

```
/usr/share/perl/5.34.0/Encode/encode.h
/usr/share/grub/widthspec.h
/usr/share/grub/ascii.h
/usr/share/doc/printer-driver-pnm2ppa/pl/text-pl.h
/usr/share/cups/ppdc/hp.h
...
demo@ubuntu-vm:~$ find /usr -name *.h | grep config
/usr/lib/grub/i386-pc/config.h
/usr/lib/grub/x86_64-efi/config.h
```
> 管道符号，用于将命令的输出结果进行"传递"处理

```
/usr/lib/x86_64-linux-gnu/perl/5.34.0/CORE/time64_config.h
/usr/lib/x86_64-linux-gnu/perl/5.34.0/CORE/config.h
/usr/lib/x86_64-linux-gnu/perl/5.34.0/CORE/metaconfig.h
/usr/lib/x86_64-linux-gnu/perl/5.34.0/CORE/uconfig.h
```

```
...
demo@ubuntu-vm:~$ find  /usr/include  -name  *.h  |  wc  -l
15 ◄──── 显示有 15 个以 ".h" 结尾的文件
demo@ubuntu-vm:~$ find  ./  -name  "*.txt"          wc（word count）命令可用于统计内容，-l 代
                                                     表按行（line）统计
./cc/bb2/issue.txt
./.cache/tracker3/files/last-crawl.txt
./.cache/tracker3/files/first-index.txt
./.cache/tracker3/files/locale-for-miner-apps.txt
demo@ubuntu-vm:~$
```

本例除了展示 find 命令的常用方法，还用到了管道符号（｜）。Linux 的管道符号可以将一条条命令，像"接龙"一样前后串接起来，前一条命令的执行结果，会通过管道传递给后面的命令进行处理。当使用一条命令达不到目的时，就可以通过管道机制组合多条命令来实现更复杂的处理工作。

find 命令是 Linux 中重要且常用的命令之一，用于根据访问权限、用户、用户组、文件类型、日期、大小等各种可能的条件或条件组合来搜索和查找文件或目录，使用方式非常灵活。find 命令的查找路径，可以是一个目录路径，也可以是多个目录路径，多个目录路径之间用空格分隔，如果未指定路径，则默认在当前目录下查找。find 命令的常用参数如下。

- -name：按文件名查找，支持使用通配符 * 和 ?。
- -type [fdl]：按文件类型查找，可以是 f（普通文件）、d（目录）、l（符号链接）等。
- -size [+-]n[ckMG]：按文件大小查找，支持使用 + 或 -（表示大于或小于指定大小 n），单位可以是 c（字节）、k（KB）、M（MB）或 G（GB）等。
- -user username：按文件的所有者查找。
- -group groupname：按文件的所属组查找。
- -mtime days：按修改时间查找，支持使用 + 或 -（表示在指定天数前或后），days 是一个整数，表示天数。

此外，find 命令还可以结合-exec 参数使用，允许用户对找到的文件执行某些指定的操作。例如：

```
demo@ubuntu-vm:~$ find  ./  -size  0 ◄──── 查找字节数为 0 的文件，即空文件
./.config/.gsd-keyboard.settings-ported
./.cache/motd.legal-displayed
./.cache/tracker3/files/.meta.isrunning
./.sudo_as_admin_successful
./.local/share/gnome-shell/gnome-overrides-migrated
./.local/share/gnome-settings-daemon/input-sources-converted
./.local/share/nautilus/tracker2-migration-complete
demo@ubuntu-vm:~$ find  ./  -size  0  -exec  rm  -rf  {}  \; ◄── 循环删除找到的文件
```

在这里，-exec 表示执行，其后跟着需要执行的命令；{} 是一个占位符，代表 find 命令的搜索结果；\; 代表分号（\为转义符号），以分隔要执行的多条命令（因为 find 命令的搜索结果会有多行）。

9. 链接文件 （ln）

在 Linux 文件系统中，有一种被称为链接（Link）的特殊文件，我们可以将其视为文件或目录的别名。链接文件分为两种类型：硬链接（Hard Link）、符号链接（Symbolic Link，也被称为软链接）。

硬链接是指一个文件可以有多个名称（仅限普通文件，目录不存在硬链接），符号链接则是产生一个特殊文件，该文件实际指向了另一个文件或目录，相当于 Windows 中"快捷方式"的功能，所以也被称为软链接。无论是硬链接还是符号链接，它们都只代表源文件的另一个身份（替身），并不是将源文件或目录复制一份，因此只会占用非常小的磁盘空间。当我们要在不同的目录中使用相同的文件时，不用在每个目录下都复制一个完全相同的文件，只需先在某个固定的目录中保存一个文件，然后在其他需要使用的地方用 ln 命令创建一个链接指向这个文件即可，这样既不会重复占用磁盘空间，也方便维护。由于符号链接比较灵活，平时使用得更多一些，因此这里主要介绍符号链接的用法。例如：

`cd`	◇ 切换到当前用户的主目录，若已在，则忽略该步
`ln -s /etc/hostname hostname`	◇ 创建一个链接文件，指向/etc/hostname 文件
`ln -s /usr/local local`	◇ 创建一个 local 链接文件，指向/usr/local 目录
`ls -l`	◇ 通过 ls -l 或 ll 命令，可以查看链接文件的指向

```
demo@ubuntu-vm:~$
demo@ubuntu-vm:~$ ln -s /etc/hostname  hostname
demo@ubuntu-vm:~$ ln -s /usr/local  local
demo@ubuntu-vm:~$ ls -l
```

链接文件的"源"　　　　新创建的链接文件

```
总计 48
drwxr-xr-x 2 demo demo 4096 12 月 31 09:49 公共的
drwxr-xr-x 2 demo demo 4096 12 月 31 09:49 模板
drwxr-xr-x 2 demo demo 4096 12 月 31 09:49 视频
drwxr-xr-x 2 demo demo 4096 12 月 31 09:49 图片
drwxr-xr-x 2 demo demo 4096 12 月 31 09:49 文档
drwxr-xr-x 2 demo demo 4096 12 月 31 09:49 下载
drwxr-xr-x 2 demo demo 4096 12 月 31 09:49 音乐
drwxr-xr-x 2 demo demo 4096 12 月 31 09:49 桌面
drwxrwxr-x 2 demo demo 4096  1 月  5 20:13 aa
drwxrwxr-x 4 demo demo 4096  1 月  5 22:35 cc
drwxr-xr-x 4 demo demo 4096  1 月  5 22:10 dbus-1
lrwxrwxrwx 1 demo demo   13  1 月  6 05:58 hostname -> /etc/hostname
lrwxrwxrwx 1 demo demo   10  1 月  6 05:58 local -> /usr/local
drwx------ 3 demo demo 4096 12 月 31 09:49 snap
demo@ubuntu-vm:~$
```

当前目录下链接文件的具体指向

在创建链接文件之后，链接文件与源文件或目录是等价的。需要注意的是，ln 命令指定的 -s 参数，其后跟着的是源文件或目录，之后才是新创建的链接文件的路径名称。因为链接文件本质上仍是一个文件，所以我们可以像操作普通文件一样对其进行移动、重命名，甚至删除操作。当链接文件指向目录时，在使用上与指向文件还是存在一些细节差异的。例如：

```
demo@ubuntu-vm:~$ ll local        ◄──  显示链接文件本身的信息
lrwxrwxrwx 1 demo demo 10  1月 22 08:47 local -> /usr/local/
demo@ubuntu-vm:~$ ll local/        ◄──  列出链接文件指向的目录下的文件信息
总计 52
drwxr-xr-x 13 root  root  4096  1月 14 19:32 ./
drwxr-xr-x 14 root  root  4096  2月 23  2023 ../
drwxr-xr-x  2 root  root  4096  2月 23  2023 bin/
drwxr-xr-x  2 root  root  4096  2月 23  2023 etc/
drwxr-xr-x  2 root  root  4096  2月 23  2023 games/
drwxr-xr-x  2 root  root  4096  2月 23  2023 include/
...
demo@ubuntu-vm:~$
```

10．设置文件访问权限（chmod/chown/chgrp）

Linux 的每个文件和目录都有特定的访问权限，用来确定允许哪些用户访问，以及能够以何种方式对它们进行访问和操作。文件或目录的访问权限，分为读（Read）、写（Write）、执行（Execute）3 种类型，并分别以 r、w、x 来表示。例如，使用 ll 命令查看/etc 目录下部分文件的信息。

```
demo@ubuntu-vm:~$ ll /etc
总计 1120
drwxr-xr-x 129 root root  12288  1月  4 19:51 ./
drwxr-xr-x  20 root root   4096 12月 31 08:35 ../
drwxr-xr-x   3 root root   4096  2月 23  2023 acpi/
-rw-r--r--   1 root root   3028  2月 23  2023 adduser.conf
drwxr-xr-x   3 root root   4096  2月 23  2023 alsa/
drwxr-xr-x   2 root root   4096  1月  5 11:08 alternatives/
-rw-r--r--   1 root root    335  3月 23  2022 anacrontab
-rw-r--r--   1 root root    433  3月 23  2022 apg.conf
```

以普通文件为例，r 权限表示允许读文件中的内容，w 权限表示允许对文件内容进行更改，x 权限表示允许执行该文件（与文件本身是否真正可执行没有关系，只是有"允许执行"的权限）。当一个文件被创建时，默认该文件的创建用户就是所有者，拥有对该文件的读、写和执行权限，以便读取和修改文件，当然也可根据需要修改其访问权限。

除 r、w、x 权限以外，每个文件或目录又被划分为 3 种不同类型的用户访问许可：属主用户（User）、用户组（Group）、其他用户（Other）。"属主用户"一般是文件或目录的创建者，"用户组"实际上是一种对用户的组织手段（类似群组的概念，里面可以有多个用户），"其他用户"则是指除前两类用户以外的"用户"。也就是说，系统中的每个用户都能对应到文件或目录的某一类用户访问许可上，要么是"属主用户"，要么是"用户组"，如果这两者都不是，就是"其他用户"。

Linux 的文件类型、访问权限和用户访问许可如图 3-3 所示。

在图 3-3 中，共有 10 个字符，其中第 1 个字符指定了文件的类型（目录也属于一种文件），第 1 个字符若是横线"-"，则表示普通文件；若是字母"d"，则表示目录；若是字母"l"，则表示链接文件。第 2 个字符～第 10 个字符，总共 9 个字符，其中每 3 个字符为一组，这 3 组字符分别表示 3 类用户（属主用户、用户组、其他用户）对文件的访问权限，如果其中的某个访问权限（r/w/x）被禁止，则用"-"表示。

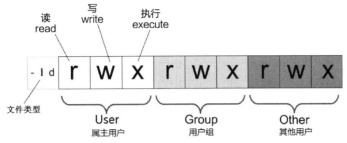

图 3-3 Linux 的文件类型、访问权限和用户访问许可

在了解了文件的访问权限属性表示之后，我们可以使用 Linux 的 chmod（change mode）命令来重新设定文件的访问权限，也可以使用 chown（change owner）命令来更改文件或目录的"属主用户"和"用户组"，或者可以使用 chgrp（change group）命令来单独更改"用户组"。其中，chown 和 chgrp 命令还需要具备 root 权限才能操作，这一点需要注意。

下面是一些基本的文件访问权限应用的例子。

cd
cp /etc/os-release hello.txt
Ubuntu 系统:
  sudo useradd abc
CentOS/Rocky Linux 系统:
  useradd abc
chmod a-rwx hello.txt
chmod u+x hello.txt
chmod g+rw hello.txt
chmod o+rwx hello.txt
chmod o-w hello.txt
chmod u=rwx,g=rx,o=r hello.txt
 	
Ubuntu 系统:
  sudo chown abc hello.txt
  sudo chown abc:abc hello.txt
  sudo chgrp root hello.txt
CentOS/Rocky Linux 系统:
  chown abc hello.txt
  chown abc:abc hello.txt
  chgrp root hello.txt
	◇ 切换到当前用户的主目录，若已在，则忽略该步
	◇ 复制/etc/os-release 文件并重命名为 hello.txt
	◇ 在系统中添加一个用户 abc，若此前已添加过这个用户，就不用重复执行这里的 useradd 操作了
	
	◇ 将文件的所有（all）用户的全部访问权限取消
	◇ 设置文件的属主用户（User）拥有 x 权限
	◇ 设置文件的用户组（Group）拥有 rw 权限
	◇ 设置文件的其他用户（Other）拥有 rwx 权限
	◇ 取消文件的其他用户的 w 权限
	◇ 设置属主用户拥有 rwx 权限，用户组拥有 rx 权限，其他用户拥有 r 权限
	
	◇ 设置属主用户为 abc，用户组不变
	◇ 设置属主用户为 abc，用户组为 abc。也可以写成 abc.abc
	◇ 修改文件的用户组为 root
	
	◇ 设置属主用户为 abc，用户组不变
	◇ 设置属主用户为 abc，用户组为 abc。也可以写成 abc.abc
	◇ 修改文件的用户组为 root

```
demo@ubuntu-vm:~$
demo@ubuntu-vm:~$ cp  /etc/os-release  hello.txt
demo@ubuntu-vm:~$ sudo  useradd  abc
  [sudo] demo 的密码:
demo@ubuntu-vm:~$ chmod  a-rwx  hello.txt
demo@ubuntu-vm:~$ ll hello.txt
---------- 1 demo demo 386  1月  6 06:42 hello.txt
```

a 指代所有（all）用户，包括属主用户、用户组、其他用户，减号代表取消访问权限

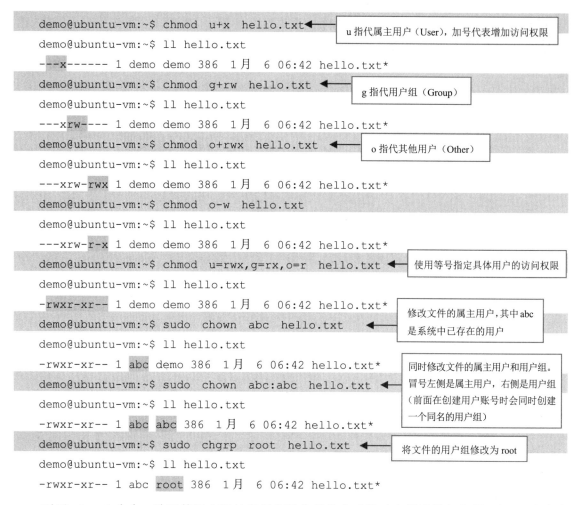

对于 chmod 命令，除了使用上面的字母和操作符的方式修改文件的访问权限，还可以通过数字来直接设定访问权限。文件的访问权限是用 3 组 rwx 来分别表示不同类型用户的访问权限的，每组访问权限中的 r、w、x 均可以使用一个二进制的 0 或 1 表示，比如，"r-x"对应的二进制数是"101"，对应的十进制数是 5；"rwx"对应的二进制数是"111"，对应的十进制数是 7。因为共有 3 组 rwx，所以可以通过 3 个十进制数来分别代表对应的访问权限，如图 3-4 所示。

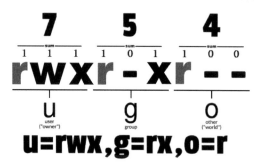

图 3-4　Linux 的文件访问权限归属（属主用户、用户组、其他用户）

下面给出一个使用数字方式修改文件访问权限的例子。

```
cp hello.txt h.txt        ◇ 复制一个文件，以便当前用户对新文件具有完全访问权限
chmod 000 h.txt           ◇ 将文件 h.txt 的所有用户的全部访问权限取消
```

`chmod  754  h.txt`	◇ 设置文件属主用户的访问权限为 rwx（二进制数 111 对应十进制数 7），用户组的访问权限为 r-x（二进制数 101 对应十进制数 5），其他用户的访问权限为 r--（二进制数 100 对应十进制数 4）

```
demo@ubuntu-vm:~$
demo@ubuntu-vm:~$ cp  hello.txt  h.txt
demo@ubuntu-vm:~$ ll h.txt
-rwxr-xr-- 1 demo demo 386  1月  6 07:11 h.txt*        ◀── 复制出来的新文件,访问权限与原文件一样,但属主用户和用户组都被改为 demo 了
demo@ubuntu-vm:~$ chmod  000  h.txt
demo@ubuntu-vm:~$ ll h.txt
---------- 1 demo demo 386  1月  6 07:11 h.txt
demo@ubuntu-vm:~$ chmod  754  h.txt        ◀── 使用数字方式修改文件的访问权限更加简单,只需将 3 组 rwx 权限的二进制数换算成十进制数即可
demo@ubuntu-vm:~$ ll h.txt
-rwxr-xr-- 1 demo demo 386  1月  6 07:11 h.txt*
demo@ubuntu-vm:~$
```

这里介绍的设置文件访问权限的命令（chmod/chown/chgrp），如果对应修改的是某个目录，以及它下面的所有文件及子目录，那么需要增加 -R 参数。例如：

`chmod  -R  o-x  dbus-1/`	◇ 将 dbus-1 目录及其下所有文件的"其他用户"的执行权限取消
`chmod  -R  777  dbus-1/`	◇ 将 dbus-1 目录及其下所有文件的访问权限设为 rwxrwxrwx
`chown  -R  abc:abc  dbus-1/`	◇ 将 dbus-1 目录及其下所有文件的属主用户设为 abc、用户组设为 abc
`chgrp  -R  abc  dbus-1/`	◇ 将 dbus-1 目录及其下所有文件的用户组设为 abc

最后，通过表格总结一下 rwx 权限对文件和目录的作用效果，如表 3-1 和表 3-2 所示，供读者使用时参考。

表 3-1　rwx 权限对文件的作用效果

rwx 权限	对文件的作用效果
读（r）	表示可以读取该文件中的内容。例如，对文件执行 vi、cat、head、tail 等读取文件内容的命令
写（w）	表示可以编辑、新增或修改文件的内容。例如，对文件执行 vi、echo 等修改文件内容的命令。另外，如果没有写权限，则意味着用户也没有删除文件的权限，除非用户对文件所在目录的上一级目录拥有写权限
执行（x）	表示该文件具有被系统执行的权限。在 Windows 系统中，可执行文件是通过扩展名（如 .exe 等）表示的，但在 Linux 系统中，文件是否可执行，要通过此文件是否拥有 x 权限来决定。也就是说，只要文件拥有 x 权限，则此文件就是"可执行"的，至于文件是否能够"真正执行"，还要看文件本身是否包含可执行的代码

表 3-2　rwx 权限对目录的作用效果

rwx 权限	对目录的作用效果
读（r）	表示拥有读取目录结构列表的权限。也就是说，可以看到目录中有哪些文件和子目录。一旦目录拥有 r 权限，就可以在该目录下执行 ls 命令查看目录中的内容
写（w）	对目录来说，w 权限是最高权限。如果目录拥有 w 权限，则表示用户可以对目录做以下操作： • 在该目录下建立新的文件或子目录 • 删除已存在的文件或子目录（无论文件或子目录的访问权限是怎样的） • 对已存在的文件或子目录进行重命名操作 • 移动该目录下文件或子目录的位置 一旦目录拥有 w 权限，用户就可以在该目录下执行 touch、rm、cp、mv 等命令

续表

rwx 权限	对目录的作用效果
执行（x）	目录是不能直接被执行的，对目录赋予 x 权限，代表用户可以进入该目录。也就是说，只有具有 x 权限的属主用户或用户组才可以使用 cd 命令进入该目录

➡ 学习提示

文件和目录的访问权限设定对系统 root 用户是无效的，这是因为超级用户可以访问任何文件和目录，而普通用户则需要根据所允许的访问权限，对文件或目录进行读取或修改操作。

➡ 随堂练习

（1）切换到/usr/local 目录。

（2）切换到用户上一次所在的目录。

（3）进入当前目录的上一级目录。

（4）以长格式显示（即每行显示一个文件）/etc 目录下的文件。

（5）以带单位（KB、MB 等）的格式显示 /var/log 目录下的文件。

（6）列出 /etc 目录下以 ".conf" 为扩展名的文件。

（7）在主目录中创建具有层级结构的子目录：aa/bb/cc/dd/ee。

（8）将 /etc 目录下的 hostname 文件复制到主目录中。

（9）将 /lib/firmware 目录复制到主目录中。

（10）将主目录下的 aa 子目录复制两份，分别重命名为 aa2 和 aa3。

（11）完全删除 aa 目录。

（12）修改 aa2 和 aa3 目录及其下的所有文件的访问权限为 rwx。

（13）将复制到主目录中的 hostname 文件的属主用户和用户组均设为 abc。

（14）查找 /etc 目录及其下所有子目录中以 ".conf" 结尾的文件。

（15）显示用户当前所在的工作目录。

3.3.2 文件内容操作

1. 查看文件内容（cat）

cat 是 Linux 中常用的命令之一，其名称来自英文单词 concatenate（意为 "连接"，即连接文件和输出设备，比如显示器）。它是一个基本的文本文件查看工具，可以一次性显示整个文件的内容，或利用键盘创建一个新文件，或将几个文件合并为一个文件。当需要查看一个文件的内容时，只需在 cat 命令后面直接跟上文件名即可，但如果文件的内容很长，那么一般还会与 more、less、grep 等命令结合使用。

下面是一个简单的示例。

```
cd                        ◇ 切换到当前用户的主目录，若已在，则忽略该步
cat /etc/os-release        ◇ 查看当前的 Linux 发行版名称
cat /etc/group | more      ◇ 通过管道 "|" 传送给 more 命令进行逐页查看（按空格键向后翻页，按
                              回车键逐行显示，按 Ctrl+C 快捷键结束操作）
cat /etc/group | less      ◇ 传送给 less 命令进行翻页查看（按空格键向后翻页，按上/下方向键向
                              前/后翻页，按 q 键退出）
```

cat /etc/os-release /etc/hosts > ./ab.txt	◇ 将两个文件的内容合并到一起
cat ab.txt	◇ 查看合并后的文件内容
cat /dev/null > ab.txt	◇ 清空文件的内容，也可以使用 echo "" > ab.txt 进行清空
cat ab.txt	◇ 确认文件是否被清空

```
demo@ubuntu-vm:/usr/local$
demo@ubuntu-vm:/usr/local$ cd                    先切换到主目录
demo@ubuntu-vm:~$ cat  /etc/os-release     /etc/os-release 文件的内容是当前 Linux 系统的版本信息
PRETTY_NAME="Ubuntu 22.04.2 LTS"
NAME="Ubuntu"
VERSION_ID="22.04"
VERSION="22.04.2 LTS (Jammy Jellyfish)"
VERSION_CODENAME=jammy
ID=ubuntu
ID_LIKE=debian
HOME_URL="https://www.ubun**.com/"
SUPPORT_URL="https://help.ubun**.com/"
BUG_REPORT_URL="https://bugs.launchp**.net/ubuntu/"
PRIVACY_POLICY_URL="https://www.ubun**.com/legal/terms-and- ... "
UBUNTU_CODENAME=jammy
demo@ubuntu-vm:~$ cat  /etc/group  |  more     "|" 是一个管道符号，可将前面命令的输出结果通过管道"流到"后面的命令进行处理，就像流水线一样
root:x:0:
daemon:x:1:
bin:x:2:
sys:x:3:
adm:x:4:syslog,demo
...
--更多--           按空格键向后翻页（只能向后翻页，不能向前翻页），按 q 键退出
demo@ubuntu-vm:~$ cat  /etc/group  |  less
root:x:0:
daemon:x:1:
bin:x:2:
...
fax:x:21:
voice:x:22:
:              按空格键向后翻页，按 Page Up/Page Down 键向前/后翻页，按上/下方向键向上/下翻行，按 q 键退出
demo@ubuntu-vm:~$ cat  /etc/os-release  /etc/hosts  >  ./ab.txt
demo@ubuntu-vm:~$ cat  ab.txt
PRETTY_NAME="Ubuntu 22.04.2 LTS"     来自/etc/os-release 文件中的内容
NAME="Ubuntu"
VERSION_ID="22.04"
VERSION="22.04.2 LTS (Jammy Jellyfish)"
```

">" 为重定向输出符号，可将输出到界面上的内容重定向到文件中，如果文件已存在，则其中的内容会被覆盖；

">>" 为重定向追加符号，是在目标文件的原有内容基础上进行追加，而不是覆盖

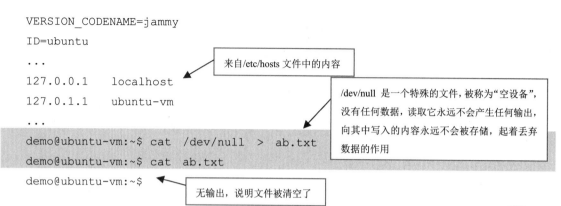

```
VERSION_CODENAME=jammy
ID=ubuntu
...
127.0.0.1    localhost
127.0.1.1    ubuntu-vm
...
demo@ubuntu-vm:~$ cat /dev/null > ab.txt
demo@ubuntu-vm:~$ cat ab.txt
demo@ubuntu-vm:~$
```

来自/etc/hosts 文件中的内容

/dev/null 是一个特殊的文件，被称为"空设备"，没有任何数据，读取它永远不会产生任何输出，向其中写入的内容永远不会被存储，起着丢弃数据的作用

无输出，说明文件被清空了

2. 查看文件开头或末尾的内容（head/tail）

cat 命令针对的是整个文件的内容，如果只想查看文件的开头或末尾的部分内容，则可以使用 head 或 tail 命令，这两个命令常用于查看程序运行的日志文件（日志信息都是逐渐累积起来的）。顾名思义，head 意为"头"，tail 意为"尾"，它们都有一个参数-n，用于指定查看的行数，默认值为 10，即显示 10 行内容。

Ubuntu 系统:
```
   tail /var/log/syslog
   tail -3 /var/log/syslog
```
◇ 查看 Linux 系统运行日志末尾 10 行的内容（默认）
◇ 查看 Linux 系统运行日志末尾 3 行的内容，-3 是 -n 3 的简写形式，head 命令中-2 的含义与此类似

CentOS/Rocky Linux 系统:
```
   tail /var/log/messages
   tail -3 /var/log/messages
```

```
head /etc/os-release
head -2 /etc/os-release
```
◇ 查看 Linux 系统版本信息的前 10 行内容（默认）
◇ 查看 Linux 系统版本信息的前 2 行内容

```
demo@ubuntu-vm:~$
demo@ubuntu-vm:~$ tail /var/log/syslog
Jan  6 09:40:21 ubuntu-vm systemd[1315]: Starting Tracker metadata extractor...
Jan  6 09:40:21 ubuntu-vm dbus-daemon[1351]: [session uid=1000 ...
Jan  6 09:40:21 ubuntu-vm systemd[1315]: Started Tracker metadata extractor.
Jan  6 09:48:07 ubuntu-vm dbus-daemon[1351]: [session uid=1000 ...
Jan  6 09:48:07 ubuntu-vm systemd[1315]: Starting Tracker metadata extractor...
Jan  6 09:48:07 ubuntu-vm dbus-daemon[1351]: [session uid=1000 ...
Jan  6 09:48:07 ubuntu-vm systemd[1315]: Started Tracker metadata extractor.
Jan  6 09:50:34 ubuntu-vm NetworkManager[519]: <info>  [1704505834.88 ...
Jan  6 09:54:41 ubuntu-vm ubuntu-report[1334]: level=error msg="data ...
Jan  6 10:05:34 ubuntu-vm NetworkManager[519]: <info>  [1704506734 ...
demo@ubuntu-vm:~$ tail -3 /var/log/syslog
Jan  6 09:50:34 ubuntu-vm NetworkManager[519]: <info>  [1704505834 ...
Jan  6 09:54:41 ubuntu-vm ubuntu-report[1334]: level=error msg="data ...
Jan  6 10:05:34 ubuntu-vm NetworkManager[519]: <info>  [1704506734.88 ...
demo@ubuntu-vm:~$ head /etc/os-release
PRETTY_NAME="Ubuntu 22.04.2 LTS"
```

默认显示文件末尾 10 行的内容

显示文件末尾 3 行的内容

默认显示文件前 10 行的内容

```
NAME="Ubuntu"
VERSION_ID="22.04"
VERSION="22.04.2 LTS (Jammy Jellyfish)"
VERSION_CODENAME=jammy
ID=ubuntu
ID_LIKE=debian
HOME_URL="https://www.ubun**.com/"
SUPPORT_URL="https://help.ubun**.com/"
BUG_REPORT_URL="https://bugs.launchp**.net/ubuntu/"
demo@ubuntu-vm:~$ head -2 /etc/os-release        ◀── 显示文件前 2 行的内容
PRETTY_NAME="Ubuntu 22.04.2 LTS"
NAME="Ubuntu"
```

此外，如果希望持续监控某个日志文件的内容变化，则可以使用 -f 参数。例如：

```
demo@ubuntu-vm:~$ tail -f /var/log/dmesg
```

这样只要 /var/log/dmesg 文件的末尾有新增的数据行（日志信息通常都是在文件末尾追加的），这些内容就会显示在界面上，从而方便用户对日志做进一步的分析。按 Ctrl+C 快捷键，tail 命令结束执行，否则会一直停留在当前界面的位置。

3. 搜索文件内容（grep）

grep 命令是一个强大的文本搜索工具，支持使用正则表达式搜索，用户可以使用它在文件中搜索某个单词或单词的组合，也可以把其他 Linux 命令的输出结果通过管道传输给 grep 命令进行搜索处理，这样 grep 命令就可以仅显示需要查看的内容了。

例如，在使用 Linux 的过程中，经常会遇到需要搜索某个字符串的场景。

- 搜索某个字符串是否出现在指定的文件中。
- 利用管道与重定向，搜索 ls 、cat 等命令的输出结果中是否包含某个字符串。
- 递归搜索某个目录下的文件，查看文件中是否包含某个指定的字符串。

grep 命令的搜索是逐行进行的，每次只扫描一行，如果该行包含指定的字符串，那么这行将会被输出。

下面是有关 grep 命令的基本使用示例。

`ls /etc	grep release`	◇ 在/etc 目录下搜索包含 release 字符串的文件名
`cat /etc/passwd	grep root`	◇ 在/etc/passwd 文件中搜索包含 root 字符串的行
`grep -i vm /etc/hosts`	◇ 在/etc/hosts 文件中搜索包含 vm 字符串的行，-i(ignore) 代表在搜索时忽略字母大小写
`grep -ir 'free' /etc/dbus-1/`	◇ 在/etc/dbus-1 目录下搜索包含 free 字符串的文件，忽略字母大小写，-r 表示遍历当前目录下的所有文件。要搜索的字符串本身如果不包含空格，则可省略引号

```
demo@ubuntu-vm:~$
demo@ubuntu-vm:~$ ls /etc/ | grep release       ◀── 将ls命令的输出结果传递给grep命令进行搜索，等效于命令 ls *release*
lsb-release
os-release
```

```
demo@ubuntu-vm:~$ cat /etc/passwd | grep root    ◄─── 将 cat 命令的输出结果传递给 grep
root:x:0:0:root:/root:/bin/bash                        命令进行搜索
nm-openvpn:x:121:127:NetworkManager OpenVPN,,,:/var/lib/openvpn/chroot ...
demo@ubuntu-vm:~$ grep -i vm /etc/hosts
127.0.1.1       ubuntu-vm
demo@ubuntu-vm:~$ grep -ir 'free' /etc/dbus-1/
/etc/dbus-1/system.d/com.hp.hplip.conf: "-//freedesktop//DTD ...
/etc/dbus-1/system.d/ ... http://www.freedeskt**.org/standards ...
/etc/dbus-1/system.d/ ... PUBLIC "-//freedesktop//DTD D-BUS Bus ...
/etc/dbus-1/system.d/ ... "http://www.freedeskt**.org/standards...
demo@ubuntu-vm:~$
```

根据上面的例子可以看出，grep 命令在搜索字符串时，搜索的字符串可以使用引号也可以省略，但若字符串包含空格，就不能省略引号。此外，使用 grep 命令搜索时默认是区分字母大小写的，如果不关心搜索内容的字母大小写，就要使用 -i 参数，如果是在目录中搜索，则还需要使用 -r 参数进行递归处理。

➡ 随堂练习

（1）查看/etc/hosts.allow 文件中的内容。
（2）分别查看/etc/hosts.allow 文件中前 2 行、末尾 2 行的内容。
（3）在/usr/share 目录及其下的子目录中，搜索包含 hello 字符串的文件，忽略字母大小写。

3.4　文件压缩与解压缩

3.4.1　tar 打包

tar 的全称是 tape archive，意为"磁带档案"，是一个用来建立和还原备份文件的工具，可以为 Linux 的文件和目录创建档案。tar 命令最初是被用来在磁带上创建档案的，现在可以在任何支持的设备上创建档案。利用 tar 命令，可以把一系列的文件和目录打包成一个文件。

我们在现实生活中经常会听到两个概念，即打包和压缩。打包是指将一系列的文件和目录变成一个总的文件，尺寸大小不受影响；压缩则是指将一个大尺寸的文件通过压缩算法变成一个小尺寸的文件。之所以要区分这两个概念，是因为 Linux 中有的压缩程序只能针对一个文件进行压缩，不能针对目录进行压缩，如果要压缩目录中的文件，则应先将这些文件打成一个包（比如使用 tar 命令），再进行压缩。

Linux 的打包操作使用的是 tar 命令，打出来的包被称为 tar 包，文件名通常以".tar"结尾。生成 tar 包后，就可以使用其他压缩程序对它进行压缩。此外，tar 命令还支持使用"-z"参数直接调用 gzip 程序进行压缩，相当于将打包和压缩的步骤"合二为一"，这也是常见的做法。需要注意的是，在本书安装的 Ubuntu、CentOS 系统中默认已经可以直接执行 tar 命令，但 Rocky Linux 系统在安装过程中并没有预装 tar 软件包，因此在 Rocky Linux 系统上执行 tar 命令之前，需要先安装 tar 软件包，否则在执行 tar 命令时会出现错误。

Rocky Linux 系统: yum -y install tar	◇ 安装 tar 软件包，yum 是 RHEL 系统安装软件包的一个命令。在 Rocky Linux 系统上，yum 实际上是一个链接到 dnf 命令程序的软链接文件，相当于快捷方式

```
[root@localhost ~]#
[root@localhost ~]# yum -y install tar
Rocky Linux 9 - BaseOS          4.4 kB/s | 4.1 kB          00:00
Rocky Linux 9 - AppStream       5.5 kB/s | 4.5 kB          00:00
Rocky Linux 9 - AppStream       3.2 MB/s | 7.4 MB          00:02
Rocky Linux 9 - Extras          3.8 kB/s | 2.9 kB          00:00
Dependencies resolved.

================================================================
 Package        Architecture      Version          Repository      Size
================================================================
Installing:
 tar            x86_64            2:1.34-6.el9_1    baseos          876 k
Transaction Summary
================================================================
Install  1 Package
...
Installed:
  tar-2:1.34-6.el9_1.x86_64
Complete!
[root@localhost ~]#
```

下面是有关 tar 命令的使用示例。

``` cd cp -rf /etc/dbus-1 ./ tar cvf dbus-1.tar dbus-1/ tar zcvf dbus-1.tar.gz ./dbus-1 rm -rf dbus-1/ tar xf dbus-1.tar mv dbus-1/ dbus-2/ tar zxf dbus-1.tar.gz tar zxf dbus-1.tar.gz -C /tmp ```	◇ 切换到当前用户的主目录，若已在，则忽略该步 ◇ 在当前目录下复制一份 dbus-1 目录 ◇ 将 dbus-1 目录打包为一个 tar 文件 ◇ 将 dbus-1 目录打包并压缩成一个 gz 文件 ◇ 将 tar 压缩包解压缩到当前目录下 ◇ 将目录 dbus-1 重命名为 dbus-2 ◇ 将 gz 压缩包解压缩到当前目录下 ◇ 将 gz 压缩包解压缩到指定的目录下，-C 代表目标目录

◇ 命令 tar cvf ... 等同于 tar -cvf ...，即 cvf 前面的-可省略，其余同理
◇ -c（create）用于创建包文件，-v（verbose）用于显示操作过程信息（如果输出信息过多，则可删除此参数），
-f（file）用于指定文件名，-x（extract）用于解压缩包，-z 代表使用 gzip 程序（-j 代表使用 bzip2 程序，但
需要先安装 bzip2 软件包才能使用）

```
demo@ubuntu-vm:~$
demo@ubuntu-vm:~$ cp -rf /etc/dbus-1 ./
demo@ubuntu-vm:~$ tar cvf dbus-1.tar dbus-1/
```

```
dbus-1/
dbus-1/system.d/
dbus-1/system.d/com.hp.hplip.conf
dbus-1/system.d/pulseaudio-system.conf
dbus-1/system.d/net.hadess.SwitcherooControl.conf
dbus-1/system.d/com.ubuntu.SoftwareProperties.conf
...
demo@ubuntu-vm:~$ tar zcvf dbus-1.tar.gz ./dbus-1
./dbus-1/
./dbus-1/system.d/
./dbus-1/system.d/com.hp.hplip.conf
./dbus-1/system.d/pulseaudio-system.conf
./dbus-1/system.d/net.hadess.SwitcherooControl.conf
./dbus-1/system.d/com.ubuntu.SoftwareProperties.conf
...
demo@ubuntu-vm:~$ ls
公共的  视频 文档 音乐 aa    cc     dbus-1.tar    hello.txt h.txt snap
模板    图片 下载 桌面 ab.txt dbus-1 dbus-1.tar.gz hostname  local
demo@ubuntu-vm:~$ rm -rf dbus-1/
```

删除原始 dbus-1 目录，准备解压缩包

```
demo@ubuntu-vm:~$ ls
公共的  视频 文档 音乐 aa    cc     dbus-1.tar.gz hostname local
模板    图片 下载 桌面 ab.txt dbus-1.tar hello.txt  h.txt    snap
demo@ubuntu-vm:~$ tar xf dbus-1.tar
```

解压缩 tar 包

```
demo@ubuntu-vm:~$ ls
公共的  视频 文档 音乐 aa    cc     dbus-1.tar    hello.txt h.txt snap
模板    图片 下载 桌面 ab.txt dbus-1 dbus-1.tar.gz hostname  local
demo@ubuntu-vm:~$ mv dbus-1/ dbus-2/
```

将解压缩包后生成的目录重命名，为解压缩做准备

```
demo@ubuntu-vm:~$ ls
公共的  视频 文档 音乐 aa    cc     dbus-1.tar.gz hello.txt h.txt snap
模板    图片 下载 桌面 ab.txt dbus-1.tar dbus-2   hostname  local
demo@ubuntu-vm:~$ tar zxf dbus-1.tar.gz
demo@ubuntu-vm:~$ ls
公共的  视频 文档 音乐 aa    cc     dbus-1.tar    dbus-2    hostname local
模板    图片 下载 桌面 ab.txt dbus-1 dbus-1.tar.gz hello.txt h.txt    snap
demo@ubuntu-vm:~$ tar zxf dbus-1.tar.gz -C /tmp
```

将压缩包解压缩到指定的目录下，用户必须拥有对目标目录的写权限才行，否则会解压缩失败，/tmp 是任何用户均可读/写的目录

```
demo@ubuntu-vm:~$ ls -d /tmp/dbus*
/tmp/dbus-1
demo@ubuntu-vm:~$
```

以上就是有关 tar 命令的基本使用方法。因为 -v 参数会将操作过程信息全部显示出来，如果觉得信息太多，则可以不使用这个参数。值得一提的是，tar 命令紧跟着的参数可以省略前面的"-"符号，比如下面的两条命令是等价的（但 -C 参数前的"-"符号是不能省略的）。

```
tar -zxvf dbus-1.tar.gz -C /tmp
tar  zxvf dbus-1.tar.gz  -C  /tmp
```

3.4.2　gzip 压缩/gunzip 解压缩

　　gzip 是 Linux 自带的文件压缩命令，也是一个被广泛使用的压缩程序，它的压缩比能达到 60%～70%，相比 zip 的压缩比更高。在使用 gzip 命令压缩文件时，默认会在文件名后面加上扩展名 ".gz"，并将源文件删除。与此对应，gunzip 是解压缩命令，用于解开被 gzip 压缩的文件（预设的扩展名为 ".gz"）。事实上，gunzip 就是 gzip 的硬链接（文件替身，实质上是同一个文件），因此无论是压缩还是解压缩，它们最终都是通过 gzip 命令完成的。

　　下面是有关 gzip 和 gunzip 命令的使用示例。

```
cd                                   ◇ 切换到当前用户的主目录，若已在，则忽略该步
cp /etc/services ./services.txt      ◇ 在当前目录下复制一个文件 services.txt
ll services.txt
gzip services.txt                    ◇ 将 services.txt 文件压缩为 gz 文件
ll services.*
gunzip services.txt.gz               ◇ 解压缩 gz 文件
ll services.*
```

```
demo@ubuntu-vm:~$
demo@ubuntu-vm:~$ cp /etc/services ./services.txt
demo@ubuntu-vm:~$ ll services.txt
-rw-r--r-- 1 demo demo 12813  1月  6 15:56 services.txt
demo@ubuntu-vm:~$ gzip  services.txt ←    gzip 命令用于压缩文件，压缩后默认会删除源文件
demo@ubuntu-vm:~$ ll  services.*
-rw-r--r-- 1 demo demo 5383  1月  6 15:56 services.txt.gz
demo@ubuntu-vm:~$ gunzip  services.txt.gz ←  gunzip 命令用于解压缩文件，解压缩后默认会
demo@ubuntu-vm:~$ ll  services.*             删除压缩包
-rw-r--r-- 1 demo demo 12813  1月  6 15:56 services.txt
demo@ubuntu-vm:~$
```

　　此外，在使用 gzip 命令压缩目录时，一般会先将目录打包成一个 tar 包，再进行压缩。不过，tar 命令加上 -z 参数同样能达到这个目的，具体使用方法可参见 3.4.1 节中对 tar 命令的相关介绍。

3.4.3　zip 压缩/unzip 解压缩

　　zip 和 unzip 命令分别用来压缩和解压缩文件，或者对文件进行打包操作。zip 是一个被广泛使用的通用压缩程序，文件经它压缩后会产生具有 ".zip" 扩展名的压缩文件，在 Windows、macOS 等流行的操作系统上，默认都支持这种格式的压缩文件。Ubuntu 默认已经包含 zip 和 unzip 命令，但 CentOS/Rocky Linux 则需要单独安装 zip 和 unzip 软件包才能使用这两个命令。如果不确定是否存在 zip 和 unzip 软件包，则可以在 Linux 终端中执行 zip 和 unzip 命令，查看相应的提示信息。

在 CentOS/Rocky Linux 上执行以下安装命令。

CentOS/Rocky Linux 系统: `yum -y install zip unzip`	◇ 安装 zip 和 unzip 软件包，-y（yes）表示无须手动确认， 直接安装

```
[root@localhost ~]#
[root@localhost ~]# yum -y install zip unzip
Loaded plugins: fastestmirror
...
Running transaction
  Installing : zip-3.0-11.el7.x86_64                     1/2
  Installing : unzip-6.0-24.el7_9.x86_64                 2/2
  Verifying  : unzip-6.0-24.el7_9.x86_64                 1/2
  Verifying  : zip-3.0-11.el7.x86_64                     2/2
Installed:
  unzip.x86_64 0:6.0-24.el7_9    zip.x86_64 0:3.0-11.el7
Complete!
[root@localhost ~]#
```

下面是有关 zip 和 unzip 命令的使用示例。

`cd`	◇ 切换到当前用户的主目录，若已在，则忽略该步
`cp -f /etc/services ./services.txt`	◇ 在当前目录下创建一个 services.txt 文件
`cp -rf /etc/dbus-1 ./`	◇ 在当前目录下准备一个 dbus-1 目录
`zip services.zip services.txt`	◇ 将 services.txt 文件打包成 zip 压缩文件
`zip -r dbus-1.zip dbus-1/`	◇ 将 dbus-1 目录打包成 zip 压缩文件
`rm -rf services.txt dbus-1/`	◇ 将源文件和目录删除，准备解压缩
`mkdir 123`	◇ 创建一个空目录
`unzip dbus-1.zip`	◇ 解压缩 dbus-1.zip 文件到当前目录下
`unzip services.zip -d ./123`	◇ 解压缩 services.zip 文件到指定目录下

```
demo@ubuntu-vm:~$
demo@ubuntu-vm:~$ cp -f /etc/services ./services.txt
demo@ubuntu-vm:~$ cp -rf /etc/dbus-1 ./
demo@ubuntu-vm:~$ zip services.zip services.txt       ◀
  adding: services.txt (deflated 58%)
demo@ubuntu-vm:~$ zip -r dbus-1.zip dbus-1/           ◀
  adding: dbus-1/ (stored 0%)
  adding: dbus-1/system.d/ (stored 0%)
  adding: dbus-1/system.d/com.hp.hplip.conf (deflated 60%)
  adding: dbus-1/system.d/org.freedesktop.thermald.conf.gz (stored 0%)
  adding: dbus-1/system.d/pulseaudio-system.conf (deflated 43%)
  ...
demo@ubuntu-vm:~$ rm -rf services.txt dbus-1/
```

在 zip 命令后面依次指定压缩文件和源文件

在压缩目录时，需要使用-r 参数，同时文件所在的路径信息也会被保存在压缩文件中

```
demo@ubuntu-vm:~$ mkdir  123
demo@ubuntu-vm:~$ unzip  dbus-1.zip
```
将压缩文件直接解压缩到当前目录下，生成的文件目录层次与压缩之前的一样

```
Archive:  dbus-1.zip
  creating: dbus-1/
  creating: dbus-1/system.d/
 inflating: dbus-1/system.d/com.hp.hplip.conf
extracting: dbus-1/system.d/org.freedesktop.thermald.conf.gz
  inflating: dbus-1/system.d/pulseaudio-system.conf
  ...
demo@ubuntu-vm:~$ unzip  services.zip  -d  ./123
```
-d（destination）代表解压缩的目标目录

```
Archive:  services.zip
  inflating: ./123/services.txt
demo@ubuntu-vm:~$
```

与 gzip 命令不同的是，zip 命令需要先指定压缩文件，再指定源文件或目录，并且默认不会删除源文件或目录。如果是直接压缩目录，则通过指定 -r 参数即可达到目的。

随堂练习

（1）首先将/usr/include 目录复制到主目录下，然后将这个主目录下的 include 子目录打包并压缩为 include.tar.gz 文件。

（2）直接将/usr/include 目录打包并压缩为 include2.tar.gz 文件（不是压缩已复制到主目录下的 include 子目录）。

（3）分别将 include.tar.gz 和 include2.tar.gz 文件解压缩到/tmp 目录下，并比较解压缩后的结果有什么差异。

（4）使用 zip 命令将主目录下的 include 子目录压缩为一个 include.zip 文件。

3.5　Linux 硬件资源管理

3.5.1　查看内存和磁盘（free/df/du）

由于 Linux 大部分情况下是在非图形用户界面环境下使用的，因此不像 Windows 那样有直观的图形用户界面可以显示系统的各种资源使用状态。如果要查看当前 Linux 的内存和磁盘，则可以通过 free、df、du 等命令实现。

在 Linux 终端中输入下面的命令。

```
free -h            ◇ 查看内存使用情况
df  -h             ◇ 查看磁盘使用情况
du  -h  -d  1      ◇ 查看当前所在目录的磁盘空间占用情况，默认每个文件显示一行。-h(humanable)
                     显示的是更易读的带单位（KB/MB/GB 等）的数值数据，-d（max depth）用于查看
                     指定子目录的深度，此处为查看第一层子目录的磁盘空间占用情况
du  -h  -d  1  /usr    ◇ 查看/usr 目录的磁盘空间占用情况
du  -hs  /usr          ◇ 查看指定目录的总大小
```

```
demo@ubuntu-vm:~$
```

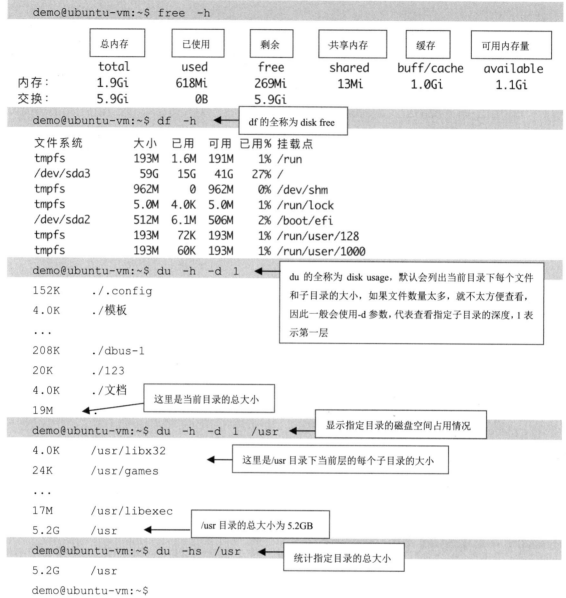

3.5.2 资源监控（top/iotop）

top 是 Linux 中常用的性能分析工具，它提供了一个动态、交互式的实时视图，能够实时显示系统的整体性能信息、正在运行的进程资源占用状况等，类似 Windows 中的任务管理器。top 命令提供了对系统资源的实时状态进行监视的功能，还可以按 CPU、内存、执行时间对运行的程序进行排序。

此外，Linux 中还有一个用来监视磁盘 I/O 使用情况的工具，即 iotop，它具有与 top 相似的界面，其中包括 PID、用户、I/O、进程等相关信息。如果想具体了解每个进程的磁盘 I/O 读/写状况，那么以 root 用户身份执行 iotop 命令即可。不过，iotop 工具需要在 Ubuntu、CentOS、Rocky Linux 上单独安装后才能使用。

Ubuntu 系统: 　sudo apt install iotop *CentOS/Rocky Linux 系统:* 　yum -y install iotop	◇ 安装 iotop 软件包

demo@ubuntu-vm:~$

demo@ubuntu-vm:~$ sudo apt install iotop

[sudo] demo 的密码:

正在读取软件包列表... 完成

正在分析软件包的依赖关系树... 完成

正在读取状态信息... 完成

下列【新】软件包将被安装:

　iotop

...

正在解压缩 iotop (0.6-24-g733f3f8-1.1ubuntu0.1) ...

正在设置 iotop (0.6-24-g733f3f8-1.1ubuntu0.1) ...

update-alternatives: 使用 /usr/sbin/iotop-py 在自动模式中提供 /usr/sbin/iotop

正在处理用于 man-db (2.10.2-1) 的触发器 ...

demo@ubuntu-vm:~$

下面是有关 top 和 iotop 命令的使用示例。

top *Ubuntu 系统:* 　sudo iotop *CentOS/Rocky Linux 系统:* 　iotop	◇ 启动 top 程序，按 q 键退出 ◇ 启动 iotop 程序，按 q 键退出 ◇ 用户需要拥有 root 权限才能执行 iotop 命令，因此在 Ubuntu 中要使用 sudo 获取 root 权限

demo@ubuntu-vm:~$

demo@ubuntu-vm:~$ top
```
                                  ┌─────────────────────────────────────────┐
                                  │ 系统运行了 17 小时 45 分钟，当前有一个登录用户 │
                                  └─────────────────────────────────────────┘
top - 17:45:57 up  8:59,  1 user,  load average: 0.12, 0.14, 0.09
任务: 265 total,   1 running, 264 sleeping,   0 stopped,   0 zombie
%Cpu(s):  0.3 us,  0.7 sy,  0.0 ni, 99.0 id,  0.0 wa,  0.0 hi,  0.0 si,  0.0 st
MiB Mem :   1923.3 total,    190.9 free,    591.4 used,   1141.0 buff/cache
MiB Swap:   6046.0 total,   6045.5 free,      0.5 used,   1135.6 avail Mem
┌──────────────────────────────┐         ┌──────────────────┐
│ 当前有 265 个进程任务正在运行   │         │ CPU99%空闲        │
└──────────────────────────────┘         └──────────────────┘
 进程号 USER       PR  NI    VIRT    RES    SHR   %CPU  %MEM     TIME+ COMMAND
   482 systemd+   20   0   14828   6784   6016 S   0.7   0.3   0:28.28 systemd-oomd
   501 root       20   0  247056   9344   7680 S   0.7   0.5   0:32.99 vmtoolsd
     1 root       20   0  167984  13140   8276 S   0.0   0.7   0:02.55 systemd
     2 root       20   0       0      0      0 S   0.0   0.0   0:00.08 kthreadd
     3 root        0 -20       0      0      0 I   0.0   0.0   0:00.00 rcu_gp
     4 root        0 -20       0      0      0 I   0.0   0.0   0:00.00 rcu_par_gp
     5 root        0 -20       0      0      0 I   0.0   0.0   0:00.00 slub_flushwq
     6 root        0 -20       0      0      0 I   0.0   0.0   0:00.00 netns
    10 root        0 -20       0      0      0 I   0.0   0.0   0:00.00 mm_percpu_wq
```

当 top 程序运行时，会一直显示以上进程的列表信息，默认每隔 3 秒更新一次信息，只有按 q 键才会退出，否则将一直在终端上运行。top 命令显示的进程列表共有 11 列，其中主要列的含义分别如下（重点关注阴影部分的列）。

- 进程号（PID）：代表进程在系统中的唯一编号。
- USER：运行该进程的用户名。
- PR（优先级）：进程优先级。
- VIRT（虚拟内存）：进程使用的虚拟内存大小，单位为 KB。
- RES（常驻内存）：进程实际使用的物理内存大小，单位为 KB。
- SHR（共享内存）：进程共享的内存大小，单位为 KB。
- %CPU：进程对 CPU 的使用率。
- %MEM：进程对内存的使用率。
- TIME+：进程累计使用的 CPU 时间。
- COMMAND：进程名称（命令名/命令行）。

上面就是 top 命令的基本用法，接下来按 q 键退出 top 程序，输入 iotop 命令启动 iotop 程序。

```
demo@ubuntu-vm:~$ sudo  iotop                          磁盘读/写总速率
                                                                        当前的磁盘读/写速率
Total DISK READ:        0.00 B/s | Total DISK WRITE:        14.90 K/s
Current DISK READ:      0.00 B/s | Current DISK WRITE:     141.59 K/s
   TID PRIO  USER      DISK READ  DISK WRITE   SWAPIN      IO>    COMMAND
   262 be/3 root        0.00 B/s   14.90 K/s  ?unavailable? [jbd2/sda3-8]
     1 be/4 root        0.00 B/s    0.00 B/s  ?unavailable? init splash
     2 be/4 root        0.00 B/s    0.00 B/s  ?unavailable? [kthreadd]
     3 be/0 root        0.00 B/s    0.00 B/s  ?unavailable? [rcu_gp]
     4 be/0 root        0.00 B/s    0.00 B/s  ?unavailable? [rcu_par_gp]
     5 be/0 root        0.00 B/s    0.00 B/s  ?unavailable? [slub_flushwq]
     6 be/0 root        0.00 B/s    0.00 B/s  ?unavailable? [netns]
    10 be/0 root        0.00 B/s    0.00 B/s  ?unavailable? [mm_percpu_wq]
    11 be/4 root        0.00 B/s    0.00 B/s  ?unavailable? [rcu_tasks_kthread]
    12 be/4 root        0.00 B/s    0.00 B/s  ?unavailable? [rcu_tasks_rude_kthread]
keys:  any: refresh  q: quit  i: ionice  o: active  p: procs  a: accum
sort:  r: asc  left: SWAPIN  right: COMMAND  home: TID  end: COMMAND
```

当 iotop 程序运行时，默认每隔一秒更新一次信息，同样只有按 q 键才会退出，否则将一直在终端上运行。其中显示的 8 列信息的含义分别如下。

- TID：线程 ID，可通过按 p 键分别切换显示进程 ID 和线程 ID。
- PRIO：线程优先级。
- USER：线程所有者。
- DISK READ：从磁盘中读取数据的速率。
- DISK WRITE：往磁盘中写入数据的速率。
- SWAPIN：swap 交换百分比。
- IO>：I/O 等待所占用的百分比。
- COMMAND：命令名称。

3.5.3 查看系统信息（pciutils/usbutils）

Linux 提供了多个用来查看系统详细信息的实用命令，包括 hostname、lscpu、lsusb、fdisk 等，供用户了解系统版本、主机名和相关的硬件信息等内容，其中的部分命令在执行时需要用户拥有 root 权限。因此，在 Ubuntu 中以非 root 用户身份登录系统的用户，如果在执行命令时出错，就需要在命令前面加上 sudo 以获取 root 权限。

为方便起见，我们提前在 CentOS/Rocky Linux 中分别安装 pciutils、usbutils 这两个软件包，Ubuntu 上默认已经安装。

CentOS/Rocky Linux 系统:
```
yum  -y  install  pciutils  usbutils
```
◇ 安装 pciutils 和 usbutils 软件包,-y(yes)表示无须确认，直接安装

```
[root@localhost ~]#
[root@localhost ~]# yum  -y  install  pciutils  usbutils
Loaded plugins: fastestmirror
Loading mirror speeds from cached hostfile
...
Installed:
  pciutils.x86_64 0:3.5.1-3.el7    usbutils.x86_64 0:007-5.el7
Dependency Installed:
  libusbx.x86_64 0:1.0.21-1.el7
Complete!
```

接下来就可以在 Linux 中执行以下命令。

cat /etc/os-release	◇ 查看当前系统的发行版信息
cat /proc/cpuinfo	◇ 查看 CPU 信息
hostname	◇ 查看当前系统设置的主机名
uname -a	◇ 查看当前系统内核信息，-a（all）表示所有信息
lscpu	◇ 列出系统中的所有 CPU
lsblk	◇ 以树状结构的形式，列出块设备，即磁盘之类的存储设备
lsusb -tv	◇ 以树状结构的形式，列出所有 USB 设备
lspci -tv	◇ 以树状结构的形式，列出所有 PCI 设备
uptime	◇ 查看系统自开机以来的运行时间、登录用户数、平均负载
swapon -s	◇ 查看所有交换分区，即虚拟内存
Ubuntu 系统:	
sudo fdisk -l	◇ 查看所有磁盘分区信息
sudo dmesg	grep -i eth	◇ 查看系统启动时检测到的网卡信息
sudo dmidecode	grep "Product"	◇ 查看机器型号
CentOS/Rocky Linux 系统:	
fdisk -l	◇ 查看所有磁盘分区信息
dmesg	grep -i eth	◇ 查看系统启动时检测到的网卡信息
dmidecode	grep "Product"	◇ 查看机器型号

```
demo@ubuntu-vm:~$
demo@ubuntu-vm:~$ cat  /etc/os-release
PRETTY_NAME="Ubuntu 22.04.2 LTS"     ← 当前 Linux 的名称和版本
NAME="Ubuntu"
VERSION_ID="22.04"
VERSION="22.04.2 LTS (Jammy Jellyfish)"
VERSION_CODENAME=jammy
...
```

```
demo@ubuntu-vm:~$ cat  /proc/cpuinfo
processor       : 0        ◄──  CPU 编号，从 0 开始，多核 CPU 依次为 0,1,2,3...
vendor_id       : GenuineIntel
cpu family      : 6
model           : 158
model name      : Intel(R) Core(TM) i9-9880H CPU @ 2.30GHz  ◄── CPU 型号名称
stepping        : 13
microcode       : 0xfa
cpu MHz         : 2304.000   ◄── CPU 主频
cache size      : 16384 KB   ◄── CPU 内部缓存大小
...
```

```
demo@ubuntu-vm:~$ hostname
ubuntu-vm    ◄── 当前系统主机名        uname（unix name）用于显示操作系统内核版本、主机名、处理器类
demo@ubuntu-vm:~$ uname  -a    ◄──     型等信息
Linux ubuntu-vm 6.2.0-39-generic #40~22.04.1-Ubuntu SMP PREEMPT_DYNAMIC Thu
Nov 16 10:53:04 UTC 2 x86_64 x86_64 x86_64 GNU/Linux
```

```
demo@ubuntu-vm:~$ lscpu
架构：                    x86_64
  CPU 运行模式：          32-bit, 64-bit   ◄── 64 位的 CPU，兼容 32 位
  Address sizes：        45 bits physical, 48 bits virtual
字节序：                  Little Endian
CPU：                    1     ◄── CPU 个数
  在线 CPU 列表：          0
厂商 ID：                 GenuineIntel
  型号名称：              Intel(R) Core(TM) i9-9880H CPU @ 2.30GHz  ◄── CPU 型号名称
...
```

```
demo@ubuntu-vm:~$ lsblk
NAME    MAJ:MIN RM   SIZE RO TYPE MOUNTPOINTS
loop0   7:0     0     4K  1 loop /snap/bare/5
loop1   7:1     0  63.3M  1 loop /snap/core20/1822
...
sda     8:0     0    60G  0 disk    ◄── 在这里可看到磁盘的分区情况
├─sda1  8:1     0     1M  0 part
├─sda2  8:2     0   513M  0 part /boot/efi
└─sda3  8:3     0  59.5G  0 part /var/snap/firefox/common/host-hunspell/
sr0     11:0    1  1024M  0 rom
```

```
demo@ubuntu-vm:~$ lsusb  -tv
/:  Bus 02.Port 1: Dev 1, Class=root_hub, Driver=ehci-pci/6p, 480M
    ID 1d6b:0002 Linux Foundation 2.0 root hub
/:  Bus 01.Port 1: Dev 1, Class=root_hub, Driver=uhci_hcd/2p, 12M
    ID 1d6b:0001 Linux Foundation 1.1 root hub
```

```
  |__ Port 1: Dev 2, If 0, Class=Human Interface Device, Driver=usbhid, 12M
      ID 0e0f:0003 VMware, Inc. Virtual Mouse
  |__ Port 2: Dev 3, If 0, Class=Hub, Driver=hub/7p, 12M
  ...
demo@ubuntu-vm:~$ lspci -tv
```

列出当前系统中的 PCI 设备，如网卡、显卡等

```
-[0000:00]-+-00.0 Intel Corporation 440BX/ZX/DX - 82443BX/ZX/DX Host bridge
           +-01.0-[01]--
           +-07.0  Intel Corporation 82371AB/EB/MB PIIX4 ISA
           +-07.1  Intel Corporation 82371AB/EB/MB PIIX4 IDE
           +-07.3  Intel Corporation 82371AB/EB/MB PIIX4 ACPI
           +-07.7  VMware Virtual Machine Communication Interface
           ...
demo@ubuntu-vm:~$ uptime
 18:57:46 up 9:43, 1 user, load average: 0.12, 0.15, 0.17
demo@ubuntu-vm:~$ swapon -s
Filename        Type      Size        Used      Priority
/swapfile       file      6191100     524       -2
demo@ubuntu-vm:~$ sudo fdisk -l
...
Disk /dev/sda: 60 GiB, 64424509440 字节, 125829120 个扇区
Disk model: VMware Virtual S
单元：扇区 / 1 * 512 = 512 字节
扇区大小(逻辑/物理)：512 字节 / 512 字节
I/O 大小(最小/最佳)：512 字节 / 512 字节
磁盘标签类型：gpt
磁盘标识符：0E8D1B98-3D99-442E-B3A6-C42FE61DC68B
```

设备	起点	末尾	扇区	大小	类型
/dev/sda1	2048	4095	2048	1M	BIOS 启动
/dev/sda2	4096	1054719	1050624	513M	EFI 系统
/dev/sda3	1054720	125827071	124772352	59.5G	Linux 文件系统

```
...
demo@ubuntu-vm:~$ sudo dmesg | grep -i eth
[    1.834656] e1000 0000:02:01.0 eth0: (PCI:66MHz:32-bit) 00:0c:29:74:ba:08
[    1.834663] e1000 0000:02:01.0 eth0: Intel(R) PRO/1000 Network Connection
[    2.148019] e1000 0000:02:01.0 ens33: renamed from eth0
[    6.951544] Bluetooth: BNEP (Ethernet Emulation) ver 1.3
demo@ubuntu-vm:~$ sudo dmidecode | grep "Product"
```

查看机器型号。由于 dmidecode 命令会输出很多信息，因此这里使用 grep 命令检索指定的内容

```
    Product Name: VMware Virtual Platform
    Product Name: 440BX Desktop Reference Platform
demo@ubuntu-vm:~$
```

➜ **学习提示**

读者主要需要掌握 free、df、du、top、iotop 命令的用法，对于其他命令来说，目前只需了解它们的作用，当使用时再查询其具体用法即可。

3.6 Linux 软件包管理

Linux 环境下的软件包管理是一个重要的话题，因为 Linux 的软件包管理和安装方式与 Windows、macOS 等系统存在较大的不同。大多数 Linux 发行版提供了一个集中的软件包管理机制，以帮助用户搜索、安装和管理软件，而这些软件通常以"包"的形式存储在软件仓库（Repository，相当于苹果或 Android 系统的应用商店）中，对这些软件包的使用和管理，被称为"包管理"。Linux 软件包的基本组成通常包括共享库、应用程序、服务、文档等。虽然大多数流行的 Linux 发行版在软件包管理工具、方式和形式上大同小异，但其还是存在平台上的差异的，表 3-3 列出了几种常见 Linux 发行版的软件包管理工具。

表 3-3　常见 Linux 发行版的软件包管理工具

发行版	软件包格式	软件包管理工具（在线/离线）
Ubuntu/Debian	.deb	apt、apt-get、apt-cache / dpkg
CentOS/Rocky Linux	.rpm	yum、dnf（Rocky Linux 可用）/ rpm
Red Hat Enterprise Linux/Fedora	.rpm	yum、dnf / rpm

Debian 及其衍生品 Ubuntu、Raspbian 等的软件包格式为.deb，apt 是常见的软件包操作命令，支持搜索软件仓库、安装包及其依赖和管理升级，如果安装的是离线 deb 软件包，就需要使用 dpkg 命令进行安装。因为 CentOS、Rocky Linux、Fedora 及 Red Hat Enterprise Linux 系列的 Linux 使用的软件包格式为.rpm，所以使用 yum 或 dnf 命令来管理并与软件仓库交互，如果安装的是离线 rpm 软件包，就需要使用 rpm 命令进行安装。

由于 Ubuntu 是 Canonical 公司基于 Debian 开发的，因此 Debian 支持的软件包管理工具在 Ubuntu 上也都支持。此外，Canonical 公司还发布了一个全新的软件包管理工具 snap，它类似一个软件容器，包含一个应用程序所有的文件和库，这样各个应用程序之间就是完全独立的，snap 软件包很好地解决了应用程序之间的依赖问题，也使应用程序更容易管理。不过，由此带来的问题，就是它需要占用更多的磁盘空间。在 4.10.1 节中将介绍如何使用 snap 命令将 Eclipse 这个流行的 Java 集成开发环境安装到 Ubuntu 桌面版中。

3.6.1　CentOS/Rocky Linux 软件包管理

CentOS/Rocky Linux 是基于 Red Hat Enterprise Linux 的源代码经过二次封装开发出来的，因此使用 yum 和 rpm 命令对软件包进行管理（实际上 Rocky Linux 使用 dnf 命令管理软件包的安装和卸载，只不过 dnf 命令完全兼容 yum 命令，并且 Rocky Linux 上的 yum 命令本身就是链接到 dnf 程序文件中的）。使用 yum 命令管理的软件包被统一放置在软件仓库中，并且在全球各地有多个镜像站点。Linux 软件仓库机制的基本原理如图 3-5 所示。

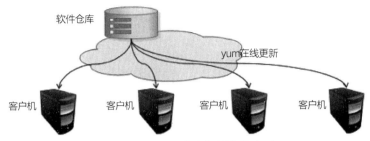

图 3-5　Linux 软件仓库机制的基本原理

下面在 CentOS/Rocky Linux 中执行以下 yum 命令，了解它的基本用法。

yum　list	◇　显示软件仓库中所有已经安装和可以安装的软件包信息
yum　list　installed	◇　显示当前系统中已经安装的软件包信息
yum　search　zip	◇　从软件仓库中检索 zip 软件包的信息
yum　info　zip	◇　显示 zip 软件包的描述信息和概要信息
rpm　-ql　zip	◇　查询软件包安装到系统中的文件列表（query list）
yum　install　wget	◇　安装 wget 软件包，也可添加-y 参数，即不用确认，直接安装
yum　update　wget	◇　升级 wget 软件包
yum　remove　wget	◇　卸载/删除 wget 软件包

```
[root@localhost ~]#
[root@localhost ~]# yum  list          ◀──  list 代表列出软件仓库中所有可用的软件包信息，目前已超过
                                             1 万个软件包
Loaded plugins: fastestmirror
Loading mirror speeds from cached hostfile
 * base: mirro**.163.com
 * extras: mirro**.163.com     ◀──  自动从下载速度最快的软件仓库镜像地址中检索
 * updates: mirro**.163.com
Installed Packages
NetworkManager.x86_64                 1:1.18.8-2.el7_9                @anaconda
NetworkManager-libnm.x86_64           1:1.18.8-2.el7_9                @anaconda
NetworkManager-team.x86_64            1:1.18.8-2.el7_9                @anaconda
...
zziplib.x86_64          软件包名称    0.13.62-12.el7      版本信息    base      仓库源
zziplib-devel.i686                    0.13.62-12.el7                 base
zziplib-devel.x86_64                  0.13.62-12.el7                 base
zziplib-utils.x86_64                  0.13.62-12.el7                 base
[root@localhost ~]# yum  list  installed
Loaded plugins: fastestmirror
Loading mirror speeds from cached hostfile
 * base: mirro**.163.com
 * extras: mirro**.163.com
 * updates: mirro**.163.com
Installed Packages
NetworkManager.x86_64                 1:1.18.8-2.el7_9                @anaconda
NetworkManager-libnm.x86_64           1:1.18.8-2.el7_9                @anaconda
```

```
NetworkManager-team.x86_64          1:1.18.8-2.el7_9              @anaconda
...
[root@localhost ~]# yum search zip
Loaded plugins: fastestmirror
Loading mirror speeds from cached hostfile
 * base: mirro**.163.com
 * extras: mirro**.163.com
 * updates: mirro**.163.com
=========================== N/S matched: zip ========================
bzip2-devel.i686 : Libraries and header files for apps which will use bzip2
bzip2-devel.x86_64 : Libraries and header files for apps which will use bzip2
...
unzip.x86_64 : A utility for unpacking zip files
zip.x86_64 : A file compression and packaging utility compatible with PKZIP
...
pigz.x86_64 : Parallel implementation of gzip
  Name and summary matches only, use "search all" for everything.
[root@localhost ~]# yum info zip
Loaded plugins: fastestmirror
Loading mirror speeds from cached hostfile
 * base: mirro**.163.com
 * extras: mirro**.163.com
 * updates: mirro**.163.com
Installed Packages
Name      : zip
Arch      : x86_64
Version   : 3.0
Release   : 11.el7
Size      : 796 k
Repo      : installed
From repo : base
...
[root@localhost ~]# rpm -ql zip
/usr/bin/zip
/usr/bin/zipcloak
/usr/bin/zipnote
/usr/bin/zipsplit
/usr/share/doc/zip-3.0
...
[root@localhost ~]# yum install wget
Loaded plugins: fastestmirror
```

search 后面跟着要搜索的软件包名称关键字，按匹配方式列出符合条件的软件包信息

info（information）用于显示指定软件包的描述信息和概要信息

查询 zip 软件包安装到系统中的所有文件列表，如果未安装 zip 包，则需要执行 yum install zip 命令将其安装进来

安装 wget 软件包。如果要同时安装多个软件包，则可将其依次写在 install 后面。例如：
yum install zip wget gettext

```
Loading mirror speeds from cached hostfile
 * base: mirro**.163.com
 * extras: mirro**.163.com
 * updates: mirro**.163.com
Resolving Dependencies
--> Running transaction check
---> Package wget.x86_64 0:1.14-18.el7_6.1 will be installed
...
Total download size: 547 k
Installed size: 2.0 M
Is this ok [y/d/N]: y
```
◄—— 输入 y，确认安装
```
Downloading packages:
    wget-1.14-18.el7_6.1.x86_64.rpm              |  547 kB   00:00:00
Running transaction check
Running transaction test
Transaction test succeeded
```
开始安装，并校验是否安装成功
```
Running transaction
  Installing : wget-1.14-18.el7_6.1.x86_64                            1/1
  Verifying  : wget-1.14-18.el7_6.1.x86_64                            1/1
Installed:
  wget.x86_64 0:1.14-18.el7_6.1
Complete!
[root@localhost ~]# yum update wget
```
◄—— 升级指定的软件包
```
Loaded plugins: fastestmirror
Loading mirror speeds from cached hostfile
 * base: mirrors.163.com
 * extras: mirrors.163.com
 * updates: mirrors.163.com
No packages marked for update
```
◄—— 因为刚安装 wget 软件包，所以暂时无更新可用
```
[root@localhost ~]# yum remove wget
```
◄—— 卸载 wget 软件包
```
Loaded plugins: fastestmirror
Resolving Dependencies
--> Running transaction check
---> Package wget.x86_64 0:1.14-18.el7_6.1 will be erased
--> Finished Dependency Resolution
...
Remove  1 Package
Installed size: 2.0 M
Is this ok [y/N]: y
```
◄—— 输入 y，确认卸载
```
Downloading packages:
Running transaction check
Running transaction test
```

```
Transaction test succeeded
Running transaction
  Erasing    : wget-1.14-18.el7_6.1.x86_64                    1/1
  Verifying  : wget-1.14-18.el7_6.1.x86_64                    1/1
Removed:
  wget.x86_64 0:1.14-18.el7_6.1   ◄── 这里提示已将 wget 软件包卸载
Complete!
[root@localhost ~]#
```

上面主要介绍了 yum 命令的基本用法，下面来介绍 rpm 命令的主要用法。rpm 是 Red Hat 公司为 Rad Hat Enterprise Linux 开发的专用包管理器，既可以对使用 yum 命令安装的软件包进行管理，也支持直接管理现有的.rpm 软件包文件（假定本书配套的 wget-1.14-18.el7_6.1.x86_64.rpm 文件已被上传至 CentOS/Rocky Linux 的/root 目录中，若没有上传，则需要先上传一下）。

`cd`	◇ 切换到当前用户的主目录，若已在，则忽略该步
`rpm -qi make`	◇ 查询软件包的详细信息，等效于 `yum info make`
`rpm -ql make`	◇ 查询软件包安装到系统中的文件列表
`rpm -qf /bin/ls`	◇ 查询指定文件来自哪个软件包
`ls wget*`	◇ 确认在当前目录下 wget 软件包是否存在

```
rpm -ivh wget-1.14-18.el7_6.1.x86_64.rpm
```
◇ 安装离线软件包（需事先上传至/root 目录中），等效于：
```
yum install wget-1.14-18.el7_6.1.x86_64.rpm
```

`rpm -ql wget`	◇ 查询 wget 软件包安装在系统中的文件列表
`rpm -e wget`	◇ 删除 wget 软件包，等效于 `yum remove wget`
`rpm -ql wget`	◇ 再次查询 wget 软件包安装在系统中的文件列表

```
[root@localhost ~]#
[root@localhost ~]# rpm -qi make
```
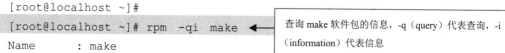
查询 make 软件包的信息，-q（query）代表查询，-i（information）代表信息

```
Name       : make
Epoch      : 1
Version    : 3.82
Release    : 24.el7
Architecture: x86_64
Install Date: Fri 21 Jul 2023 05:52:04 PM EDT
Group      : Development/Tools
Size       : 1160660
...
[root@localhost ~]# rpm -ql make
```
查询 make 软件包安装到系统中的文件列表，-l（list）代表列表

```
/usr/bin/gmake
/usr/bin/make
/usr/share/doc/make-3.82
/usr/share/doc/make-3.82/AUTHORS
...
[root@localhost ~]# rpm -qf /bin/ls
```

查询 ls 程序文件来自哪个软件包，-f（file）代表文件

```
coreutils-8.22-24.el7_9.2.x86_64
[root@localhost ~]# ls wget*
wget-1.14-18.el7_6.1.x86_64.rpm
[root@localhost ~]# rpm -ivh wget-1.14-18.el7_6.1.x86_64.rpm
Preparing...                      ################################ [100%]
Updating / installing...
   1:wget-1.14-18.el7_6.1         ################################ [100%]
[root@localhost ~]# rpm -ql wget
/etc/wgetrc
/usr/bin/wget
/usr/share/doc/wget-1.14
/usr/share/doc/wget-1.14/AUTHORS
/usr/share/doc/wget-1.14/COPYING
/usr/share/doc/wget-1.14/MAILING-LIST
...
[root@localhost ~]# rpm -e wget
[root@localhost ~]# rpm -ql wget
package wget is not installed
[root@localhost ~]#
```

> 安装离线软件包，-i（install）代表安装，-v（verbose）用于显示过程信息，-h（hash）表示用#显示进度

> 删除 wget 软件包，-e（remove）代表删除

> 提示 wget 软件包未安装（因为已被删除）

　　值得一提的是，在使用 rpm 命令安装离线软件包时，如果该软件包依赖于其他软件包，但其所依赖的软件包在系统中并不存在，此时安装就会失败。而 yum 命令是通过软件仓库的方式安装的，如果存在依赖包，则 yum 会在安装过程中自动将合适版本的依赖包安装进来，这也是绝大部分场合下推荐使用 yum 命令安装软件包的原因（在线或离线均可）。如果在特定的情况下只能使用 rpm 命令安装，就要将其所依赖的软件包一一安装好，并且使依赖包的版本满足要求。

　　最后，我们简单介绍一下 CentOS/Rocky Linux 的非官方软件仓库的用法。yum 命令默认是从官方的软件仓库中安装软件包的，基于稳定性的考虑，其中的软件版本相对来说比较旧。EPEL（Extra Packages for Enterprise Linux，企业版 Linux 的额外软件包）是由 Fedora 小组维护的一个软件仓库项目，包括大量 Red Hat Enterprise Linux/CentOS 等官方软件源默认不提供的软件包，EPEL 软件源兼容 Red Hat Enterprise Linux、CentOS、Rocky Linux 等衍生版本。借助EPEL，可以很容易地通过 yum 命令从 EPEL 软件源上获取上万个官方软件仓库中没有提供的软件包。在 CentOS/Rocky Linux 中，只需执行下面的命令即可安装 EPEL 库。

```
htop                         ◇ 尝试执行 htop 命令
yum install htop             ◇ 从 CentOS/Rocky Linux 官方软件仓库中无法安装 htop 软件包
yum -y install epel-release  ◇ 将 EPEL 软件源安装到系统中，-y 代表不用确认，直接安装
yum repolist                 ◇ 查看系统中的软件仓库列表
```

```
[root@localhost ~]#
[root@localhost ~]# htop
-bash: htop: command not found
[root@localhost ~]# yum install htop
Loaded: fastestmirror
```

> 因还未安装 htop 软件包，故提示找不到 htop 命令

```
Loading mirror speeds from cached hostfile
 * base: mirrors.qlu.edu.cn
 * extras: mirrors.bupt.edu.cn
 * updates: mirrors.bupt.edu.cn
No package htop available. ◄──── 因为官方软件仓库中不存在 htop 软件包，所以无法直接安装
Error : Nothing to do
```

```
[root@localhost ~]# yum -y install epel-release
```
```
Loaded plugins: fastestmirror
Loading mirror speeds from cached hostfile
...
Package          Arch        Version         Repository        Size
================================================================================
Installing:
 epel-release    noarch      7-11            extras            15 k
...
Running transaction
  Installing : epel-release-7-11.noarch              1/1
  Verifying : epel-release-7-11.noarch               1/1
Installed:
  epel-release.noarch 0:7-11
Complete!
```

```
[root@localhost ~]# yum repolist
```
```
Loaded plugins: fastestmirror
...
repo id              repo name                                status          EPEL 软件包数量
!base/7/x86_64       CentOS-7 - Base                          10,072
!epel/x86_64         Extra Packages for Enterprise Linux 7 - x86_64   13,767
!extras/7/x86_64     CentOS-7 - Extras                        518
!updates/7/x86_64    CentOS-7 - Updates                       5,176
repolist: 29,533  ◄──── 官方软件仓库和 EPEL 加起来共有约 3 万个软件包
[root@localhost ~]#
```

在 3.5.2 节的内容中，我们介绍了 top 命令的用法，实际上 Linux 还有一个更强大的 htop 命令，这个 htop 软件包在 EPEL 软件源中就有提供。当然，除了可以通过 EPEL 软件源安装，还可以下载 htop 的源代码进行编译安装。为简单起见，这里直接通过 EPEL 软件源安装 htop 软件包。

yum -y install htop	◇ 通过 EPEL 软件源安装 htop 软件包
htop	◇ 启动并运行 htop，按 q 键退出

```
[root@localhost ~]#
```
```
[root@localhost ~]# yum -y install htop
```
```
Loaded plugins: fastestmirror
Loading mirror speeds from cached hostfile
...
```

```
Installed:
  htop.x86_64 0:2.2.0-3.el7

Complete!

[root@localhost ~]# htop
  CPU[                              0.0%]   Tasks: 31, 17 thr; 1 running
  Mem[||||||||||||||||||||||       186M/972M]   Load average: 0.00 0.01 0.05
  Swp[                              0K/2.00G]   Uptime: 00:27:45

  PID USER      PRI  NI  VIRT   RES   SHR S CPU% MEM%   TIME+  Command
 1522 root       20   0  119M  2280  1488 R  0.0  0.2  0:00.05 htop
 1412 root       20   0  155M  6244  4740 S  0.0  0.6  0:00.26 sshd: root@pts/1
    1 root       20   0  125M  6648  4160 S  0.0  0.7  0:01.51 /usr/lib/systemd/systemd --swi
  481 root       20   0 37088  2920  2600 S  0.0  0.3  0:00.19 /usr/lib/systemd/systemd-journ
  498 root       20   0  124M  6144  2588 S  0.0  0.6  0:00.02 /usr/sbin/lvmetad -f
  510 root       20   0 48760  5276  2872 S  0.0  0.5  0:00.18 /usr/lib/systemd/systemd-udevd
  633 root       16  -4 55532   856   456 S  0.0  0.1  0:00.00 /sbin/auditd
  632 root       16  -4 55532   856   456 S  0.0  0.1  0:00.01 /sbin/auditd
  656 root       20   0 26384  1780  1468 S  0.0  0.2  0:00.04 /usr/lib/systemd/systemd-login
  663 polkitd    20   0  598M 11980  4916 S  0.0  1.2  0:00.00 /usr/lib/polkit-1/polkitd --no
  666 polkitd    20   0  598M 11980  4916 S  0.0  1.2  0:00.00 /usr/lib/polkit-1/polkitd --no
  667 polkitd    20   0  598M 11980  4916 S  0.0  1.2  0:00.00 /usr/lib/polkit-1/polkitd --no
  670 polkitd    20   0  598M 11980  4916 S  0.0  1.2  0:00.00 /usr/lib/polkit-1/polkitd --no
  671 polkitd    20   0  598M 11980  4916 S  0.0  1.2  0:00.00 /usr/lib/polkit-1/polkitd --no
  674 polkitd    20   0  598M 11980  4916 S  0.0  1.2  0:00.00 /usr/lib/polkit-1/polkitd --no
  657 polkitd    20   0  598M 11980  4916 S  0.0  1.2  0:00.05 /usr/lib/polkit-1/polkitd --no
  664 dbus       20   0 66452  2588  1892 S  0.0  0.3  0:00.00 /usr/bin/dbus-daemon --system
  659 dbus       20   0 66452  2588  1892 S  0.0  0.3  0:00.13 /usr/bin/dbus-daemon --system
  675 root       20   0  123M  1668  1032 S  0.0  0.2  0:00.30 /usr/sbin/crond -n
  680 chrony     20   0  115M  1736  1308 S  0.0  0.2  0:00.05 /usr/sbin/chronyd
  682 root       20   0 96572  2468  1808 S  0.0  0.2  0:00.16 login -- root
  816 root       20   0  350M 29516  7056 S  0.0  3.0  0:00.00 /usr/bin/python2 -Es /usr/sbin
  684 root       20   0  350M 29516  7056 S  0.0  3.0  0:00.78 /usr/bin/python2 -Es /usr/sbin
  701 root       20   0  621M 11144  6956 S  0.0  1.1  0:00.02 /usr/sbin/NetworkManager --no-
  704 root       20   0  621M 11144  6956 S  0.0  1.1  0:00.01 /usr/sbin/NetworkManager --no-
  693 root       20   0  621M 11144  6956 S  0.0  1.1  0:00.19 /usr/sbin/NetworkManager --no-
  819 root       20   0  100M  5496  3432 S  0.0  0.6  0:00.02 /sbin/dhclient -d -q -sf /usr/
F1Help  F2Setup F3Search F4Filter F5Tree  F6SortBy F7Nice -F8Nice +F9Kill  F10Quit
```

3.6.2 Ubuntu 软件包管理

目前主流的 Linux 发行版使用的软件包格式主要有两类，分别是.deb
和.rpm。其中，.rpm 是 Redhat 系列使用的软件包格式，.deb 是 Debian 系列使
用的软件包格式。由于 Ubuntu 是 Debian 的衍生版，因此其使用的也是.deb 软件包格式。

dpkg 是 Debian 使用的软件包管理工具，它的作用是解决本地的软件问题，用户需要手动
下载.deb 软件包文件才能进行安装。apt 的全称是 advanced packaging tool，支持自动下载、安
装、配置二进制或源代码格式的软件包，大大简化了软件包管理的过程。目前，Debian 及其衍
生版都包含 apt 工具。apt 工具实际上对应着一系列的命令，包括 apt-get、apt-cache、apt-config
等，同时有一个名为"apt"的命令。apt 命令实际上相当于其他几个命令的功能集成，因此本
节主要介绍 apt 命令的基本使用方法。

在 Ubuntu 中打开一个终端窗口，并执行以下命令。

`apt list`	◇ 显示软件仓库中包含的所有软件包
`apt list --installed`	◇ 显示已安装的软件包
`htop`	◇ 尝试执行 htop 命令
`apt search htop`	◇ 在 Ubuntu 软件仓库中按照 htop 关键字搜索软件包
`sudo apt install htop`	◇ 安装 htop 软件包（也可同时安装多个软件包）
`apt show htop`	◇ 显示 htop 软件包的详细信息
`dpkg -L htop`	◇ 显示 htop 软件包安装在系统中的各个文件路径
`dpkg -S /bin/ping`	◇ 搜索/bin/ping 命令来自哪个软件包
`sudo apt remove htop`	◇ 卸载/删除 htop 软件包
`sudo apt update`	◇ 更新 apt 软件源
`sudo apt upgrade`	◇ 升级系统中安装的软件包

```
demo@ubuntu-vm:~$
demo@ubuntu-vm:~$ apt list
```
list 代表显示软件仓库中包含的软件包，这里是显示全部

```
正在列表...
0ad-data-common/jammy,jammy 0.0.25b-1 all
...
zziplib-bin/jammy 0.13.72+dfsg.1-1.1 amd64
zziplib-bin/jammy 0.13.72+dfsg.1-1.1 i386
demo@ubuntu-vm:~$ apt list --installed
```
--installed 代表已安装到系统中的软件包

```
正在列表...
accountsservice/jammy-updates,jammy-security,now   22.07.5-2ubuntu1.4   amd64
[已安装，自动]
acl/jammy,now 2.3.1-1 amd64 [已安装，自动]
...
zerofree/jammy,now 1.1.1-1build3 amd64 [已安装，自动]
zip/jammy,now 3.0-12build2 amd64 [已安装，自动]
demo@ubuntu-vm:~$ htop
找不到命令"htop"，但可以通过以下软件包安装它：
sudo snap install htop  # version 3.2.2, or
sudo apt install htop   # version 3.0.5-7build2
输入 "snap info htop" 以查看更多版本。
```
当执行不存在的命令时，系统会有辅助提示，这也使得 Ubuntu 的易用性更好

```
demo@ubuntu-vm:~$ apt search htop
```
按照关键字从软件源中搜索

```
正在排序... 完成
全文搜索... 完成
aha/jammy 0.5.1-2 amd64
    ANSI color to HTML converter
bashtop/jammy,jammy 0.9.25-1 all
    Resource monitor that shows usage and stats
bpytop/jammy,jammy 1.0.68-1 all
    Resource monitor that shows usage and stats
btop/jammy 1.2.3-2 amd64
    Modern and colorful command line resource monitor that shows usage and stats
htop/jammy,now 3.0.5-7build2 amd64
    交互式进程查看器
libauthen-oath-perl/jammy,jammy 2.0.1-1 all
    Perl module for OATH One Time Passwords
pftools/jammy 3.2.11-2 amd64
    build and search protein and DNA generalized profiles
```
在安装软件包时需要通过 sudo 获取 root 权限，如果要同时安装多个软件包，则依次写在 install 之后即可

```
demo@ubuntu-vm:~$ sudo apt install htop
[sudo] demo 的密码：
```
这里可能需要输入 demo 账号的密码，输入时无显示，输完按回车键即可

```
正在读取软件包列表... 完成
正在分析软件包的依赖关系树... 完成
```

正在读取状态信息... 完成

...

正在解压缩 htop (3.0.5-7build2) ...

正在设置 htop (3.0.5-7build2) ...

...

```
demo@ubuntu-vm:~$ apt  show  htop
```

Package: htop

Version: 3.0.5-7build2

Priority: optional

Section: utils

Origin: Ubuntu

Maintainer: Ubuntu Developers <ubuntu-devel-discuss@lists.ubuntu.com>

Original-Maintainer: Daniel Lange <DLange@debian.org>

Bugs: https://bugs.launchp**.net/ubuntu/+filebug

Installed-Size: 342 kB

...

Description: 交互式进程查看器。htop 是一个基于 ncurse 的进程查看器，类似 top。但它允许用户水平或者垂直滚动列表以查看所有的进程与其完整的命令行。与进程相关的任务(kill、renice)可以不用输入进程号，直接在其中完成。

```
demo@ubuntu-vm:~$ dpkg  -L  htop
```
◀ -L 代表--listfiles，即显示 htop 软件包安装在系统中的各个文件路径

/.

/usr

/usr/bins

/usr/bin/htop

/usr/share

...

```
demo@ubuntu-vm:~$ dpkg  -S  /bin/ping
```
◀ -S 代表--search，即搜索包含指定文件的软件包

iputils-ping: /bin/ping

```
demo@ubuntu-vm:~$ sudo  apt  remove  htop
```
◀ 卸载 htop 包，需要通过 sudo 获取 root 权限，所以可能需要输入当前账号的密码

正在读取软件包列表... 完成

正在分析软件包的依赖关系树... 完成

正在读取状态信息... 完成

下列软件包将被【卸载】：

　htop

升级了 0 个软件包，新安装了 0 个软件包，要卸载 1 个软件包，有 183 个软件包未被升级。

解压缩后将会空出 342 kB 的空间。

您希望继续执行吗？ [Y/n] y ◀ 输入 y，确认卸载

(正在读取数据库 ... 系统当前共安装183906 个文件和目录。)

正在卸载 htop (3.0.5-7build2) ...

...

```
demo@ubuntu-vm:~$ sudo  apt  update
```
◀ 更新 apt 软件源，当修改了软件源地址时，需执行 update 命令才能使修改生效

```
命中:1 http://mirrors.tuna.tsingh**.edu.cn/ubuntu jammy InRelease
获取:2 http://mirrors.tuna.tsingh**.edu.cn/ubuntu jammy-updates
...
正在读取状态信息... 完成
有 183 个软件包可以升级。请执行'apt list --upgradable'来查看它们。
demo@ubuntu-vm:~$ sudo apt upgrade
正在读取软件包列表... 完成
正在分析软件包的依赖关系树... 完成
正在读取状态信息... 完成
正在计算更新... 完成
下列【新】软件包将被安装:
    firefox linux-headers-6.2.0-33-generic linux-hwe-6.2-headers-6.2.0-33
    ...
下列软件包的版本将保持不变:
    gjs libgjs0g
下列软件包将被升级:
...
需要下载 519 MB 的归档。
解压缩后会消耗 776 MB 的额外空间。
您希望继续执行吗？ [Y/n] n
...
demo@ubuntu-vm:~$
```

> 这里输入 n，放弃升级操作。
>
> 如果输入 y，则确认更新，可能需要较长时间来下载和安装软件包

从以上内容中可以看出，Ubuntu 中的 apt 命令与 CentOS/Rocky Linux 中的 yum 命令的用法基本是一致的，dpkg 命令与 rpm 命令的用法也非常相似。

随堂练习

（1）分别在 Ubuntu、CentOS、Rocky Linux 中查看 ls 命令来自哪个软件包，并列出这个软件包安装在系统中的各个文件路径。提示：可以通过 which 命令查看 ls 命令对应的程序文件。

（2）分别将 tree 软件包安装到 Ubuntu、CentOS、Rocky Linux 中，并在使用 apt、yum 命令时，加上 -y 参数直接进行安装。

3.7 Linux 网络管理

现在，人们在工作和生活中越来越依赖网络，因此操作系统对网络功能的支持和管理就显得非常重要。在 Linux 系统中，传统的网络管理是通过 network.service 服务来实现的。不过，目前大部分 Linux 发行版已经不再使用 network.service 服务，而是替换成使用 NetworkManager 服务了，这个服务不仅简化了有线和无线网络连接管理的工作，还能管理不同类型的网络。Linux 中有多个用于管理网络的工具和实用程序，不过需要明确的是，不同的 Linux 发行版使用的网络管理工具略有不同，所以本节主要介绍一些比较通用的命令行工具和实用程序。

3.7.1　基本网络命令

在 Linux 上常用的网络管理内容主要涉及网络接口信息、网络连通性、网络状况等，用到的命令包括 ip、ifconfig、netstat、route、tcpdump 等。不过，随着不同 Linux 发行版的不断升级，其中的部分命令被定义为已过时，默认情况下并没有被安装到系统中，但在实际工作中可能还会碰到，如 ifconfig 命令。因此，如果要继续使用它们，就必须单独安装一个名为 "net-tools" 的软件包，下面是安装方法，具体安装过程读者可自行完成。

```
*Ubuntu 系统:                          ◇ 安装名为 "net-tools" 的软件包
    sudo apt -y install net-tools
*CentOS/Rocky Linux 系统:
    yum -y install net-tools
```

接下来，我们在 Linux 终端中执行以下基本网络命令，以了解它们的使用方法。

```
ifconfig                              ◇ 查看当前活动接口的 IP 地址和状态
ip addr   或   ip a                   ◇ 查看网络接口设备的基本信息
nmcli                                 ◇ 显示网络运行状态和网卡基本信息
ethtool ens33                         ◇ 查看具体网卡的硬件参数
hostname                              ◇ 查看当前系统的主机名
hostnamectl                           ◇ 显示当前系统的主机名和基本信息
last                                  ◇ 查看用户账号的历史登录情况
lastlog                               ◇ 查看每个系统用户最近一次登录系统的时间
ping  www.taob**.com                  ◇ 测试目的主机的网络连通性
netstat -tnlp                         ◇ 显示处于监听模式的所有 TCP 端口及程序
ss  -ta                               ◇ 列出服务器上打开的所有 TCP 端口（套接字）

cat  /etc/resolv.conf                 ◇ DNS 配置信息保存的文件
cat  /etc/hosts                       ◇ IP 地址和其对应主机名配置信息保存的文件
```

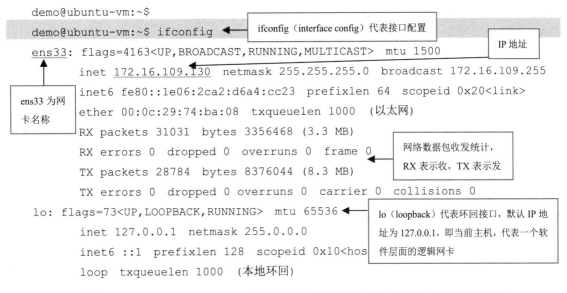

```
1: lo: <LOOPBACK,UP,LOWER_UP> mtu 65536 qdisc noqueue state UNKNOWN group
    link/loopback 00:00:00:00:00:00 brd 00:00:00:00:00:00
    inet 127.0.0.1/8 scope host lo
       valid_lft forever preferred_lft forever
    inet6 ::1/128 scope host
       valid_lft forever preferred_lft forever
2: ens33: <BROADCAST,MULTICAST,UP,LOWER_UP> mtu 1500 qdisc fq_codel state
    link/ether 00:0c:29:74:ba:08 brd ff:ff:ff:ff:ff:ff
    altname enp2s1
    inet 172.16.109.130/24 brd 172.16.109.255 scope global dynamic
       valid_lft 1217sec preferred_lft 1217sec
    inet6 fe80::1e06:2ca2:d6a4:cc23/64 scope link noprefixroute
       valid_lft forever preferred_lft forever
```

demo@ubuntu-vm:~$ nmcli ◄——

> nmcli 是一个易于使用、可编写脚本的命令行工具,用来报告网络运行状态、管理网络连接和控制 NetworkManager 服务的配置

```
ens33: 已连接 到 有线连接 1
        "Intel 82545EM"
        ethernet (e1000), 00:0C:29:74:BA:08, 硬件, mtu 1500
        ip4 默认
        inet4 172.16.109.130/24
        route4 172.16.109.0/24 metric 100
        route4 169.254.0.0/16 metric 1000
        route4 default via 172.16.109.2 metric 100
        inet6 fe80::1e06:2ca2:d6a4:cc23/64
        route6 fe80::/64 metric 1024

lo: 未托管
        "lo"
        loopback (unknown), 00:00:00:00:00:00, 软件, mtu 65536
DNS configuration:
        servers: 172.16.109.2
        domains: localdomain
        interface: ens33
```

使用 "nmcli device show" 获取关于已知设备的完整信息,使用"nmcli connection show" 获取活动连接配置集的概述。

完整的用法细节,可参考 nmcli(1) 和 nmcli-examples(7) 手册页。

demo@ubuntu-vm:~$ ethtool ens33 ◄——

> 查看具体网卡的硬件参数,ens33 是网卡名称,但该名称不是固定的,要根据实际系统而定（因为上面 ifconfig、ip addr、nmcli 这几条命令的输出信息都包含了 ens33 这个名称,所以这里用的就是 ens33）

```
Settings for ens33:
    Supported ports: [ TP ]
    Supported link modes:   10baseT/Half 10baseT/Full
                            100baseT/Half 100baseT/Full
                            1000baseT/Full
```

> 网卡支持的速率

```
    ...
```

```
       Advertised FEC modes: Not reported
       Speed: 1000Mb/s  ◄──── 当前网卡速率为1000Mb/s
       Duplex: Full
       Auto-negotiation: on
       ...
       Link detected: yes
```

```
demo@ubuntu-vm:~$ hostname
```
```
ubuntu-vm
```

```
demo@ubuntu-vm:~$ hostnamectl
```
```
 Static hostname: ubuntu-vm
       Icon name: computer-vm
         Chassis: vm
      Machine ID: 37acfc80bd9f4cc9ae98c1f04b1a0951
         Boot ID: a5af40d6a8ed458da44b0b30cbcaa43d
  Virtualization: vmware
Operating System: Ubuntu 22.04.2 LTS
          Kernel: Linux 6.2.0-39-generic
    Architecture: x86-64
 Hardware Vendor: VMware, Inc.
  Hardware Model: VMware Virtual Platform
```

```
demo@ubuntu-vm:~$ last
```
```
demo     pts/0        172.16.109.1    Sat Jan  6 20:22   still logged in
demo     pts/0        172.16.109.1    Sat Jan  6 20:18 - 20:20  (00:01)
demo     pts/0        172.16.109.1    Sat Jan  6 13:46 - 20:17  (06:31)
...
demo     tty2         tty2            Sun Dec 31 09:49 - down   (00:07)
reboot   system boot  6.2.0-39-generic Sun Dec 31 09:27 - 09:56  (00:29)
wtmp begins Sun Dec 31 09:27:55 2023
```

```
demo@ubuntu-vm:~$ lastlog
```
```
用户名          端口     来自            最后登录时间
root                                    **从未登录过**
...
demo          pts/0   172.16.109.1    周六 1月 6日 20:22:26 +0800 2024
sshd                                    **从未登录过**
abc                                     **从未登录过**
```

```
demo@ubuntu-vm:~$ ping  www.taob**.com  ◄──── ping（packet internet groper）代表数据包网络探索
```
```
PING www.taob**.com.danuoyi.tbcache.com (61.174.43.210) 56(84) bytes of data.
64 bytes from 61.174.43.210 (61.174.43.210): icmp_seq=1 ttl=128 time=11.9 ms
64 bytes from 61.174.43.210 (61.174.43.210): icmp_seq=2 ttl=128 time=17.9 ms
64 bytes from 61.174.43.210 (61.174.43.210): icmp_seq=3 ttl=128 time=12.5 ms
^C  ◄──── 按 Ctrl+C 快捷键终止，否则将一直持续 ping 下去
```

```
--- www.taob**.com.danuoyi.tbcache.com ping statistics ---
3 packets transmitted, 3 received, 0% packet loss, time 2004ms
rtt min/avg/max/mdev = 11.944/14.131/17.930/2.696 ms
demo@ubuntu-vm:~$ netstat -tnlp ◄
```

netstat 的全称为 net statistics，-tnlp 意为"查看 tcp 类型的监听程序"

（并非所有进程都能被检测到，所有非本用户的进程信息不会显示，如果想看到所有信息，则必须切换到 root 用户）

```
激活 Internet 连接（仅服务器）

Proto Recv-Q Send-Q Local Address       Foreign Address    State     PID/Program name
tcp      0      0    127.0.0.53:53        0.0.0.0:*          LISTEN    -
tcp      0      0    127.0.0.1:631        0.0.0.0:*          LISTEN    -
tcp      0      0    0.0.0.0:22           0.0.0.0:*          LISTEN    -
tcp6     0      0    ::1:631              :::*              LISTEN    -
tcp6     0      0    :::22                :::*              LISTEN    -
demo@ubuntu-vm:~$ ss -ta ◄
```

ss 的全称为 socket statistics，-ta 意为"查看所有 tcp 类型的监听程序"

```
State     Recv-Q  Send-Q   Local Address:Port       Peer Address:Port    Process
LISTEN    0       4096     127.0.0.53%lo:domain     0.0.0.0:*
LISTEN    0       128      127.0.0.1:ipp            0.0.0.0:*
LISTEN    0       12       0.0.0.0:ssh              0.0.0.0:*
ESTAB     0       0        172.16.109.130:ssh       172.16.109.1:64111
LISTEN    0       128      [::1]:ipp                [::]:*
LISTEN    0       128      [::]:ssh                 [::]:*
demo@ubuntu-vm:~$ cat /etc/resolv.conf
# This is /run/systemd/resolve/stub-resolv.conf managed by...
...
nameserver 127.0.0.53
options edns0 trust-ad
search localdomain
```

/etc/resolv.conf 是系统配置的 DNS 服务器，用于在域名和 IP 地址之间互相转换，可配置多个地址，每行显示一个

```
demo@ubuntu-vm:~$ cat /etc/hosts ◄
```

/etc/hosts 是本地配置的主机和 IP 地址映射表，类似 DNS 服务器的功能

```
127.0.0.1    localhost
127.0.1.1    ubuntu-vm
...
demo@ubuntu-vm:~$
```

以上列出的基本网络命令的用法比较灵活，读者在实际使用时可根据需要参考互联网上的相关资料和文档，目前只做基本的了解即可。

3.7.2 网络配置文件

在进行网络问题诊断时，我们经常会关注网络配置信息存放的位置，不幸的是，因为 Linux 不同发行版之间存在差异（碎片化），所以其网络配置信息所在的文件和位置都不太一样。同样地，网络配置信息需要修改的内容也不一样，甚至即便同一个 Linux 发行版的不同版本，也可能会不完全相同，这很容易让初学者产生困惑，因此有必要在此进行说明。

在 Ubuntu 中打开一个终端窗口，并执行以下命令。

```
cat /etc/netplan/01-network-manager-all.yaml
systemctl status NetworkManager
```

◇ 这里针对的是 Ubuntu 22.04 版本
◇ 查看 NetworkManager 服务的状态

demo@ubuntu-vm:~$

demo@ubuntu-vm:~$ cat /etc/netplan/01-network-manager-all.yaml

```
# Let NetworkManager manage all devices on this system
network:
  version: 2
  renderer: NetworkManager
```

demo@ubuntu-vm:~$ systemctl status NetworkManager

```
● NetworkManager.service - Network Manager
     Loaded: loaded (/lib/systemd/system/NetworkManager.service; enabled ...
     Active: active (running) since Tue 2023-09-19 21:13:16 CST; 1 day 14h ago
       Docs: man:NetworkManager(8)
   Main PID: 697 (NetworkManager)
      Tasks: 3 (limit: 2218)
     Memory: 7.5M
        CPU: 13.080s
     CGroup: /system.slice/NetworkManager.service
             └─697 /usr/sbin/NetworkManager --no-daemon
9 月 21 11:03:48 ubuntu-vm NetworkManager[697]: <info> [1695265428.9051] dhcp4
...
9 月 21 11:18:48 ubuntu-vm NetworkManager[697]: <info> [1695266328.9192]
dhcp4 (ens33): state changed new >
lines 1-21
```
◄── 可按上、下方向键浏览，按 q 键退出

demo@ubuntu-vm:~$

如果要手动配置 Ubuntu 的 IP 地址信息（包括 IP 地址、子网掩码、网关、DNS 服务器地址信息），那么要修改 01-network-manager-all.yaml 文件，下面展示的是一个具体的样例，其中的 IP 地址为 192.168.3.88，子网掩码为 24 位，网关为 192.168.3.1，DNS 服务器设置了 3 个地址，分别是 8.8.8.8、8.8.4.4 及 192.138.3.1。

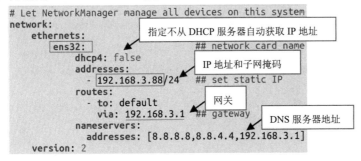

填写正确的 IP 地址信息（要依据所在的具体网络而定，而不是照抄样例中的内容）后，执行下面的重启服务命令使其立即生效。

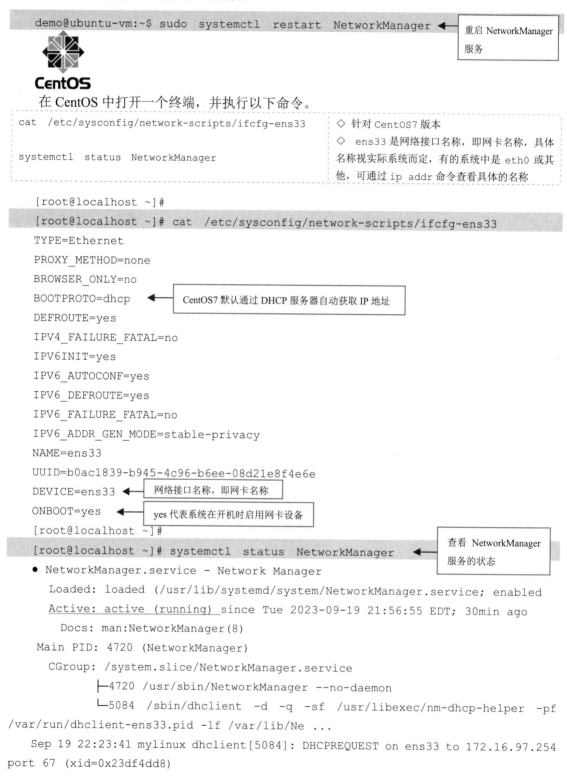

```
demo@ubuntu-vm:~$ sudo systemctl restart NetworkManager
```
重启 NetworkManager 服务

在 CentOS 中打开一个终端，并执行以下命令。

```
cat /etc/sysconfig/network-scripts/ifcfg-ens33

systemctl status NetworkManager
```

◇ 针对 CentOS7 版本
◇ ens33 是网络接口名称，即网卡名称，具体名称视实际系统而定，有的系统中是 eth0 或其他，可通过 ip addr 命令查看具体的名称

```
[root@localhost ~]#
[root@localhost ~]# cat /etc/sysconfig/network-scripts/ifcfg-ens33
TYPE=Ethernet
PROXY_METHOD=none
BROWSER_ONLY=no
BOOTPROTO=dhcp
DEFROUTE=yes
IPV4_FAILURE_FATAL=no
IPV6INIT=yes
IPV6_AUTOCONF=yes
IPV6_DEFROUTE=yes
IPV6_FAILURE_FATAL=no
IPV6_ADDR_GEN_MODE=stable-privacy
NAME=ens33
UUID=b0ac1839-b945-4c96-b6ee-08d21e8f4e6e
DEVICE=ens33
ONBOOT=yes
[root@localhost ~]#
[root@localhost ~]# systemctl status NetworkManager
```

CentOS7 默认通过 DHCP 服务器自动获取 IP 地址

网络接口名称，即网卡名称

yes 代表系统在开机时启用网卡设备

查看 NetworkManager 服务的状态

```
● NetworkManager.service - Network Manager
   Loaded: loaded (/usr/lib/systemd/system/NetworkManager.service; enabled
   Active: active (running) since Tue 2023-09-19 21:56:55 EDT; 30min ago
     Docs: man:NetworkManager(8)
 Main PID: 4720 (NetworkManager)
   CGroup: /system.slice/NetworkManager.service
           ├─4720 /usr/sbin/NetworkManager --no-daemon
           └─5084 /sbin/dhclient -d -q -sf /usr/libexec/nm-dhcp-helper -pf
/var/run/dhclient-ens33.pid -lf /var/lib/Ne ...

   Sep 19 22:23:41 mylinux dhclient[5084]: DHCPREQUEST on ens33 to 172.16.97.254
port 67 (xid=0x23df4dd8)
   ...
```

如果要手动配置 IP 地址，则可以使用 vi 编辑器修改 ifcfg-ens33 文件，并在其中填写合适的内容。下面给出一个具体的样例，其中的 IP 地址为 169.254.184.10，子网掩码为 255.255.255.0（即 24 位），网关为 169.254.184.2，DNS 服务器地址为 114.114.114.114。

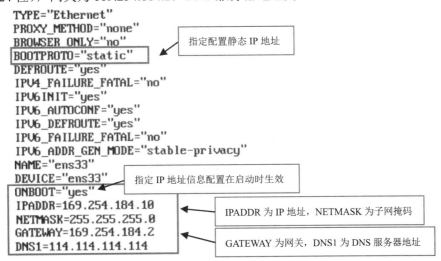

填写正确的 IP 地址信息（要依据所在的具体网络而定，而不是照抄样例中的内容）后，执行下面的重启服务命令使其立即生效。

```
[root@localhost ~]# systemctl  restart  NetworkManager ◀━━━ 重启 NetworkManager 服务
```

Rocky Linux

在 Rocky Linux 中打开一个终端，并执行以下命令。

```
cat /etc/NetworkManager/system-connections/ens33.nmconnection
systemctl  status  NetworkManager
```
◇ 针对 Rocky Linux 9.1 版本

◇ ens33 是网络接口名称，具体名称视实际系统而定，有的系统中是 eth0 或其他，可通过 ip addr 命令查看具体的名称

```
[root@localhost ~]#
[root@localhost ~]# cat /etc/NetworkManager/system-connections/ens33.nmconnection
[connection]
id=ens33
uuid=54e921a8-36ef-35ac-bd91-cb46862dbac0
type=ethernet
autoconnect-priority=-999
interface-name=ens33      ◀━━━ 网络接口名称
timestamp=1689981865


[ethernet]


[ipv4]
method=auto      ◀━━━ 默认通过 DHCP 服务器自动获取 IP 地址
```

```
[ipv6]
addr-gen-mode=eui64
method=auto

[proxy]
[root@localhost ~]# systemctl  status  NetworkManager  ◄─────  查看 NetworkManager 服务
● NetworkManager.service - Network Manager                      的状态
      Loaded: loaded (/usr/lib/systemd/system/NetworkManager.service; enabled)
      Active: active (running) since Sat 2023-08-26 22:05:33 CST; 3 weeks 4 days
        Docs: man:NetworkManager(8)
    Main PID: 745 (NetworkManager)
       Tasks: 3 (limit: 4450)
      Memory: 7.5M
         CPU: 10.691s
      CGroup: /system.slice/NetworkManager.service
              └─745 /usr/sbin/NetworkManager --no-daemon
...
lines 1-21/21 (END) ◄─────  可按上、下方向键浏览，按 q 键退出
[root@localhost ~]#
```

同样地，如果要手动配置 Rocky Linux 的 IP 地址信息，则要修改 ens33.nmconnection 文件，下面给出一个具体的样例。

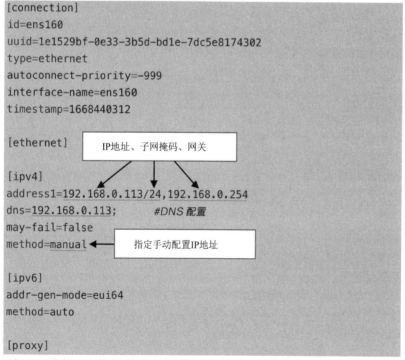

填写正确的 IP 地址信息（要依据所在的具体网络而定，而不是照抄样例中的内容）后，

执行下面的重启服务命令使其立即生效。

```
[root@localhost ~]# systemctl restart NetworkManager ◀── 重启 NetworkManager 服务
```

3.7.3　远程登录与文件下载

在 Windows 系统上，可以通过 MobaXterm 之类的客户端软件实现远程
连接到服务器的功能；在 Linux 系统上，可以使用 ssh 客户端命令远程连接到其他 Linux 服务器上进行操作。ssh 是 OpenSSH 软件包自带的一个客户端连接工具，通过 ssh 加密协议实现了安全地远程登录服务器的功能。为了演示 ssh 工具的用法，我们将同时开启 Ubuntu 和 Rocky Linux 虚拟机，并尝试在 Ubuntu 中远程登录 Rocky Linux 系统。在这里，Ubuntu 充当客户端的角色，Rocky Linux 则充当服务器端的角色，一旦登录成功，客户端上的各种操作命令，就会通过网络发送到服务器端上执行，服务器端执行命令后的输出信息也会被返回客户端显示。整个过程，犹如一套包含"键盘和显示器"的终端设备，借助网络连接到服务器上，这也是 Linux 远程登录的基本原理，如图 3-6 所示。

客户端　　　　　　中间网络　　　　　　Linux 服务器端

图 3-6　Linux 远程登录的基本原理

首先在 Rocky Linux 系统的终端中执行 ip addr 命令，查询它的具体 IP 地址，容易看出其 IP 地址为 172.16.109.131，记下这个 IP 地址，以便在 Ubuntu 远程登录时使用。

```
[root@localhost ~]# ip addr ◀── 在 Rocky Linux 系统中执行该命令
1: lo: <LOOPBACK,UP,LOWER_UP> mtu 65536 qdisc noqueue state UNKNOWN ...
    link/loopback 00:00:00:00:00:00 brd 00:00:00:00:00:00
    inet 127.0.0.1/8 scope host lo
       valid_lft forever preferred_lft forever
    inet6 ::1/128 scope host
       valid_lft forever preferred_lft forever
2: ens33: <BROADCAST,MULTICAST,UP,LOWER_UP> mtu 1500 qdisc fq_codel ...
    link/ether 00:0c:29:0f:8b:e2 brd ff:ff:ff:ff:ff:ff
    altname enp2s1               读者实际看到的 IP 地址可能与这里的不同，应以实际的 IP 地址为准，不能照抄
    inet 172.16.109.131/24 brd 172.16.109.255 scope global ... ens33
       valid_lft 1724sec preferred_lft 1724sec
    inet6 fe80::20c:29ff:fe0f:8be2/64 scope link noprefixroute
       valid_lft forever preferred_lft forever
```

在 Ubuntu 系统的终端窗口中，执行以下命令。

```
ssh root@172.16.109.131            ◇ ssh 是一个用来进行远程连接的客户端程序
```
◇ root 是用来远程登录 Rocky Linux 的用户账号，@后面是远程服务器的 IP 地址。若未明确指定登录账号，则默认使用 Ubuntu 当前的 demo 账号进行登录，比如 ssh 172.16.109.131 等价于 ssh demo@172.16.109.131。

在这种情况下，Rocky Linux 系统上必须存在一个名为 "demo" 的账号才行，否则无法登录。因此，在一般情况下会明确指定远程登录的账号，以避免混淆

```
demo@ubuntu-vm:~$
demo@ubuntu-vm:~$ ssh root@172.16.109.131
The authenticity of host '172.16.109.131 (172.16.109.131)' can't be established.
ED25519 key fingerprint is SHA256:2dOgcKTKkik5ULrFrMQGqAFfiMnRlQCdFK48EmgkoV8.
This key is not known by any other names
Are you sure you want to continue connecting (yes/no/[fingerprint])? yes
Warning: Permanently added '172.16.109.131' (ED25519) to the list of known hosts.
root@172.16.109.131's password:
```
◁ 输入远程登录账号的密码
◁ 首次连接，输入 yes，确认继续
```
Last failed login: Sat Jan  6 22:35:49 CST 2024 from 172.16.109.130 on ssh:notty
There was 1 failed login attempt since the last successful login.
Last login: Sat Jan  6 22:15:00 2024 from 172.16.109.1
[root@localhost ~]#
```
◁ 这里就是远程 Rocky Linux 的 Shell 界面（不属于 Ubuntu）
```
[root@localhost ~]#
[root@localhost ~]# cat /etc/os-release
NAME="Rocky Linux"
```
◁ 可进行 Rocky Linux 系统上的各种操作
```
VERSION="9.1 (Blue Onyx)"
ID="rocky"
ID_LIKE="rhel centos fedora"
VERSION_ID="9.1"
PLATFORM_ID="platform:el9"
PRETTY_NAME="Rocky Linux 9.1 (Blue Onyx)"
...
[root@localhost ~]#
[root@localhost ~]# exit
```
◁ 输入 exit，退出远程登录，回到 Ubuntu 终端窗口
```
logout
Connection to 172.16.109.131 closed.
demo@ubuntu-vm:~$
```
◁ 命令提示符已经变为 Ubuntu 的了

值得一提的是，上面举的例子是在 Ubuntu 中远程登录 Rocky Linux，实际上可以在任意不同的 Linux 上相互远程登录，只要被登录的 Linux 上运行了 sshd 服务就可以，甚至还能在 Linux 上 "远程登录自身"，其效果与远程登录其他 Linux 是类似的，只不过这种方式并没有实际意义，仅在需要执行某些功能测试时使用。

最后，简单介绍一下如何在 Linux 上进行文件的下载，其中经常用到的两个命令分别是 curl 和 wget，前者默认在 CentOS/Rocky Linux 中已安装，后者默认在 Ubuntu 中已安装，因此需要先在对应的系统上安装未安装的 curl 或 wget 软件包。

Ubuntu 系统:
```
sudo apt -y install curl        ◇ 在 Ubuntu 中安装 curl 软件包
```

CentOS/Rocky Linux 系统: 　yum -y install wget	◇ 在 CentOS/Rocky Linux 中安装 wget 软件包

　　在这里，curl 是一个利用 URL 规则在命令行中工作的文件传输工具，是一个很强大的命令，它支持文件的上传和下载，也是一个具有综合功能的网络传输工具，它几乎能够模拟浏览器的所有行为请求，同时可以模拟表单数据的发送（比如网页中的登录表单），只是习惯上人们仍认为 curl 是一个下载工具。wget 是一个强大的非交互式的网络下载工具，在使用上很灵活，比如支持断点续传等功能。

　　下面简单说明一下 curl 和 wget 命令的基本使用格式。

curl -o linux.html <某网址>	◇ -o（小写字母 o），代表 output，表示将对应网址的数据内容保存到指定的本地文件（linux.html 为示例文件名）中
curl -O <包含文件名的网址>	◇ -O（大写字母 O），代表 remote-name，表示将具体网址的数据内容下载到本地，并命名为网址中所含的文件名
wget <包含文件名的网址>	◇ 将具体网址的数据内容，按网址中所含的文件名下载到本地
wget -O linux.jpg <某网址>	◇ -O（大写字母 O），代表 output-document，表示将具体网址的数据内容保存到指定的本地文件（linux.jpg 为示例文件名）中

　　有关 curl 和 wget 命令的更多用法，读者可自行参考相关资料和文档。

3.7.4　文件远程复制

　　scp 是 secure copy 的缩写，用于在多个 Linux 系统之间复制文件和目录。它是一个基于 ssh 的安全远程文件复制命令，这个命令与本地的 cp 文件复制命令在使用上基本一致，最大的不同是，该命令要在复制的远程文件或目录路径前面增加主机信息（地址使用 IP 地址或主机名均可）。

　　为了演示这个命令的用法，我们需要同时运行两台 Linux 虚拟机，这里假定分别启动的是 CentOS 和 Ubuntu 虚拟机，且 Ubuntu 虚拟机的 IP 地址为 172.16.109.130（在 Ubuntu 上执行 ip addr 命令可进行查看）。下面准备在本地 CentOS 上将文件复制到远程 Ubuntu 中，并从远程 Ubuntu 上复制文件到本地 CentOS 中。其他 Linux 系统之间的文件复制方法与此处是一样的。

CentOS/Rocky Linux 系统: 　scp /etc/yum.conf demo@172.16.109.130:/home/demo/ 　scp -r /etc/audit/ demo@172.16.109.130:/home/demo/ 　scp demo@172.16.109.130:/home/demo/hello.txt ./ 　scp -r demo@172.16.109.130:/home/demo/snap/ ./	◇ 在本地 CentOS 上，将文件发送到远程 Ubuntu 中，并从远程 Ubuntu 上复制文件到本地 CentOS 中

◇ 这里用到了 2.6 节中在 Ubuntu 上创建的 hello.txt 文件，如果该文件不存在，则需要先在 Ubuntu 的 /home/demo 目录下创建一个名为 "hello.txt" 的文件

◇ 在执行 scp 命令时，指定的远程文件路径前面，需要加上形如 "demo@172.16.109.130:" 的主机信息，其中，demo 是远程主机的账号，@后面是远程主机的 IP 地址加一个冒号

```
[root@localhost ~]#
[root@localhost ~]# scp /etc/yum.conf demo@172.16.109.130:/home/demo/
The   authenticity   of   host   '172.16.109.130   (172.16.109.130)'   can't   be
established.
　ECDSA key fingerprint is SHA256:zvG0NRWpFAuvZEP7sq7WxTZm4cCxl5zoGJZI9CgJDtY.
　ECDSA key fingerprint is MD5:36:b7:08:70:45:91:e3:f5:9d:6f:5f:a8:25:cc:11:7e.
```

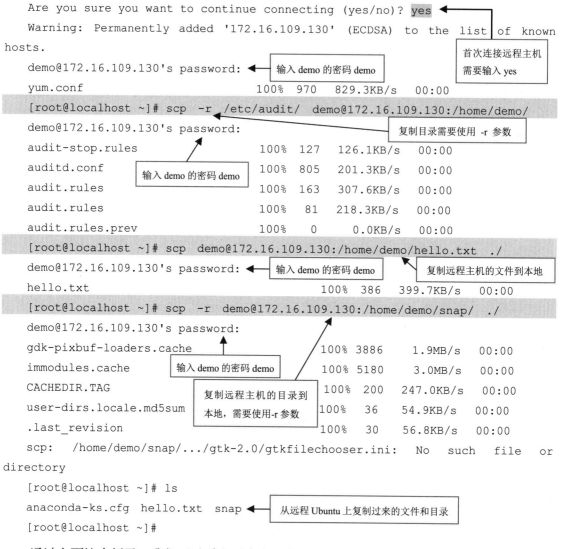

```
Are you sure you want to continue connecting (yes/no)? yes
Warning: Permanently added '172.16.109.130' (ECDSA) to the list of known
hosts.
demo@172.16.109.130's password:
yum.conf                                  100%  970    829.3KB/s    00:00
[root@localhost ~]# scp -r /etc/audit/ demo@172.16.109.130:/home/demo/
demo@172.16.109.130's password:
audit-stop.rules                          100%  127    126.1KB/s    00:00
auditd.conf                               100%  805    201.3KB/s    00:00
audit.rules                               100%  163    307.6KB/s    00:00
audit.rules                               100%   81    218.3KB/s    00:00
audit.rules.prev                          100%    0      0.0KB/s    00:00
[root@localhost ~]# scp demo@172.16.109.130:/home/demo/hello.txt ./
demo@172.16.109.130's password:
hello.txt                                 100%  386    399.7KB/s    00:00
[root@localhost ~]# scp -r demo@172.16.109.130:/home/demo/snap/ ./
demo@172.16.109.130's password:
gdk-pixbuf-loaders.cache                  100% 3886      1.9MB/s    00:00
immodules.cache                           100% 5180      3.0MB/s    00:00
CACHEDIR.TAG                              100%  200    247.0KB/s    00:00
user-dirs.locale.md5sum                   100%   36     54.9KB/s    00:00
.last_revision                            100%   30     56.8KB/s    00:00
scp:  /home/demo/snap/.../gtk-2.0/gtkfilechooser.ini: No such file or
directory
[root@localhost ~]# ls
anaconda-ks.cfg  hello.txt  snap
[root@localhost ~]#
```

首次连接远程主机需要输入 yes

输入 demo 的密码 demo

复制目录需要使用 -r 参数

输入 demo 的密码 demo

输入 demo 的密码 demo

复制远程主机的文件到本地

输入 demo 的密码 demo

复制远程主机的目录到本地，需要使用-r 参数

从远程 Ubuntu 上复制过来的文件和目录

通过上面这个例子，我们可以看出两个方面的信息。

（1）scp 命令在指定远程主机的路径时，需要使用"远程主机的账号 @ 远程主机的 IP 地址 : 文件或目录路径"这种格式，即要在复制的远程文件或目录路径前面增加主机信息（地址使用 IP 地址或主机名均可）。

（2）因为执行 scp 命令需要先使用账号登录远程主机，所以每次在执行时都需要输入对应的密码，如果要经常在两台主机之间复制文件或目录，则可以配置免密登录，这样可以省略每次输入密码的步骤。

因为上面的 scp 命令都是在 CentOS 上执行的，所以远程主机的路径中使用的都是 demo 账号。也就是说，我们是通过 demo 账号远程登录 Ubuntu 并进行文件的复制工作的。最后，我们可以检查一下 Ubuntu 的 demo 账号对应的主目录中的内容，其中，标记下画线的两项就是从 CentOS 上复制过来的文件和目录。

```
demo@ubuntu-vm:~$ ls
```

123	视频	下载	aa	cc	dbus-1.tar.gz	hello.txt	local		snap
公共的	图片	音乐	ab.txt	dbus-1	dbus-1.zip	hostname	-p		yum.conf
模板	文档	桌面	<u>audit</u>	dbus-1.tar	dbus-2	h.txt	services.zip		

随堂练习

（1）分别在 Ubuntu、CentOS、Rocky Linux 中查看各自的 IP 地址、网卡名称是什么。

（2）分别在 Ubuntu、CentOS、Rocky Linux 上，测试到 163 网站的网络状态是否通畅。

（3）使用 scp 命令，在 CentOS、Rocky Linux 之间实现文件、目录的相互复制。

（4）根据查询到的虚拟机 IP 地址，结合 VMware 虚拟网络编辑器的 IP 地址规划（参见 1.6 节），修改 Ubuntu、CentOS、Rocky Linux 这几台虚拟机的网络配置文件，将 IP 地址写到各自的网络配置文件中，并重启它们的 NetworkManager 服务，以便设置的固定 IP 地址生效，这样以后在重启虚拟机时，其 IP 地址就是固定的。

学习提示

本章后续内容，将主要以 CentOS/Rocky Linux 为例进行命令用法的演示，这些命令一般也适用于 Ubuntu（若遇到权限不足的情形，则可在命令之前添加 sudo 以获取 root 权限），若有其他差别，则会另行说明。

3.8　Linux 系统管理

在实际的生产环境中，Linux 系统必须能够可靠地运行，也就是要保证服务器的运行性能和安全状况符合实际需求，这也是系统管理员的主要任务，因此熟练掌握 Linux 系统的管理命令是非常关键的。为了便于后续的学习，这里简要介绍一下平时经常遇到的程序、进程、线程的概念。

所谓程序，是指被存放在磁盘上的可执行文件，即代码文件，包括二进制代码或可读的脚本；进程，则是指正在系统中运行的程序。我们以 Windows 的记事本为例，程序和进程的对应关系如图 3-7 所示，其中，左边是一个记事本程序文件，右边是系统中同时存在的 3 个正在运行的记事本进程。

图 3-7　程序和进程的对应关系

从本质上说，进程是一个动态的概念，而程序则是一个静态的概念。在程序文件被加载到内存中以"进程"的身份运行时，每个进程会被动态地分配系统资源，包括 CPU、内存，以及与之相关的状态切换（执行/等待/休眠）等，同一个程序文件可以被运行多次从而生成多个进程，这些进程会同时运行，并且相互独立，操作系统能够有效地管理和追踪所有正在运行的进程。线程，则可以被看成在一个进程内部运行的代码，这些代码被组织成多个部分，每个部分可以同时被 CPU 调度执行（想象一下，程序文件的代码被切分为多个部分，每个部分就相当于一个线程）。当程序文件执行时，通常至少存在一个主线程（即程序入口，一般是代码中的 main 函数）和若干个子线程，这些线程共同构成了一个进程运行的全部代码。以 Windows 为例，进程和线程相关的任务管理器信息如图 3-8 所示。

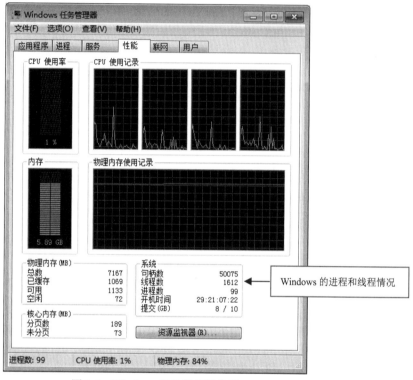

图 3-8　Windows 任务管理器信息

Linux 的系统管理涉及环境信息、时钟、进程、服务、文件系统挂载等方面，下面分别对常见的系统管理命令的用法进行介绍。

3.8.1　Linux 环境信息管理

Linux 的环境信息会直接影响在操作系统中运行的各种应用。例如，当我们在命令行提示符界面中输入 ls、cp、cat 等命令时，实际上它们对应的是一系列程序文件，而 PATH 是一个非常关键的环境变量，系统会从 PATH 环境变量设置的目录列表中搜索对应的程序文件。如果 PATH 环境变量设置得不正确，则将直接导致一些应用启动或运行期间出现异常，典型的就是"Command not found"错误。

在 CentOS/Rocky Linux 上使用下面的命令进行操作，以对系统环境有一个基本的了解。当然，在 Ubuntu 上进行操作也是可以的。

env	◇ 全称为 environment，用于显示当前用户的所有环境变量
env | grep LANG	◇ 查看当前系统环境变量中的 LANG 信息，即系统语言信息
echo $PATH	◇ 查看当前系统环境变量中的 PATH 环境变量的值

export KK="hello abc" echo $KK alias alias la='ll -a' which gzip whereis gzip	◇ 设置一个临时环境变量 KK，账号退出登录后失效 ◇ 查看 KK 环境变量的值 ◇ 查看系统中已设置的命令别名清单 ◇ 临时设置一个别名，账号退出登录后失效。若想要使其永久生效，则可以将其添加到 ~/.bashrc 文件的末尾 ◇ 定位指定命令所在的绝对路径 ◇ 查找命令对应的二进制程序、man 手册等相关文件的路径

```
[root@centos7-vm ~]#
[root@centos7-vm ~]# env                列出当前用户的所有环境变量
XDG_SESSION_ID=63
HOSTNAME=centos7-vm              主机名
SELINUX_ROLE_REQUESTED=
TERM=xterm         当前终端的类型
SHELL=/bin/bash                          当前 Shell 程序
HISTSIZE=1000
SSH_CLIENT=172.16.97.251 57669 22
SELINUX_USE_CURRENT_RANGE=
SSH_TTY=/dev/pts/0
USER=root          当前用户
LS_COLORS=rs=0:di=01;34:ln=01;36:mh=00:pi=40;33:so=01;35:do=01; ...
MAIL=/var/spool/mail/root
PATH=/usr/local/sbin:/usr/local/bin:/usr/sbin:/usr/bin:/root/bin
PWD=/root          当前工作目录
LANG=en_US.UTF-8
SELINUX_LEVEL_REQUESTED=           系统设置的环境语言
HISTCONTROL=ignoredups
SHLVL=1
HOME=/root         主目录
LOGNAME=root
SSH_CONNECTION=172.16.97.251 57669 172.16.97.250 22
LESSOPEN=||/usr/bin/lesspipe.sh %s
XDG_RUNTIME_DIR=/run/user/0
_=/usr/bin/env
[root@centos7-vm ~]# env | grep LANG        在 env 的输出信息中查找 LANG
LANG=en_US.UTF-8
[root@centos7-vm ~]# echo $PATH
/usr/local/sbin:/usr/local/bin:/usr/sbin:/usr/bin:/root/bin
[root@centos7-vm ~]# export KK="hello abc"
[root@centos7-vm ~]# echo $KK
hello abc
[root@centos7-vm ~]# alias
```

PATH 环境变量设置的目录列表，目录名之间以 ":" 分隔。在终端中输入一个不包含路径的命令时，默认会按照这个目录次序查找命令程序并执行

输出 PATH 环境变量的值。在终端中输入的命令就是从 PATH 环境变量值的路径列表中查找的

通过 "export" 设置临时环境变量，在使用时需要在环境变量前面加上$

```
alias cp='cp -i'
alias egrep='egrep --color=auto'
alias fgrep='fgrep --color=auto'
alias grep='grep --color=auto'
alias l.='ls -d .* --color=auto'
alias ll='ls -l --color=auto'
alias ls='ls --color=auto'
alias mv='mv -i'
alias rm='rm -i'
alias which='alias | /usr/bin/which --tty-only --read-alias  --show-dot
              --show-tilde'
```

在输入 ll 命令时，实际执行的是 ls 命令，对应 /usr/bin/ls 程序文件

```
[root@centos7-vm ~]# alias la='ll -a'
```

手动设置一个别名 la

```
[root@centos7-vm ~]# la
```

la 等效于 ll -a，相当于 ls -l -a -color=auto

```
total 744
dr-xr-x---.  6 root root   4096 Sep 20 18:49 .
dr-xr-xr-x. 17 root root    224 Jul 21 17:57 ..
-rw-------.  1 root root   1260 Jul 21 17:59 anaconda-ks.cfg
-rw-------.  1 root root   7054 Sep 20 20:20 .bash_history
-rw-r--r--.  1 root root     18 Dec 28  2013 .bash_logout
-rw-r--r--.  1 root root    176 Dec 28  2013 .bash_profile
-rw-r--r--.  1 root root    176 Dec 28  2013 .bashrc
...
[root@centos7-vm ~]# which  gzip
```

从环境变量 PATH 设置的目录列表中查找 gzip 命令的绝对路径

```
/usr/bin/gzip
[root@centos7-vm ~]# whereis  gzip
gzip: /usr/bin/gzip /usr/share/man/man1/gzip.1.gz
[root@centos7-vm ~]#
```

需要注意的是，这里通过 export 命令设置的临时环境变量，在账号退出登录后就会失效，想要让环境变量及别名等设置在系统中永久生效，不同 Linux 系统的处理方法略有差异。对 CentOS/Rocky Linux 系统来说，环境变量可以在/etc/profile、/etc/bashrc，以及用户主目录下的.bash_profile 和.bashrc 文件中设置；对 Ubuntu 系统来说，环境变量则可以在/etc/profile、/etc/bash.bashrc，以及用户主目录下的.profile 和.bashrc 文件中设置。在第 4 章的 Linux 系统应用实践案例中，将会用到其中的部分文件来设置环境变量。

3.8.2　Linux 时钟管理

我们比较熟悉 Windows 的时钟，Linux 时钟在概念上类似 Windows 显示的系统时间，但在时钟分类和设置上和 Windows 大相径庭。与 Windows 不同的是，Linux 将时钟分为系统时钟（System Clock，SC）和硬件时钟（Real Time Clock，RTC）两种类型。其中，系统时钟是指当前 Linux 内核中的时钟，而硬件时钟则是指主板上由电池供电的硬件 CMOS 时钟（可以在 BIOS 的 Standard BIOS Feture 项中进行设置）。这样的设计对普通用户来说意义不大，但对 Linux 网络管理员来说大有用处，特别是在将跨越不同时区的多台网络服务器进行时间同步时，系统

时钟和硬件时钟能提供灵活的操作。

既然 Linux 有两个时钟系统，那么默认使用哪一种呢？实际上，Linux 在启动时，会先从硬件时钟读取时间信息到系统时钟上，然后系统时钟就会独立于硬件时钟而运行。为了保持系统时钟与硬件时钟的一致性，Linux 每隔一段时间会自动将系统时钟写入硬件时钟。不过，由于该同步工作是每隔一段时间（大约是 11 分钟）进行一次，因此在修改了系统时钟后，如果马上重启 Linux，那么修改过的系统时钟有可能没有被写入硬件时钟，从而造成修改过的系统时钟未生效。因此，要确保系统时钟的修改永久生效，需要通过执行 clock 或 hwclock 命令来实现。

```
*CentOS/Rocky Linux 系统:
   date                               ◇ 查看当前系统时钟
   hwclock                            ◇ 查看当前硬件时钟，全称为 hardware clock
   date -s '2023-12-25 08:06:04'      ◇ 设置当前系统时钟
   hwclock -w                         ◇ 将当前系统时钟同步到硬件时钟上
   timedatectl                        ◇ 查看系统时钟的所有相关信息
   cal                                ◇ 查看当月的日历表
*Ubuntu 系统:
   date
   sudo hwclock                       ◇ 在 Ubuntu 上执行 hwclock 命令需要添加 sudo 来获取 root 权限
   date -s '2023-12-25 08:06:04'
   sudo hwclock -w
   timedatectl
   sudo apt install ncal              ◇ 在 Ubuntu 上需要先安装 ncal 包才能执行 cal 命令
   cal
```

```
[root@centos7-vm ~]#
[root@centos7-vm ~]# date
Wed Sep 20 22:05:01 EDT 2023
[root@centos7-vm ~]# hwclock
Mon 25 Dec 2023 08:07:50 AM EST  -0.785925 seconds
[root@centos7-vm ~]#
[root@centos7-vm ~]# date -s '2023-12-25 08:06:04'    ◀—— -s（set）用于设置系统时钟
Mon Dec 25 08:06:04 EST 2023
[root@centos7-vm ~]# hwclock -w    ◀—— -w（write）用于将系统时钟写入硬件时钟
[root@centos7-vm ~]# date
[root@centos7-vm ~]# timedatectl    ◀—— 使用 timedatectl 命令可以查看、控制 Linux 系统的日期和时间
      Local time: Mon 2023-12-25 08:47:30 EST
  Universal time: Mon 2023-12-25 13:47:30 UTC
        RTC time: Mon 2023-12-25 13:50:14
       Time zone: America/New_York (EST, -0500)
     NTP enabled: yes
NTP synchronized: no
 RTC in local TZ: no
      DST active: no
 Last DST change: DST ended at
```

```
                    Sun 2023-11-05 01:59:59 EDT
                    Sun 2023-11-05 01:00:00 EST
  Next DST change: DST begins (the clock jumps one hour forward) at
                    Sun 2024-03-10 01:59:59 EST
                    Sun 2024-03-10 03:00:00 EDT
```

[root@centos7-vm ~]# cal ◀─── cal（calendar）用于显示当月的日历表

```
        一月 2024
   日  一  二  三  四  五  六
       1   2   3   4   5   6
   7   8   9  10  11  12  13
  14  15  16  17  18  19  20
  21  22  23  24  25  26  27
  28  29  30  31
```

3.8.3 Linux 进程管理

无论是 Linux 系统管理员还是普通用户，监视系统进程的运行情况并适时终止一些失控的进程，都是他们每天的例行事务。特别是在将 Linux 作为生产服务器时，一旦出现整个系统资源将要被耗光的情况，就必须找出对系统产生明显影响的、有问题的进程，这些都是非常重要的工作。从概念上来说，进程是一个正在执行的程序，一个进程就是一个程序的实例。当用户输入一个命令并执行它时，系统会创建一个新的进程。此外，某些进程在运行时还可以启动一些新的进程，其被称为"子进程"，而当前进程就被称为"父进程"。例如，用户必须登录到 Shell 终端环境上才能执行命令，而 Linux 的标准 Shell 就是一个名为"bash"的程序。用户在 bash 中执行 ls 命令时，bash 就是父进程，因为 ls 命令是在 bash 进程中产生的进程，所以 ls 进程就是 bash 进程的子进程。也就是说，子进程是依赖父进程产生的，如果父进程不存在，那么子进程也不存在。

在 Linux 系统中，进程又被分为两种类型：前台进程和后台进程。用户使用终端命令或程序启动的进程，被称为前台进程，这意味着前台进程需要被一个来自用户的输入触发，所以每个前台进程都是手动触发的。当进程在前台运行时，会独占来自终端的键盘输入，直至当前进程运行完成。后台进程则是一个独立于用户输入的进程，要运行一个后台进程也很简单，只需在启动进程的命令末尾加一个"&"符号即可。当然，与前台进程不同的是，用户可以同时启动多个后台进程，类似 Windows 的服务。

Linux 中最基础的查看系统进程的命令，就是 ps（process，意为"进程"），它能显示出系统中当前正在运行的进程列表，包括进程 ID、命令名、CPU 使用量、内存使用情况等信息。除了 ps 命令，还有 pstree、top、htop、kill 等命令也经常被用来管理系统进程。

CentOS 系统:	◇ 在 CentOS 中安装 psmisc 软件包后才能使用 pstree 命令，
yum -y install psmisc	Rocky Linux/Ubuntu 默认已安装
pstree	◇ 以树状结构显示出所有用户当前运行的进程
ps	◇ 显示当前用户在终端上运行的进程
ps -awx	◇ 以加宽的方式显示系统中的所有进程
ps -awx | grep sshd	◇ 在系统的所有进程中搜索包含"sshd"的进程
sleep -200 &	◇ "&"符号代表以"后台进程"的方式执行 sleep 命令
ps -awx | grep sleep	◇ 查找 sleep 进程对应的 PID（假定为 2365）

```
kill  2365
```
◇ 终止 PID=2365 的进程。若终止失败，则可以使用-9 强制终止，
如 kill -9 2365

```
top   （略）
htop  （略）
```
◇ 实时查看进程的状态
◇ 参考 3.6 节

```
[root@centos7-vm ~]#
[root@centos7-vm ~]# pstree  ◀
```
以树状结构显示出所有用户当前运行的进程，树状结构为父、子进
程关系

```
systemd─┬─NetworkManager─┬─dhclient
        │                └─2*[{NetworkManager}]
        ├─anacron
        ├─auditd───{auditd}
        ├─chronyd
        ├─crond
        ├─dbus-daemon───{dbus-daemon}
        ├─firewalld───{firewalld}
        ├─login───bash  ◀
        ├─lvmetad
        ├─master─┬─pickup
        │        └─qmgr
        ├─polkitd───6*[{polkitd}]
        ├─rsyslogd───2*[{rsyslogd}]
        ├─sshd─┬─sshd───bash
        │      ├─2*[sshd───sftp-server]
        │      └─sshd───bash───pstree
        ├─systemd-journal
        ├─systemd-logind
        ├─systemd-udevd
        └─tuned───4*[{tuned}]
```
用户登录后运行的是 bash 进程，输入命令执行的程序都是
通过 bash 父进程来启动的

```
[root@centos7-vm ~]# ps  ◀
```
只显示当前用户运行的进程

```
   PID TTY          TIME CMD
  9735 pts/0    00:00:00 bash
  9984 pts/0    00:00:00 ps
```

```
[root@centos7-vm ~]# ps  -awx  ◀
```
-a 代表所有进程，-w 代表以加宽的方式显示，-x 代表显示命令路径

```
   PID TTY      STAT TIME  COMMAND
     1 ?        Ss   0:04  /usr/lib/systemd/systemd --switched-root --system
     2 ?        S    0:00  [kthreadd]
     4 ?        S<   0:00  [kworker/0:0H]
     6 ?        S    0:00  [ksoftirqd/0]
...
```

```
[root@centos7-vm ~]# ps  -awx  |  grep  sshd  ◀
```
在系统的所有进程中搜索包含 "sshd" 的进
程，ps 命令的参数符号 "-" 也可以省略

```
  1005 ?        Ss   0:00  /usr/sbin/sshd -D
  2095 ?        Ss   0:00  sshd: root@pts/0
```

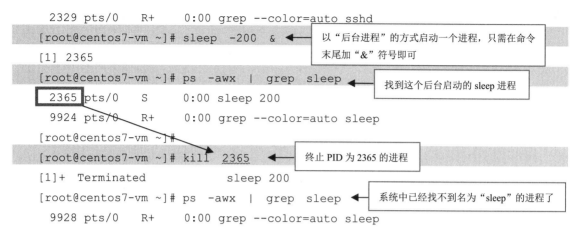

```
       2329 pts/0    R+      0:00 grep --color=auto sshd
[root@centos7-vm ~]# sleep -200  &
[1] 2365
[root@centos7-vm ~]# ps -awx | grep sleep
 2365 pts/0    S      0:00 sleep 200
 9924 pts/0    R+     0:00 grep --color=auto sleep
[root@centos7-vm ~]#
[root@centos7-vm ~]# kill 2365
[1]+  Terminated              sleep 200
[root@centos7-vm ~]# ps -awx | grep sleep
 9928 pts/0    R+     0:00 grep --color=auto sleep
```

以"后台进程"的方式启动一个进程，只需在命令末尾加"&"符号即可

找到这个后台启动的 sleep 进程

终止 PID 为 2365 的进程

系统中已经找不到名为"sleep"的进程了

kill 命令用于发送"终止"信号终止进程，如果一个进程没有响应 kill 命令，那么还可以使用"–9"参数强制终止它，即 kill -9 <PID>。不过，在强制终止进程时，因为进程没有机会进行一些善后的处理工作，比如没有完成写入文件，这将导致数据丢失，所以在使用时还需谨慎。此外，如果想通过进程的名字直接终止一组进程，那么可以使用 killall 或 pkill 命令来实现，比如 killall java 或 pkill java 就可以终止进程中所有名为"java"的进程。无论使用哪种方式终止进程，在实际应用中都要特别小心，否则可能导致正常运行的进程被终止。

3.8.4 Linux 服务管理

所谓服务（Service），是指那些常驻内存且在后台运行的程序。它们可以提供一些网络或其他特定服务的功能，在 Linux 中将各种服务对应的进程称为 daemon（守护进程）。在 Windows 系统启动后，默认有多个自动在后台运行的服务，如 Spooler 打印服务，如图 3-9 所示。

图 3-9　Windows 中的 Spooler 打印服务

现在越来越多的 Linux 发行版使用 systemd 作为 Linux 系统的服务管理器。systemd 是一个新的 Linux 初始化系统（类似早期的 init），它的设计目的就是提高系统的启动速度，具备类似功能的服务管理器还包括 sysv 和 upstart，但现在已基本被 systemd 全面替代，Ubuntu 15.04 和 CentOS 7.x 之后的版本都切换成 systemd 了。如果要在 Linux 系统中显示、启动、停止、启用/禁用及重启服务，那么可以使用 systemctl 命令，该命令属于 systemd 的一部分。

CentOS/Rocky Linux 系统：	
`systemctl --type=service`	◇ 显示 Linux 系统中的所有服务
`systemctl status firewalld`	◇ 查询防火墙 firewalld 服务的运行状态
`systemctl stop firewalld`	◇ 停止运行指定的服务
`systemctl start firewalld`	◇ 启动某个服务
`systemctl reload firewalld`	◇ 重新加载服务，在修改配置文件时使用
`systemctl disable firewalld`	◇ disable 用于禁用服务，启用服务的命令是 enable
Ubuntu 系统：	
`systemctl --type=service`	
`systemctl status ufw`	◇ Ubuntu 的防火墙服务名称是 ufw
`sudo systemctl stop ufw`	◇ 在 Ubuntu 中对服务程序进行控制时，需要使用 sudo
`sudo systemctl start ufw`	获取 root 权限
`sudo systemctl reload ufw`	
`sudo systemctl disable ufw`	

```
[root@centos7-vm ~]#
[root@centos7-vm ~]# systemctl --type=service

UNIT                       LOAD   ACTIVE SUB     DESCRIPTION
auditd.service             loaded active running Security Auditing Service
chronyd.service            loaded active running NTP client/server
crond.service              loaded active running Command Scheduler
dbus.service               loaded active running D-Bus System Message Bus
firewalld.service          loaded active running firewalld - dynamic firewall daemon
getty@tty1.service         loaded active running Getty on tty1

  ...

[root@centos7-vm ~]# systemctl status firewalld

● firewalld.service - firewalld - dynamic firewall daemon
   Loaded: loaded (/usr/lib/systemd/system/firewalld.service; enabled; vendor preset: enabled)
   Active: active (running) since 六 2024-01-06 10:05:48 EST; 7h ago
     Docs: man:firewalld(1)
 Main PID: 684 (firewalld)
   CGroup: /system.slice/firewalld.service
           └─684 /usr/bin/python2 -Es /usr/sbin/firewalld --nofork --nopid

1月 06 10:05:47 localhost.localdomain systemd[1]: Starting firewalld - dynamic firewall daemon...
1月 06 10:05:48 localhost.localdomain systemd[1]: Started firewalld - dynamic firewall daemon.
1月 06 10:05:48 localhost.localdomain firewalld[684]:
Hint: Some lines were ellipsized, use -l to show in full.

[root@centos7-vm ~]# systemctl stop firewalld
[root@centos7-vm ~]# systemctl start firewalld
[root@centos7-vm ~]# systemctl reload firewalld
[root@centos7-vm ~]# systemctl disable firewalld
```

禁用 firewalld 服务后，再开机就不会自动运行了

```
Removed symlink /etc/systemd/system/multi-user.target.wants/firewalld.service.
Removed symlink /etc/systemd/system/dbus-org.fedoraproject.FirewallD1.service.
```

```
[root@centos7-vm ~]#
```

Linux 的 systemd 服务管理器的配置目录主要包括以下 3 个。

- /usr/lib/systemd/system：用于设置每个服务最主要的启动脚本。
- /run/systemd/system：用于存放系统执行过程中产生的服务脚本，这些脚本的执行优先级要比/usr/lib/systemd/system 高。
- /etc/systemd/system：用于存放系统管理员依据主机系统的需求所创建的执行脚本，这些脚本的执行优先级要比/run/systemd/system 高。

其中，在/etc/systemd/system 目录下存放的是需要开机执行的服务，该目录下有大量链接文件，它们都是链接到/usr/lib/systemd/system 目录的，/usr/lib/systemd/system 目录下的文件是 systemd 实际启动时的服务脚本文件。

3.8.5 Linux 文件系统挂载

在 Linux 中"一切皆文件"，所有文件都被放置在以根目录"/"为树根的树状结构中。因此任何硬件设备都是文件，它们各自有一套文件系统（即目录结构），由此产生的问题是，在 Linux 中使用这些硬件设备时，需要将 Linux 本身的文件目录与硬件设备的文件目录合二为一，这个"合二为一"的过程被称为"挂载"，目的就是将硬件设备中的顶级目录连接到 Linux 的某一子目录（最好是空目录）下，这样访问子目录的内容就等同于访问硬件设备的内容。不过，并不是 Linux 根目录下的任何一个子目录都可以作为挂载点，这是因为挂载操作会使这个子目录自身包含的文件被隐藏，所以，不能把根目录，以及构成 Linux 的"非空子目录"作为挂载点，否则可能会造成系统异常甚至崩溃的问题。因此，挂载点最好是使用 mkdir 命令新建的空目录，以避免作为挂载点的目录被其他进程使用，而且习惯上会将外部硬件设备挂载的目录放置在/mnt 目录下。

为方便读者理解 Linux 中挂载的含义，给出以下示例。假定有一个磁盘被分成若干个分区，其中，sda1 和 sda2 分区在安装 Linux 时被分别指定挂载到"/"根目录和"/boot"目录下，sda5 和 sda6 分区被分别指定挂载到"/home"和"/tmp"目录下，相当于这些目录都对应单独的磁盘分区，类似 Windows 中 C:、D:、E:的"盘符"功能，如图 3-10 所示。

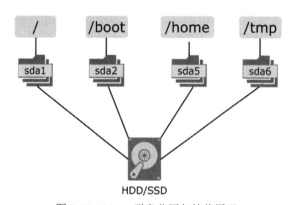

图 3-10　Linux 磁盘分区与挂载原理

由于本书是使用 Linux 虚拟机的方式进行讲解的，因此不太方便以硬件设备为例来讲解挂载操作，比如要将 U 盘、移动硬盘挂载到 Linux 的文件系统中就不好演示。考虑到光盘镜像实际上相当于一张光盘，所以接下来就以光盘镜像为例，介绍文件系统的挂载和卸载操作，其他类型的挂载和卸载操作与此基本类似。假定已将本书配套资源中名为"winpe3.3_boot.iso"的光盘镜像（其他光盘镜像亦可以使用）上传至 CentOS/Rocky Linux 的/root 目录或 Ubuntu 的主目录中，接下来执行下面的命令进行操作。

```
cd                                              ◇ 切换到当前用户的主目录，若已在，则忽略该步
ll *.iso                                        ◇ 确认准备挂载的光盘镜像是否存在
*CentOS/Rocky Linux 系统:
  mkdir -p /mnt/winpe
  mount -o loop -t iso9660 winpe3.3_boot.iso /mnt/winpe
*Ubuntu 系统:
  sudo mkdir -p /mnt/winpe
  sudo mount -o loop -t iso9660 winpe3.3_boot.iso /mnt/winpe
◇ 使用 mount 命令可将光盘镜像挂载到/mnt/winpe 目录中，各参数的含义稍后解释
df -h                                           ◇ 查看文件系统的磁盘使用情况
ll /mnt/winpe
cp /mnt/winpe/SkyIAR_v2.exe ./                  ◇ 复制光盘镜像里面的文件到当前目录中
*CentOS/Rocky Linux 系统:
  umount /mnt/winpe                             ◇ 将挂载的硬件设备从系统中卸载
*Ubuntu 系统:
  sudo umount /mnt/winpe
ls /mnt/winpe
```

```
[root@centos7-vm ~]#
[root@centos7-vm ~]# ll winpe3.3_boot.iso
-rw-r--r--. 1 root root 115419136 1月  7 2024 winpe3.3_boot.iso
[root@centos7-vm ~]#
[root@centos7-vm ~]#
[root@centos7-vm ~]# mkdir -p /mnt/winpe
[root@centos7-vm ~]# mount -o loop -t iso9660 winpe3.3_boot.iso /mnt/winpe
mount: /dev/loop0 is write-protected, mounting read-only
[root@centos7-vm ~]#
[root@centos7-vm ~]#
[root@centos7-vm ~]# df -h
Filesystem               Size   Used   Avail   Use%   Mounted on
devtmpfs                 475M      0    475M     0%   /dev
tmpfs                    487M      0    487M     0%   /dev/shm
tmpfs                    487M    20M    467M     5%   /run
tmpfs                    487M      0    487M     0%   /sys/fs/cgroup
/dev/mapper/centos-root   17G   1.8G     16G    11%   /
/dev/sda1               1014M   139M    876M    14%   /boot
tmpfs                     98M      0     98M     0%   /run/user/0
/dev/loop0               111M   111M       0   100%   /mnt/winpe
[root@centos7-vm ~]# ll /mnt/winpe
total 23832
```

创建 winpe 目录，习惯上是将挂载点放在/mnt 目录中，mnt 是 mount 的缩写

设备挂载（需要拥有 root 权限），-o（option）代表选项，-t（types）代表文件系统类型，loop 代表把一个文件当成磁盘分区挂载到 Linux 中，iso9660 是光盘文件系统

挂载的设备名

光盘镜像的挂载点

光盘镜像结构对应/mnt/winpe 目录

```
dr-xr-xr-x. 1 root root     2048  Dec 18  2021 7777
-r-xr-xr-x. 1 root root   383562  Jan   1  2011 BOOTMGR
-r-xr-xr-x. 1 root root 24017408  Mar 24  2016 SkyIAR_v2.exe
[root@centos7-vm ~]# cp /mnt/winpe/SkyIAR_v2.exe ./    操作 winpe 目录就是使用设备
[root@centos7-vm ~]#
[root@centos7-vm ~]# umount /mnt/winpe    卸载设备，被卸载的目录不能处于使用状态（比
[root@centos7-vm ~]#                        如，当前目录不能在被卸载的目录中）
[root@centos7-vm ~]# ls /mnt/winpe    目录被卸载后，恢复为空目录
[root@centos7-vm ~]#
```

我们来简单归纳一下 mount 挂载命令的使用方法，它的可用参数比较多，基本的使用格式如下：

```
mount  [-t vfstype]  [-o options]  device  dir
```

（1）-t vfstype 用来指定文件系统的类型，也可以省略，mount 命令会自动选择正确的类型，常见的文件系统类型如下。

- 光盘或光盘镜像：iso9660。
- DOS FAT16 文件系统：msdos。
- Windows 9x FAT32 文件系统：vfat。
- Windows NT NTFS 文件系统：ntfs。
- Windows 网络文件共享：smbfs。
- UNIX/Linux 网络文件共享：nfs。

（2）-o options 主要用来描述设备或档案的挂载方式，常用的参数值如下。

- loop：用来把一个文件当作磁盘分区挂载到系统上。
- ro：采用只读方式挂载设备。
- rw：采用读/写方式挂载设备。
- iocharset：用来指定访问文件系统所用的字符集。

（3）device 是指要挂载的设备。

- 光驱设备是/dev/sr0，光盘镜像是 ISO 文件。
- 可通过 fdisk -l 命令查看 U 盘或移动硬盘的名称。

（4）dir 是设备在系统上的挂载点，即挂载目录，通常是/mnt 目录下的某个空目录。

3.9 Linux 用户管理

3.9.1 Linux 的多用户机制

现代的操作系统上普遍存在"用户"的概念，当然，Linux 也不例外。Linux 允许使用者在系统上通过规划不同类型、不同层级的用户，公平地使用系统资源与工作环境。Linux 与 Windows 的最大不同之处在于，Linux 允许多个用户同时登录主机，并同时使用主机的资源，因此 Linux 也被称为多用户系统。基于此，读者需要先了解 Linux 对用户和用户组的规划，这样才能更好地理解 Linux 作为多用户、多任务系统的优势所在。

Linux 作为多用户系统，如何区分不同用户对文件的访问权限，就成为一个必须认真对待的问题。例如，用户 A 希望自己的个人文件不被其他用户读取，如果不对该文件进行访问权限设置，则登录到同一主机上的用户 B 也可以读取到用户 A 的个人文件，显然这是不合理的。因此，Linux 就以"用户"和"用户组"的概念来建立用户与文件访问权限之间的联系，从而保证系统能够充分地考虑每个用户的文件保护方式，这也在很大程度上保障了 Linux 作为多用户系统的可行性。

从文件访问权限的角度出发，用户和用户组被引申为 3 个具体的范畴：文件属主、用户组、其他用户。当用户 A 创建一个文件后，他默认就是这个文件的属主，即所有者，对文件拥有最高权限（文件属主有且只有一个），文件属主可以开放或取消某些访问权限，这就是Linux 能够保护用户个人隐私的关键原因。如果仅仅是区分"文件属主"和"其他人"这两类，那么文件属主一旦对其他人开放访问权限后，所有的其他人均能查看、修改文件。为了实现只对部分用户开放访问权限的目的，Linux 引入了"用户组"的概念。Linux 的多用户机制如图 3-11 所示。

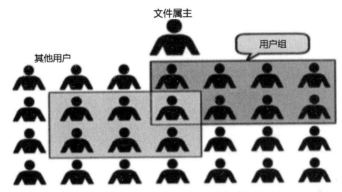

图 3-11　Linux 的多用户机制

在将"其他人"细分为"用户组"和"其他用户"这两类之后，若文件属主只希望对部分用户开放读/写权限，而对其他人继续保持私有，则只需要将这部分用户与文件属主划入到同一个用户组中，这部分用户就成了与文件属主同组的"用户组"成员（一个用户可在多个用户组中）。文件属主可以对用户组成员开放特定的文件访问权限，这样用户组成员就具备查看、修改文件的权限，而对其他无关用户仍可保持私有。例如，用户组机制在团队开发中非常有用，如果希望团队成员之间可以实现文件资源共享，而对非团队成员保持私有，就需要将文件属主与团队成员用户划分到同一个用户组中，并对这个用户组开放访问权限。至于"其他用户"，顾名思义，就是系统上与文件属主、用户组成员没有任何联系的其他用户。文件属主、用户组、其他用户分别对应的文件访问权限表示如图 3-12 所示。

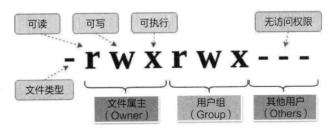

图 3-12　文件属主、用户组、其他用户分别对应的文件访问权限表示

最后，介绍一下 Linux 系统中的一个具有最高权限的用户，即 root 用户。root 用户是系统中唯一的超级管理员，拥有系统的所有权限，可以执行任何想要执行的操作，即使明确设置了 root 用户对文件无操作权限，也是无效的。root 用户所在的组被称为"root 组"，在 root 组中的普通用户，可以通过 sudo 命令获取 root 权限。出于安全考虑，一般情况下并不推荐直接使用 root 用户进行操作，只不过在目前学习阶段为了方便，我们都是使用 root 用户直接在 Linux 上进行操作的（Ubuntu 默认禁止使用 root 用户直接登录系统，这就是为什么通过 demo 用户登录 Ubuntu 的原因，当然用户是可以修改这一限制的）。

3.9.2　Linux 用户账号管理

Linux 是一个多用户、多任务的分时操作系统，任何一个要使用系统资源的用户，都必须先通过 root 系统管理员来注册一个账号（每个用户账号拥有唯一的用户名和对应的密码），然后以这个账号身份登录系统。设置用户账号，一方面有助于对"使用系统的用户"进行跟踪，控制他们对系统资源的访问权限；另一方面可以帮助用户组织文件，为这些用户提供安全性保护。当用户在登录界面中输入正确的用户名和密码后，即可进入 Linux 系统和自己的主目录。

Linux 的用户账号管理主要有 3 个方面，即用户账号的添加、删除与修改，用户密码的管理，用户组的管理。在管理用户账号时，Linux 会将用户账号、密码等相关的信息分别存储在如下 4 个文件中。

- /etc/passwd：用户账号信息。
- /etc/shadow：用户密码信息（经过加密）。
- /etc/group：用户组的相关信息。
- /etc/gshadow：用户组管理员的相关信息。

在这些文件中，每行代表一个用户或一个用户组，其中存储了用户或用户组的相关信息。

仍以 CentOS/Rocky Linux 为例，执行下面的命令进行操作。在 Ubuntu 中，由于执行与用户管理相关的命令需要拥有 root 权限才能操作，因此要在每条命令之前都加上一个 sudo，这显得有点烦琐，此时可以先执行 sudo -s 命令切换到 Ubuntu 的 root 用户的 Shell 终端环境中（一般并不建议这样做，尽量只在需要的时候临时在命令前加上 sudo 获取 root 权限，以减少误操作的可能性，否则限制 root 用户直接登录就失去意义了）。

Ubuntu 系统: 　sudo -s 　cd /root	◇ Ubuntu 可临时切换至 root 用户的 Shell 终端环境中进行下面的操作，以避免在每条命令之前都添加 sudo
cat /etc/passwd	◇ 查看系统中现有的用户账号，每行以":"分隔用户账号
cat /etc/group	◇ 查看系统中现有的用户组，每行以":"分隔用户组
useradd t1	◇ 新增账号 t1
useradd -m -d /home/sammy t2	◇ 新增账号 t2 并指定主目录（目录不存在则自动创建）
ll /home	
userdel t2　或　userdel -r t2	◇ 删除账号 t2，或连同主目录一起删除（需谨慎）
passwd t1	◇ 设置 t1 账号的登录密码，假定设为 1234
su t1	◇ 临时切换到 t1 账号，但环境变量仍然是当前账号，且工作目录不变
exit	

| su - t1
exit | ◇ 切换到 t1 账号，并改变为 t1 账号的环境变量，且当前工作
目录变为/home/t1 |

```
[root@centos7-vm ~]#
```

```
[root@centos7-vm ~]# cat  /etc/passwd
```

```
root:x:0:0:root:/root:/bin/bash
bin:x:1:1:bin:/bin:/sbin/nologin
daemon:x:2:2:daemon:/sbin:/sbin/nologin
adm:x:3:4:adm:/var/adm:/sbin/nologin
lp:x:4:7:lp:/var/spool/lpd:/sbin/nologin
sync:x:5:0:sync:/sbin:/bin/sync
shutdown:x:6:0:shutdown:/sbin:/sbin/shutdown
halt:x:7:0:halt:/sbin:/sbin/halt
...
```

每行数据格式代表的含义如下。
第 1 列：用户名；
第 2 列：用户密码，仅有一个 x 占位符，具体密码被保存在 shadow 文件中；
第 3 列：UID，唯一标识；
第 4 列：所属"用户组"的 GID；
第 5 列：备注信息；
第 6 列：用户的主目录，用户登录系统时自动进入该目录；
第 7 列：Shell 终端环境，nologin 代表在系统内部使用，不允许登录

用户名　UID　备注信息　Shell终端环境
root:x:0:0:root:/root:/bin/bash
用户密码占位符　GID　用户的主目录

```
[root@centos7-vm ~]# cat  /etc/group
```

```
root:x:0:
bin:x:1:
daemon:x:2:
sys:x:3:
adm:x:4:
tty:x:5:
disk:x:6:
...
```

每行数据格式代表的含义如下。
第 1 列：用户组的组名；
第 2 列：用户组密码，仅有一个 x 占位符，密码被保存在 gshadow 中（一般不需要设置用户组的密码）；
第 3 列：GID，用户组唯一标识；
第 4 列：用户组组成员，若为空，则代表无

```
[root@centos7-vm ~]# useradd  t1
[root@centos7-vm ~]# useradd  -m  -d  /home/sammy  t2
[root@centos7-vm ~]# ll  /home
```

-m 代表--create-home，
-d 代表--home-dir

```
total 0
drwx------. 2 abc  abc  62 Dec 20 10:00 abc
drwx------. 2 t2   t2   62 Dec 25 16:38 sammy
drwx------. 2 t1   t1   62 Dec 25 16:37 t1
```

sammy 和 t1 是在创建账号时自动创建的子目录，默认仅目录的所有者拥有 rwx 权限，其他人员无操作权限

```
[root@centos7-vm ~]# userdel  t2
[root@centos7-vm ~]# passwd  t1
```

```
Changing password for user t1.
New password:
BAD PASSWORD: The password is shorter than 8 characters
Retype new password:
passwd: all authentication tokens updated successfully.
[root@centos7-vm ~]#
```

比如，输入密码 1234，在输入时界面上无显示，输完后直接按回车键即可
再次输入密码 1234

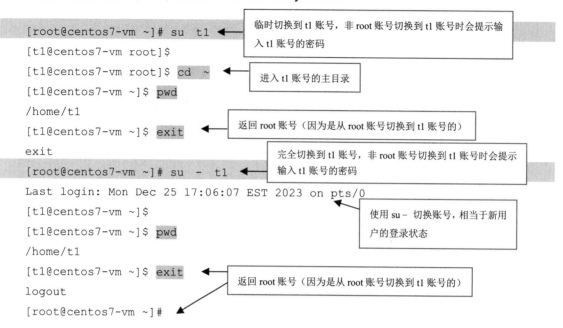

```
[root@centos7-vm ~]# su t1
[t1@centos7-vm root]$
[t1@centos7-vm root]$ cd ~
[t1@centos7-vm ~]$ pwd
/home/t1
[t1@centos7-vm ~]$ exit
exit
[root@centos7-vm ~]# su - t1
Last login: Mon Dec 25 17:06:07 EST 2023 on pts/0
[t1@centos7-vm ~]$
[t1@centos7-vm ~]$ pwd
/home/t1
[t1@centos7-vm ~]$ exit
logout
[root@centos7-vm ~]#
```

临时切换到 t1 账号，非 root 账号切换到 t1 账号时会提示输入 t1 账号的密码

进入 t1 账号的主目录

返回 root 账号（因为是从 root 账号切换到 t1 账号的）

完全切换到 t1 账号，非 root 账号切换到 t1 账号时会提示输入 t1 账号的密码

使用 su - 切换账号，相当于新用户的登录状态

返回 root 账号（因为是从 root 账号切换到 t1 账号的）

有关用户账号管理的命令就学习到这里。接下来，继续介绍用户和用户组管理的命令。

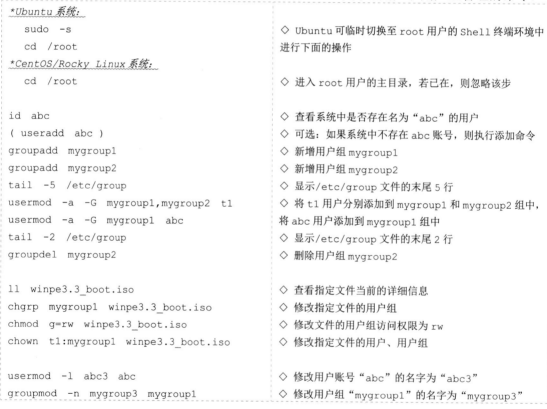

Ubuntu 系统: sudo -s cd /root	◇ Ubuntu 可临时切换至 root 用户的 Shell 终端环境中进行下面的操作
CentOS/Rocky Linux 系统: cd /root	◇ 进入 root 用户的主目录，若已在，则忽略该步
id abc	◇ 查看系统中是否存在名为 "abc" 的用户
(useradd abc)	◇ 可选：如果系统中不存在 abc 账号，则执行添加命令
groupadd mygroup1	◇ 新增用户组 mygroup1
groupadd mygroup2	◇ 新增用户组 mygroup2
tail -5 /etc/group	◇ 显示/etc/group 文件的末尾 5 行
usermod -a -G mygroup1,mygroup2 t1	◇ 将 t1 用户分别添加到 mygroup1 和 mygroup2 组中，将 abc 用户添加到 mygroup1 组中
usermod -a -G mygroup1 abc	
tail -2 /etc/group	◇ 显示/etc/group 文件的末尾 2 行
groupdel mygroup2	◇ 删除用户组 mygroup2
ll winpe3.3_boot.iso	◇ 查看指定文件当前的详细信息
chgrp mygroup1 winpe3.3_boot.iso	◇ 修改指定文件的用户组
chmod g=rw winpe3.3_boot.iso	◇ 修改文件的用户组访问权限为 rw
chown t1:mygroup1 winpe3.3_boot.iso	◇ 修改指定文件的用户、用户组
usermod -l abc3 abc	◇ 修改用户账号 "abc" 的名字为 "abc3"
groupmod -n mygroup3 mygroup1	◇ 修改用户组 "mygroup1" 的名字为 "mygroup3"

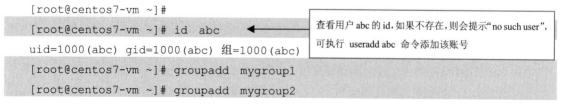

```
[root@centos7-vm ~]#
[root@centos7-vm ~]# id abc
uid=1000(abc) gid=1000(abc) 组=1000(abc)
[root@centos7-vm ~]# groupadd mygroup1
[root@centos7-vm ~]# groupadd mygroup2
```

查看用户 abc 的 id，如果不存在，则会提示 "no such user"，可执行 useradd abc 命令添加该账号

```
[root@centos7-vm ~]# tail -5 /etc/group
chrony:x:996:
abc:x:1000:
t1:x:1001:
mygroup1:x:1002:
mygroup2:x:1003:
```

abc 和 t1 组是在创建 abc、t1 用户账号时自动新增的

mygroup1 和 mygroup2 组是手动创建的

```
[root@centos7-vm ~]# usermod -a -G mygroup1,mygroup2 t1
[root@centos7-vm ~]# usermod -a -G mygroup1 abc
[root@centos7-vm ~]#
[root@centos7-vm ~]# tail -2 /etc/group
mygroup1:x:1002:t1,abc
mygroup2:x:1003:t1
```

mygroup1 组中有 t1、abc 两个用户
mygroup2 组中只有 t1 用户

```
[root@centos7-vm ~]# groupdel mygroup2
[root@centos7-vm ~]# ll winpe3.3_boot.iso
-rw-r--r--. 1 root root 115419136 Dec 25 11:39 winpe3.3_boot.iso
[root@centos7-vm ~]# chgrp mygroup1 winpe3.3_boot.iso
[root@centos7-vm ~]# chmod g=rw winpe3.3_boot.iso
```

修改用户组为 mygroup1，这样 t1 和 abc 用户都可以获得文件的组访问权限

```
[root@centos7-vm ~]#
[root@centos7-vm ~]# ll winpe3.3_boot.iso
-rw-rw-r--. 1 root mygroup1 115419136 Dec 25 11:39 winpe3.3_boot.iso
[root@centos7-vm ~]# chown t1:mygroup1 winpe3.3_boot.iso
[root@centos7-vm ~]#
[root@centos7-vm ~]#
[root@centos7-vm ~]# ll winpe3.3_boot.iso
-rw-rw-r--. 1 t1 mygroup1 115419136 Dec 25 11:39 winpe3.3_boot.iso
[root@centos7-vm ~]# usermod -l abc3 abc
[root@centos7-vm ~]# groupmod -n mygroup3 mygroup1
[root@centos7-vm ~]#
[root@centos7-vm ~]# ll winpe3.3_boot.iso
-rw-rwxr--. 1 t1 mygroup3 115419136 Dec 25 11:39 winpe3.3_boot.iso
[root@centos7-vm ~]#
```

在这个示例中，chown、chgrp、chmod 命令均可以针对文件和目录进行操作，如果操作的对象是目录及其下的子目录，那么还需要在命令之后增加 -R 参数才能达到目的。

3.10 习题

（1）在 Linux 系统的 vi 编辑器中，不保存对文件的修改，强制退出 vi 编辑器的命令是（　）。

A．:q   B．:wq

C．:q!   D．:!q

（2）假设对 file.sh 文件执行 chmod 645 file.sh 命令，那么该文件的访问权限是（　　）。

    A．-rw-r–r–　　　　B．-rw-r–rx-　　　　C．-rw-r–rw-　　　　D．-rw-r–r-x

（3）以下用于查看本机 CPU 使用率的命令是（　　）。

    A．ifconfig　　　　B．uptime　　　　C．top　　　　D．netstat

（4）以下为脚本代码指定执行权限的命令是（　　）。

    A．chmod +x filename.sh　　　　　　B．chown +x filename.sh

    C．chmod +w filename.sh　　　　　　D．chown +r filename.sh

（5）以下用于查看磁盘空间占用情况的命令是（　　）。

    A．du　　　　B．df　　　　C．free　　　　D．vmstat

（6）按照下面的步骤在 Linux 系统上进行操作。

① 列出所有执行过的命令中包含 ls 命令的清单。

② 从根目录中查找名为"test.txt"的文件。

③ 将 /usr/src 目录复制到主目录中，并重命名为"linux-src"。

④ 首先将主目录下的 linux-src 目录及其下所有文件的访问权限修改为 rwxrw-rw-，然后将其打包并压缩成 linux-src.tar.gz 文件。

⑤ 将主目录下的 linux-src 目录压缩成一个 linux-src.zip 文件。

⑥ 删除主目录下的 linux-src 子目录。

⑦ 将 linux-src.tar.gz 文件解压缩到当前主目录中。

⑧ 在主目录中创建一个名为"logs"的链接文件，该链接文件指向/var/log 目录。

⑨ 查看 /etc 目录的总大小。

⑩ 以带单位的形式，显示当前系统的剩余内存和剩余磁盘大小。

⑪ 以带单位的形式，显示根目录下各个子目录占用的磁盘空间大小。

（7）根据下面的信息，在系统中创建对应的用户和用户组。

用户名	所在的组
abc	aaa
tom	aaa
test	aaa
ming	root

第4章

Linux 系统应用实践

 学习目标

知识目标

- 了解 JDK、Tomcat、Python3、Nginx、MySQL 等常见软件在 Linux 上的安装方法
- 了解虚拟机和 Docker 容器的概念与区别
- 了解在 Ubuntu 桌面版上安装常见开发环境的方法
- 了解 CMS 和 Samba 文件共享服务的搭建方法

能力目标

- 会在 Linux 上安装 JDK 和 MySQL
- 会使用 Docker 管理镜像和容器的运行

素质目标

- 培养综合解决实际问题的能力和创新意识
- 培养耐心细致的学习态度和行为习惯

4.1 引言

随着 Linux 在服务器领域中的普及，近年来已经被广泛应用于电信、金融、政府、教育、银行、石油等各个行业，各大硬件厂商也都相继支持 Linux。一切迹象表明，Linux 在服务器市场中的前景光明，大型、超大型互联网企业，以及传统工业和制造业企业都在使用 Linux 作为服务器端的基础平台，全球及国内排名前十的网站使用的几乎都是 Linux。Linux 作为企业级服务器的应用十分广泛，利用 Linux 可以为企业构建 WWW 服务器、数据库服务器、负载均衡服务器、电子邮件服务器、DHCP 服务器、DNS 服务器、代理服务器（透明网关）、路由器等，不但能使企业降低运营成本，还能使其获得 Linux 带来的高稳定性和高可靠性，且无须考虑商业软件的版权问题。

本章将从开发环境搭建（JDK、Python、Eclipse、PyCharm）、Web 服务器安装（Nginx、Tomcat）、数据库服务器安装（MySQL）、虚拟化技术应用（Docker）、个人博客网站搭建（CMS 综合建站）及文件共享服务器搭建（Samba）等常见的应用场景展开，分别介绍它们的安装步骤和基本配置方法，以便读者对 Linux 在实际场景中的应用有更直接的认识。

4.2 JDK 的安装

JDK（Java Development Kit）是一套用于开发 Java 应用程序的开发包，提供了编译、运行 Java 应用程序所需要的各种工具和资源，包括 Java 编译器、Java 运行时环境，以及常用的 Java 类库等。由于 Java 从设计之初就支持跨平台运行，因此常见的操作系统（如 Windows、Linux、macOS 等）都可以安装 JDK。另外，全球很多大公司或组织推出了不同的 JDK 发行版，其类型如图 4-1 所示。国内企业现在主要使用的是 JDK8 和 JDK11。

图 4-1　常见的 JDK 发行版类型

下面介绍如何在 Linux 系统上安装 JDK8（默认以 Ubuntu 系统为例进行演示，下同），其他 JDK 版本的安装方法与此类似。

（1）首先根据操作系统的类型确定一个合适的 JDK 版本，然后在 Oracle 官方网站中进行下载。这里将本书配套资源中提供的 jdk-8u381-linux-x64.tar.gz 压缩包通过 MobaXterm 工具上传至虚拟机的主目录中，在 Ubuntu 系统中查看 JDK8 压缩包的命令如下。

```
demo@ubuntu-vm:~$ ll  jdk-8u381-linux-x64.tar.gz

-rw-r--r-- 1 demo demo 139273048  1月  9 21:31 jdk-8u381-linux-x64.tar.gz
```

（2）将 JDK8 压缩包解压缩到/usr/local 目录下，同时创建一个链接文件（相当于 Windows 的快捷方式）指向 JDK 的解压缩目标目录，从而避免在稍后的配置文件中引入 JDK 的具体版本号，目的是在后续调整 JDK 的版本时，只需将链接文件重新指向新版本的 JDK 安装目录即可，方便维护。需要提醒的一点是，Rocky Linux 系统下默认没有安装 tar 命令，因此要先执行 yum -y install tar 命令将其安装进来才能使用，下同。

```
cd ~                                          ◇ 切换到当前用户的主目录
*Ubuntu 系统:
  sudo tar -zxvf jdk-8u381-linux-x64.tar.gz -C /usr/local
  cd /usr/local
```

```
sudo  ln  -s  jdk1.8.0_381  jdk
ll
```
CentOS/Rocky Linux 系统:
```
tar  -zxvf  jdk-8u381-linux-x64.tar.gz  -C  /usr/local
cd  /usr/local
ln  -s  jdk1.8.0_381  jdk
ll
```

◇ tar 是 Linux 系统的一个文件归档命令，-zxvf 代表 gunzip、extract、verbose、file 参数，用于解压缩、提取文件，显示解压缩过程信息，-C 用于指定解压缩目标目录

◇ ln 命令用于创建链接文件，-s 代表软链接，jdk 是链接文件名，jdk1.8.0_381 是指向的具体目录，应注意两者在命令参数中的先后顺序，不要颠倒

◇ 在 Ubuntu 系统中，sudo 命令用于获取 root 权限，需要输入当前账号的密码，若继续在当前终端中执行 sudo 命令，则在 15 分钟之内该密码会保持有效，不用再次输入。由于 Ubuntu 系统使用的 demo 不是超级用户，因此涉及 demo 用户处理不具备访问权限的文件或目录时，都要在命令之前加上 sudo 才行。读者可自行分析/usr/local 目录的访问权限信息，以理解修改/usr/local 目录内容的操作要在命令之前加上 sudo 的原因

```
demo@ubuntu-vm:~$
demo@ubuntu-vm:~$ sudo  tar  -zxvf  jdk-8u381-linux-x64.tar.gz  -C  /usr/local
[sudo] demo 的密码:          ◀── 输入 demo 的密码 demo
jdk1.8.0_381/COPYRIGHT
jdk1.8.0_381/LICENSE
jdk1.8.0_381/README.html
jdk1.8.0_381/THIRDPARTYLICENSEREADME.txt
jdk1.8.0_381/bin/java-rmi.cgi
...
demo@ubuntu-vm:~$ cd  /usr/local
demo@ubuntu-vm:/usr/local$ sudo  ln  -s  jdk1.8.0_381  jdk
demo@ubuntu-vm:/usr/local$ ll
总计 44
drwxr-xr-x 11 root root 4096  1月 10 10:07 ./
drwxr-xr-x 14 root root 4096  2月 23  2023 ../
drwxr-xr-x  2 root root 4096  2月 23  2023 bin/
drwxr-xr-x  2 root root 4096  2月 23  2023 etc/
drwxr-xr-x  2 root root 4096  2月 23  2023 games/      链接文件的指向
drwxr-xr-x  2 root root 4096  2月 23  2023 include/
lrwxrwxrwx  1 root root   12  1月 10 10:07 jdk -> jdk1.8.0_381/
drwxr-xr-x  8 root root 4096  1月 10 10:02 jdk1.8.0_381/
...
demo@ubuntu-vm:/usr/local$
```

（3）当 JDK 压缩包被解压缩之后，还需要在/etc/profile 配置文件中设置 JDK 的环境变量。

Ubuntu 系统:
```
sudo  vi  /etc/profile
```
CentOS/Rocky Linux 系统:
```
vi  /etc/profile
```

◇ 切换到当前用户的主目录
◇ 编辑/etc/profile 配置文件

在/etc/profile 配置文件的最后新增 JDK 的环境变量。

| ```
#jdk
export  JAVA_HOME=/usr/local/jdk
export  PATH=$JAVA_HOME/bin:$PATH
``` | ◇ #代表行注释<br>◇ export 命令用于导出环境变量：变量名=值<br>◇ 使用$JAVA_HOME 获取环境变量的值，也可以写成${JAVA_HOME} |

◇ 右边的"$PATH"用于获取环境变量 PATH 的值，左边的"export PATH="用于对 PATH 环境变量进行重新赋值操作，类似编程语言中的 a = a + 1，右边的"："代表路径的分隔符，便于将多个路径串接到一起，相当于在 PATH 原来路径的基础上增加这里的 JAVA_HOME 路径
◇ vi 编辑命令： G 表示转到最后一行，o 表示添加一个空行开始编辑
◇ vi 保存命令： :wq（冒号也要输入）表示保存文件并退出

```
demo@ubuntu-vm:/usr/local$
demo@ubuntu-vm:/usr/local$ sudo  vi  /etc/profile
...
#jdk
export  JAVA_HOME=/usr/local/jdk
export  PATH=$JAVA_HOME/bin:$PATH
```

在/etc/profile 配置文件的最后新增这 3 行

修改完成后，保存文件并退出 vi 编辑器。

（4）在 Linux 终端中测试 JDK 配置是否正确。

| ```
source  /etc/profile
java  -version
``` | ◇ source 是一个系统内置的 Shell 命令，可从文件中读取和执行命令，通常用于保留或更改当前 Shell 操作中的环境变量值 |

◇ java 是/usr/local/jdk/bin 目录下的一个可执行程序，当 PATH 环境变量中正确设置了 JDK 路径后，就可以直接执行 JDK 安装目录的 bin 子目录下的程序，而不需要使用/usr/local/jdk/bin/java 这种很长的路径名
◇ -version 是 java 可执行程序的参数，意为"显示版本信息"

```
demo@ubuntu-vm:/usr/local$
demo@ubuntu-vm:/usr/local$ source  /etc/profile
demo@ubuntu-vm:/usr/local$ java  -version
java version "1.8.0_381"
Java(TM) SE Runtime Environment (build 1.8.0_381-b09)
Java HotSpot(TM) 64-Bit Server VM (build 25.381-b09, mixed mode)
demo@ubuntu-vm:/usr/local$
```

如果出现这些信息，则说明 JDK 配置正确

➡ 学习提示

当 JDK 安装完成后，最好重启一下 Linux 系统，这样设置的环境变量就会在系统中自动全局生效。否则，即使在当前的 Linux 终端中执行了 source 命令，若在另一个新打开的 Linux 终端中再次执行 java 命令，则很可能会失败，这是因为 source 命令只对当前终端会话范围内的操作有效。

（5）在 Linux 系统上编写一个简单的 Java 应用程序，并使用上面配置好的 JDK 进行代码编译和运行测试。

| ```
cd ~
vi Hello.java
``` | ◇ 切换到当前用户的主目录，若已在，则忽略该步<br>◇ 新建一个 Hello.java 文件 |

在新建的 Hello.java 文件中输入下面的代码。
```

| ```
public class Hello {
  pubic static void main(String[] args) {
    System.out.println("Hello world!");
  }
}
``` | ◇ vi 编辑命令：按 i 键切换到插入模式<br><br>◇ vi 保存命令 :wq（冒号也要输入）表示保存文件并退出 |
| ```
javac Hello.java
java Hello
``` | ◇ javac 命令用于编译 Java 源代码<br>◇ java 命令用于运行程序，后面跟着包含 main() 的类名（不能写成 Hello.class 这样的文件名） |

```
demo@ubuntu-vm:/usr/local$
demo@ubuntu-vm:/usr/local$ cd          ← 切换到主目录，避免没有创建 Java 文件的权限
demo@ubuntu-vm:~$ vi Hello.java
public class Hello {                    ← 输入的 Java 代码内容
  public static void main(String[] args) {
    System.out.println("Hello world!");
  }
}
demo@ubuntu-vm:~$ javac Hello.java      ← 正常编译后，会生成 Hello.class 文件，如果代码无误，
demo@ubuntu-vm:~$ java Hello               则在编译过程中不会有任何信息显示
Hello world!                            ← 在这里运行 Java 代码
demo@ubuntu-vm:~$
```

➡ 随堂练习

（1）参照以上步骤，在 Rocky Linux 系统中完成 JDK 的安装与配置。

提示：由于这里的 Rocky Linux 虚拟机是最小化安装的，它默认不带 tar 命令，因此需要先安装 tar 软件包（yum -y install tar）。

（2）在 CentOS 系统中完成 JDK 的安装与配置。

（3）在 Debian 系统中完成 JDK 的安装与配置。

提示：Debian 系统使用 demo 用户登录后，默认不能像 Ubuntu 那样使用 sudo 获取 root 权限，但可以通过 su 命令完全切换至 root 用户，后续的操作基本上与 Ubuntu 是一样的，只不过无须在每条命令之前都加上 sudo。

在 Debian 系统中切换到 root 用户的步骤为：

```
demo@debian-vm:~$ su - root             ← 这里的 - 表示切换到新用户，并使新用户的环境变量生效
密码：                                    ← 输入密码 root（在安装 Debian 系统时设定的 root 账号的密码）
root@debian-vm:/home/demo#
root@debian-vm:/home/demo# cd ~
root@debian-vm:~# pwd
/root
root@debian-vm:~#
```

如果要从 root 用户的 Shell 终端环境返回 demo 用户的 Shell 终端环境，则只需执行 exit 命令即可。例如：

```
root@debian-vm:~# exit
demo@debian-vm:~$
```
← 已返回 demo 用户的 Shell 终端环境

4.3 Tomcat 的安装

Tomcat 是一台免费且开放源代码的轻量级 Web 应用服务器，实现了对 Servlet 和 JSP 的支持，在中小型系统和并发访问用户不是很多的场合下被普遍使用，其 Logo 如图 4-2 所示。另外，Tomcat 内含了一台 HTTP 服务器，所以也可以作为一台普通的 Web 服务器来使用。但是，当 Tomcat 作为一台 Web 服务器被使用时，它对 HTML 页面、JPG 图像文件等静态资源的处理能力比 Apache、Nginx 等 Web 服务器要弱，所以经常会将 Tomcat 与 Apache 或 Nginx 组合使用，使用 Apache 或 Nginx 充当 Web 服务器处理静态资源请求，使用 Tomcat 处理动态请求，比如网页中提交的表单数据等。

图 4-2 Tomcat 的 Logo

因为 Tomcat 是用 Java 编写的，所以必须安装 JDK 才能正常运行（如果是首次安装 JDK，则建议将虚拟机重启一次，以使设置的环境变量全局生效）。本节将介绍 Tomcat 8.x 的具体安装过程（假定压缩包 apache-tomcat-8.5.97.tar.gz 已被上传至 Linux 的主目录中）。

（1）将 Tomcat 的压缩包解压缩到/usr/local 目录下，同时创建一个链接文件指向 Tomcat 的解压缩目标目录，这么做的原因与安装 JDK 时的类似，主要是为了方便后期的维护。

```
cd ~                                          ◇ 切换到当前用户的主目录
*Ubuntu 系统:
    sudo tar -zxvf apache-tomcat-8.5.97.tar.gz -C /usr/local
    cd /usr/local
    sudo ln -s ./apache-tomcat-8.5.97 tomcat
    ll
*CentOS/Rocky Linux 系统:
    tar -zxvf apache-tomcat-8.5.97.tar.gz -C /usr/local
    cd /usr/local
    ln -s ./apache-tomcat-8.5.97 tomcat
    ll
```

解压缩压缩包

```
demo@ubuntu-vm:~$
demo@ubuntu-vm:~$ sudo tar -zxvf apache-tomcat-8.5.97.tar.gz -C /usr/local
[sudo] demo 的密码:
...

demo@ubuntu-vm:~$ cd /usr/local
demo@ubuntu-vm:/usr/local$ sudo ln -s ./apache-tomcat-8.5.97 tomcat
demo@ubuntu-vm:/usr/local$ ll
```

创建链接文件指向解压缩目标目录

总计 56

```
drwxr-xr-x 14 root  root  4096  1月 23 11:37 ./
drwxr-xr-x 14 root  root  4096  2月 23  2023 ../
drwxr-xr-x  9 root  root  4096  1月 23 11:37 apache-tomcat-8.5.97/
drwxr-xr-x  2 root  root  4096  2月 23  2023 bin/
...
drwxr-xr-x  2 root  root  4096  2月 23  2023 src/
lrwxrwxrwx  1 root  root    21  1月 23 11:37 tomcat -> apache-tomcat-8.5.97//
demo@ubuntu-vm:/usr/local$
```

> 链接文件的指向

（2）为了能够在浏览器中正常访问 Tomcat，需要先启动 Tomcat8。此外，为简单起见，我们直接将系统中的防火墙禁用掉，当然手动配置防火墙开放 Tomcat 默认使用的 8080 端口也是可以的，否则在访问页面时会失败。

cd /usr/local/tomcat	◇ 切换到 Tomcat8 的安装目录
Ubuntu 系统:	
sudo -E bin/catalina.sh start	◇ 启动 Tomcat8,停止 Tomcat8 的命令是 bin/catalina.sh stop
systemctl status ufw	◇ Ubuntu 系统的防火墙服务名称为 ufw,CentOS/Rocky Linux 系统的防火墙服务名称为 firewalld
sudo systemctl stop ufw	
sudo systemctl disable ufw	
CentOS/Rocky Linux 系统:	
bin/catalina.sh start	◇ 查看防火墙的状态
systemctl status firewalld	◇ 如果防火墙正在运行，则停止防火墙的运行
systemctl stop firewalld	◇ 禁用防火墙，以后开机时不会自动启动防火墙
systemctl disable firewalld	

```
demo@ubuntu-vm:/usr/local$
demo@ubuntu-vm:/usr/local$ cd /usr/local/tomcat
demo@ubuntu-vm:/usr/local/tomcat$ sudo -E bin/catalina.sh start
Using CATALINA_BASE:   /usr/local/tomcat
Using CATALINA_HOME:   /usr/local/tomcat
Using CATALINA_TMPDIR: /usr/local/tomcat/temp
Using JRE_HOME:        /usr/local/jdk
Using CLASSPATH:       /usr/local/tomcat/bin/bootstrap.jar:/usr/....
Using CATALINA_OPTS:
Tomcat started.
demo@ubuntu-vm:/usr/local/tomcat$ systemctl status ufw
○ ufw.service - Uncomplicated firewall
     Loaded: loaded (/lib/systemd/system/ufw.service; disabled; ... )
     Active: inactive (dead)
       Docs: man:ufw(8)
demo@ubuntu-vm:/usr/local/tomcat$ sudo systemctl stop ufw
demo@ubuntu-vm:/usr/local/tomcat$ sudo systemctl disable ufw
Synchronizing state of ufw.service ... /lib/systemd/systemd-sysv-install.
Executing: /lib/systemd/systemd-sysv-install disable ufw
demo@ubuntu-vm:/usr/local/tomcat$
```

> sudo 默认会重置当前系统的环境变量，所以这里增加-E 参数，保留 JAVA_HOME 等环境变量的设置，以避免报错

> 禁用系统中的防火墙

（3）查询虚拟机的 IP 地址（假定这里为"172.16.109.139"），在 Windows 的浏览器地址栏中输入这个地址和 8080 端口，如果一切正常，就会显示 Tomcat8 的默认页面。

`ip addr`	◇ 查询 Linux 虚拟机的 IP 地址
通过浏览器访问: `http://`<IP 地址>`:8080`	◇ 这里的"<IP 地址>"要替换成虚拟机的实际 IP 地址

◇ 在 Windows 或 Ubuntu 虚拟机的浏览器地址栏中访问 Tomcat8 页面，输入的地址包含 IP 地址和 8080 端口，它们之间用冒号分隔（若端口为 80，则直接在地址栏中输入 IP 地址即可）

```
demo@ubuntu-vm:~$
demo@ubuntu-vm:~$ ip addr
1: lo: <LOOPBACK,UP,LOWER_UP> mtu 65536 qdisc noqueue state UNKNOWN ...
    link/loopback 00:00:00:00:00:00 brd 00:00:00:00:00:00
    inet 127.0.0.1/8 scope host lo
```
这个是固定的环回地址，每个系统都是一样的
```
       valid_lft forever preferred_lft forever
    inet6 ::1/128 scope host
       valid_lft forever preferred_lft forever
2: ens33: <BROADCAST,MULTICAST,UP,LOWER_UP> mtu 1500 qdisc fq_codel ...
    link/ether 00:0c:29:74:ba:08 brd ff:ff:ff:ff:ff:ff
    altname enp2s1
```
查询到的 IP 地址（视具体虚拟机而定），此处使用的是这个地址
```
    inet 172.16.109.139/24 brd 172.16.109.255 scope global ... ens33
       valid_lft 1563sec preferred_lft 1563sec
    inet6 fe80::1e06:2ca2:d6a4:cc23/64 scope link noprefixroute
       valid_lft forever preferred_lft forever
demo@ubuntu-vm:~$
```

通过浏览器访问 Tomcat8，其默认首页如图 4-3 所示。

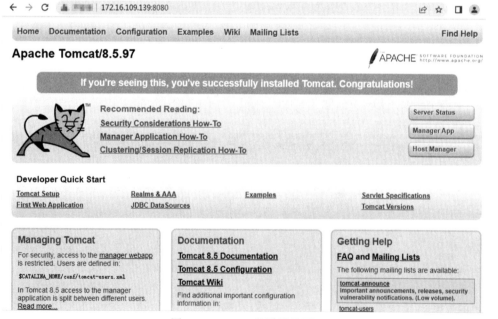

图 4-3 Tomcat8 的默认首页

如果要修改默认首页，则将自己制作的 HTML 页面或 JSP 文件放到 Tomcat 安装目录的 webapp/ROOT/子目录中，文件名设置为 index.html 或 index.jsp 即可。

4.4　Python3 的编译安装

Python 是一种解释型的通用编程语言，由吉多·范罗苏姆于 1989 年底开发并于 1991 年发行了第 1 个公开发行版，其 Logo 如图 4-4 所示。Python 的设计哲学是优雅、明确、简单，遵循"最好只用一种方法来做一件事"的理念，强调代码的可读性和语法的简洁（使用空格缩进划分代码块，而不是使用大括号或关键词）。与 C++、Java 等主流的编程语言相比，Python 能让开发者使用更少的代码实现类似的功能。目前，Python 的版本主要包括 2.x 和 3.x 两大系列，其中 Python 3.x 是 Python 2.x 基础上的一个较大升级，为了不带入过多的累赘，设计者在设计 Python 3.x 时没有考虑使其向下兼容，因此许多针对早期 Python 版本编写的程序无法直接在 Python 3.x 上运行。考虑到 Python 2.x 及其之前的版本已经过时且官方不再更新，因此以后在编写新的 Python 应用程序时，建议使用 Python 3.x 的语法。不过，相比 C、C++、Java 等静态类型的编程语言，Python 的运行速度更慢。

图 4-4　Python 的 Logo

Python 被广泛应用于软件开发、软件测试、数据科学、人工智能和机器学习等领域，拥有丰富的标准库，内含大量可重复使用的函数。此外，它还拥有超过 13.7 万个第三方 Python 开发库，可适用于众多的业务场合。Python 可以在各种不同的平台上运行，包括 UNIX（如 AIX、HP-UX 等）、Linux、macOS、Windows 等系统。在本书安装的 CentOS7、Rocky Linux 9.1 及 Ubuntu 22.04 虚拟机中默认已经分别安装了 Python 2.7、Python 3.9 和 Python 3.10 版本，当然也可以在一个系统中同时安装多个不同的 Python 版本。对 Linux 来说，安装 Python 的最简单方式，就是直接从系统软件仓库中下载软件包来安装，不过这种途径存在一个缺点，即软件仓库中的 Python 版本不一定是最新的，或者其提供的版本并不一定是我们需要的。因此，在很多情况下开发者还是会选择通过下载对应版本的 Python 源代码进行编译安装。为此，本节介绍使用 Python 3.8 源代码进行编译安装的方式，其中，下载 Python-3.8.8.tar.xz 源代码文件后，需将其上传到虚拟机的主目录中，或直接在虚拟机中使用 wget 命令下载该文件。

（1）在编译 Python 源代码之前，通常需要先在系统上进行一些准备工作，主要是开发工具和依赖库的安装，不同的系统要安装的依赖库也不一样。

```
*Ubuntu 系统:
  sudo  apt  update
  sudo  apt  -y  install  build-essential
  sudo  apt  -y  zlib1g-dev libbz2-dev \
       libncurses-dev libgdbm-dev tk-dev \
       liblzma-dev libffi-dev libssl-dev \
       libsqlite3-dev libreadline-dev \
```

◇ 更新 Ubuntu 软件源信息
◇ 安装基本的开发工具
◇ 安装所需的软件包和依赖库
◇ 当一条命令太长时，可以使用"\"符号将其续接为多行，最终还是一整条命令的内容

```
              libgdbm-dev libgdbm-compat-dev
*CentOS 系统:
  yum -y groupinstall "Development Tools"
  yum -y install zlib-devel bzip2-devel \
        libffi-devel sqlite-devel tk-devel \
        ncurses-devel gdbm-devel xz-devel \
        openssl-devel readline-devel \
        libpcap-devel
*Rocky Linux 系统:
  dnf -y groupinstall "Development Tools"
  dnf -y install bzip2-devel zlib-devel \
        libffi-devel sqlite-devel \
        ncurses-devel libpcap \
        openssl-devel readline-devel \
        libuuid-devel xz-devel tk-devel
  dnf --enablerepo=devel -y install \
        gdbm-devel
```

◇ 安装 CentOS 的基本开发工具
◇ 安装所需的软件包和依赖库

◇ 安装 Rocky Linux 的开发工具
◇ 安装所需的软件包和依赖库
◇ Rocky Linux 中的 yum 实际上是链接至 dnf 命令的，这里直接使用 dnf 命令进行安装（与使用 yum 命令是一样的）

◇ 从开发仓库中安装软件包

```
demo@ubuntu-vm:~$

demo@ubuntu-vm:~$ sudo apt update     ← 更新 Ubuntu 软件源信息，包括搜索镜像站点等
[sudo] demo 的密码：
获取:1 http://security.ubun**.com/ubuntu jammy-security InRelease [110 kB]
获取:2 http://security.ubun**.com/ubuntu jammy-security/main amd64 ...
...

demo@ubuntu-vm:~$ sudo apt -y install build-essential   ← 安装 Ubuntu 的开发工具
正在读取软件包列表... 完成
正在分析软件包的依赖关系树... 完成
正在读取状态信息... 完成
将会同时安装下列软件:
binutils binutils-common binutils-x86-64-linux-gnu cpp-11 dpkg-dev fakeroot
g++ g++-11 gcc gcc-11 gcc-11-base gcc-12-base
...
```

安装所需的软件包和依赖库

```
demo@ubuntu-vm:~$ sudo apt -y zlib1g-dev libbz2-dev libncurses-dev \
    libgdbm-dev tk-dev liblzma-dev libffi-dev libssl-dev \
    libsqlite3-dev libreadline-dev libgdbm-dev libgdbm-compat-dev
正在读取软件包列表... 完成
正在分析软件包的依赖关系树... 完成
正在读取状态信息... 完成
将会同时安装下列软件:
  libbrotli-dev libexpat1-dev libfontconfig-dev libfontconfig1-dev ...
正在读取软件包列表... 完成
...
```

（2）解压缩 Python 源代码的压缩包。

```
cd
tar  -xf  Python-3.8.8.tar.xz
cd  Python-3.8.8
ls
```

◇ 切换到当前用户所在的主目录，若已在，则忽略该步
◇ 通过 tar 命令将 ".xz" 压缩包直接解压缩

```
demo@ubuntu-vm:~$
demo@ubuntu-vm:~$ tar  -xf  Python-3.8.8.tar.xz   ◄── 解压缩 Python 3.8 源代码压缩包
demo@ubuntu-vm:~$ cd  Python-3.8.8
demo@ubuntu-vm:~/Python-3.8.8$ ls
aclocal.m4            configure.ac   Lib              Misc      PCbuild       setup.py
CODE_OF_CONDUCT.md    Doc            LICENSE          Modules   Programs      Tools
config.guess          Grammar        m4               Objects   pyconfig.h.in
config.sub            Include        Mac              Parser    Python
configure             install-sh     Makefile.pre.in  PC        README.rst
demo@ubuntu-vm:~/Python-3.8.8$
```

（3）现在可以开始使用 Python 3.8 的源代码进行编译安装了，具体步骤主要包括配置环境、编译源代码、安装编译得到的二进制文件到系统中。

Ubuntu 系统:
```
  ./configure
  make
  sudo  make  altinstall
```
CentOS 系统:
```
  ./configure
  make
  make  install
```
Rocky Linux 系统:
```
  ./configure
  make
  make  altinstall
```

◇ configure 文件中存放的是 Shell 脚本，用来检测 Linux 的编译支持环境（比如检测系统中是否有 CC 或 GCC 编译器等），并生成一个 Makefile 文件，之后就可以通过 Makefile 文件编译项目了
◇ 使用 make 命令编译源代码，它从 Makefile 文件中读取指令，并编译生成二进制的目标文件
◇ 使用 make 命令安装项目，altinstall 参数表示不会覆盖系统已有的 Python 版本设置，install 参数则表示覆盖。因为 Ubuntu、Rocky Linux 系统已经分别内置了 Python 3.10 和 Python 3.9 版本，所以这里选择不覆盖已有的 Python3 版本设置，以避免造成一些潜在的问题（CentOS 系统只内置了 Python 2.7 版本，没有预装 Python3，所以执行的是 make install，表示直接安装）

```
demo@ubuntu-vm:~/Python-3.8.8$
demo@ubuntu-vm:~/Python-3.8.8$ ./configure   ◄── 源代码编译的配置
checking build system type... x86_64-pc-linux-gnu
checking host system type... x86_64-pc-linux-gnu
checking for python3.8... python3.8
checking for --enable-universalsdk... no
checking for --with-universal-archs... no
checking MACHDEP... "linux"
checking for gcc... gcc
...
demo@ubuntu-vm:~/Python-3.8.8$ make   ◄── 开始编译源代码，以生成二进制文件
gcc -c -Wno-unused-result -Wsign-compare -DNDEBUG -g -fwrapv -O3 -Wall    -
std=c99 -Wextra -Wno-unused-result -Wno-unused-parameter -Wno-missing-field-
initializers -Werror=implicit-function-declaration  -I./Include/internal  -I. -
```

```
I./Include    -DPy_BUILD_CORE -o Programs/python.o ./Programs/python.c
...
   demo@ubuntu-vm:~/Python-3.8.8$ sudo  make  altinstall
   if test "no-framework" = "no-framework" ; then \
   /usr/bin/install -c python /usr/local/bin/python3.8; \
...
```

将编译好的 Python 3.8 安装
到系统中，不覆盖已有的
Python 版本设置

（4）当安装完 Python 3.8 后，可以检查一下系统中已安装的各个 Python 版本，并检查 python3 命令默认指向的 Python 版本是哪一个。

```
ll  /usr/bin/python*              ◇ 系统预安装的 Python 版本的位置
ll  /usr/local/bin/python*        ◇ 单独安装的 Python 3.8 版本的位置
python3  -V                       ◇ python3 命令的版本信息
python3.8  -V                     ◇ python 3.8 命令的版本信息
```

```
   demo@ubuntu-vm:~/Python-3.8.8$
   demo@ubuntu-vm:~/Python-3.8.8$ ll  /usr/bin/python*
   lrwxrwxrwx 1 root root      10 12 月 31 08:26 /usr/bin/python3 -> python3.10*
   -rwxr-xr-x 1 root root 5921160 11 月 15  2022 /usr/bin/python3.10*
   demo@ubuntu-vm:~/Python-3.8.8$ ll  /usr/local/bin/python*
   -rwxr-xr-x 1 root root 14448816  1 月 12 09:14 /usr/local/bin/python3.8*
   -rwxr-xr-x 1 root root     3053  1 月 12 09:14 /usr/local/bin/python3.8-config*
   demo@ubuntu-vm:~/Python-3.8.8$ python3  -V
   Python 3.10.6
   demo@ubuntu-vm:~/Python-3.8.8$ python3.8  -V
   Python 3.8.8
   demo@ubuntu-vm:~/Python-3.8.8$
```

若系统中有预安装的 Python3，则 python3 命令默认指向预安装的版本，否则指向的是这里安装的 Python 3.8 版本

至此，Python 3.8 就被安装在 Linux 系统上了，执行 python3.8 命令，启动 Python 交互式运行环境，即可在其中输入相应的 Python 代码进行运行。若要退出 Python 交互式运行环境，则只需按 Ctrl+D 快捷键即可。

4.5 Nginx 服务器的安装

Nginx 是一台轻量级、高性能的反向代理 Web 服务器，使用 C 语言编写，运行速度快，性能非常优秀。它的主要功能就是反向代理、负载均衡、缓存、限流、动静资源分离等。需要指出的是，这里所说的 Nginx 实际上并不是专门指一台真正意义上的物理服务器，而是指运行在某一台服务器（计算机）上用来提供网络服务的软件。当然，Web 服务器有很多种，像 Apache Httpd 就是一种常用的 Web 服务器，只不过在性能上相比 Nginx 要弱一些，Tomcat 也属于 Web 服务器的一种，但主要是用来运行 JSP/Servlet 程序的。

为什么说 Nginx 是一台反向代理 Web 服务器呢？在回答这个问题之前，我们先来理解一下什么是网关，打个比方，当人们从一个房间进入另一个房间时，必须经过一个门，这就像经过一个"关口"一样。与此类似，当数据从一个网络发送至另一个网络时，也必须经过一个"关口"，这个关口就可以称为"网关"。但这个关口并不像直接摆在那里这样简单，关口还可以决

定是否允许某些消息通过，或者决定是否转发和接收消息、将消息分发给其他人，以及在消息中添加和预处理一些信息等。Nginx 的角色就相当于这个网关，转发和接收消息相当于反向代理，将消息分发给其他人相当于负载均衡。当服务器上安装了 Nginx 软件，通过一些简单的配置并运行后，在服务器上运行的项目（如 Java、Python 应用程序等）收到 HTTP 请求时，这个请求会先被 Nginx 拦截，经过上述的一些处理之后，再交给 Java 之类的应用程序处理，此时 Nginx 就充当了一个网关的功能，如图 4-5 所示。因为用户的所有数据请求都会先经过 Nginx，所以他们的请求都是发送给 Nginx，通过 Nginx 发送给 Java 应用程序处理后再返回用户。站在用户的角度，Nginx 就相当于一台服务器在接收和回复用户发送的请求（类似中介的功能）。

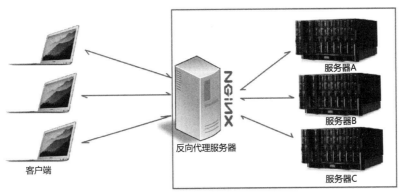

图 4-5　Nginx 反向代理服务器的基本原理

　　接下来介绍如何在 Linux 上安装 Nginx 软件，为简单起见，本节采取从软件仓库中安装的方式，当然也可以下载 Nginx 的源代码进行安装。

　　（1）从软件仓库中安装 Nginx 的方式比较简单，只需通过 Linux 的软件安装命令直接安装即可。

```
*Ubuntu 系统:
  sudo  apt  update
  sudo  apt  -y  install  nginx
*CentOS 系统:
  yum  repolist
  yum  -y  install  epel-release
  yum  -y  install  nginx
*Rocky Linux 系统:
  dnf  -y  install  nginx
```

◇ 在 Ubuntu 上安装新的软件包之前，通常要先进行一次软件源的更新工作
◇ 从 Ubuntu 软件仓库中安装 Nginx 软件

◇ CentOS 软件仓库中默认没有 Nginx 软件，因此先安装第三方的 EPEL 软件源，然后从中安装 Nginx 软件

◇ 从 Rocky Linux 软件仓库中安装 Nginx 软件

```
demo@ubuntu-vm:~$

demo@ubuntu-vm:~$ sudo  apt  update          ← 更新 Ubuntu 的软件源信息

[sudo] demo 的密码:

获取:1 http://security.ubun**.com/ubuntu jammy-security InRelease [110 kB]
命中:2 http://mirrors.tuna.tsingh**.edu.cn/ubuntu jammy InRelease
...

demo@ubuntu-vm:~$ sudo  apt  -y  install  nginx

正在读取软件包列表... 完成
正在分析软件包的依赖关系树... 完成
正在读取状态信息... 完成
```

将会同时安装下列软件：

```
libnginx-mod-http-geoip2 libnginx-mod-http-image-filter
...
demo@ubuntu-vm:~$
```

（2）当 Nginx 软件安装完成后，还应根据实际需要进行一些简单的服务设置（不同 Linux 系统在操作步骤上略有差异）。

Ubuntu 系统:
`systemctl  status  nginx`
 	
CentOS/Rocky Linux 系统:
`systemctl  status  nginx`
`systemctl  start  nginx`
`systemctl  enable  nginx`
`systemctl  stop  firewalld`
`systemctl  disable  firewalld`
	◇ 查看安装的 nginx 服务的运行状态
	◇ 在 Ubuntu 上安装 Nginx 软件后，其会自动启动，并且已设置好所需开放的防火墙端口
	◇ 在 CentOS/Rocky Linux 上安装 Nginx 软件后，需要手动启动 nginx 服务
	◇ status 命令用于查看服务的运行状态，start 命令用于启动服务，enable 命令用于启用服务，以便以后开机自动启动，stop 命令用于停止服务，disable 命令用于禁用服务
	◇ 为简单起见，这里直接停止并禁用防火墙服务

```
demo@ubuntu-vm:~$
demo@ubuntu-vm:~$ systemctl  status  nginx
● nginx.service - A high performance web server and a reverse proxy server
     Loaded: loaded (/lib/systemd/system/nginx.service; enabled; vendor preset: enabled)
     Active: active (running) since Fri 2024-01-12 11:40:06 CST; 10min ago
       Docs: man:nginx(8)
    Process: 30191 ExecStartPre=/usr/sbin/nginx -t -q -g daemon on; master_process on; (code=exited, st(
    Process: 30192 ExecStart=/usr/sbin/nginx -g daemon on; master_process on; (code=exited, status=0/SU(
   Main PID: 30281 (nginx)
      Tasks: 2 (limit: 2221)
     Memory: 4.4M
        CPU: 23ms
     CGroup: /system.slice/nginx.service
             ├─30281 "nginx: master process /usr/sbin/nginx -g daemon on; master_process on;"
             └─30284 "nginx: worker process" "" "" "" "" "" "" "" "" "" "" "" "" "" "" "" "" "" "" ""

1月 12 11:40:06 ubuntu-vm systemd[1]: Starting A high performance web server and a reverse proxy server
1月 12 11:40:06 ubuntu-vm systemd[1]: Started A high performance web server and a reverse proxy server.
```

（3）现在可以在浏览器中访问虚拟机的地址，此时会出现 Nginx 的默认首页，如图 4-6 所示。

在 Windows 或 Ubuntu 系统的浏览器中访问: `http://<IP 地址>`	◇ 这里的"<IP 地址>"需要替换成 Nginx 所在虚拟机的 IP 地址

◇ Ubuntu 的 Nginx 页面被放置在/var/www/html/目录中，默认的首页文件是 index.html。CentOS/Rocky Linux 的 Nginx 页面被放置在/usr/share/nginx/html/目录中，默认的首页文件是 index.html

◇ Nginx 配置信息被存储在/etc/nginx 目录中，主要的配置文件是/etc/nginx/nginx.conf

图 4-6　Nginx 的默认首页

若要修改页面的内容，则只需找到 Nginx 配置的页面目录，在里面调整 HTML 文件即可，默认的首页文件是 index.html，若页面中会用到其他图片，则要将这些图片文件及所需的目录上传到 Nginx 配置的页面目录中。

4.6 MySQL 的安装

MySQL 是一个被广泛使用的关系数据库管理系统，最初由瑞典 MySQL AB 公司开发，后被 Oracle 公司收购。MySQL 的体积小、运行速度快、总体拥有成本低，且 MySQL Community Server 是开源免费的，因此一般中小型网站的开发会选择使用 MySQL 作为数据库。此外，MySQL 社区版的性能卓越，搭配 PHP 和 Apache 服务器就可以组成良好的开发环境。MySQL 支持至少 20 种系统平台，包括 UNIX（AIX、HP-UX、FreeBSD 等）、Linux、macOS、Windows 等。

目前，MySQL 官方的最新版本是 MySQL 8.x，这个版本可能是 MySQL 的又一个新时代的开始。MySQL 8.x 无论是在功能还是整体性能上，表现都非常优越，不过，也正是为了支持大量新的功能特性，这个版本的调整非常大，其稳定性、可靠性还需要一定的时间周期来验证，迄今为止，MySQL 5.7 版本依旧是最稳定的，使用范围也非常大。因此，本节以 MySQL 5.7 为例，讲解通过编译源代码的方式安装 MySQL 的过程。

MySQL 源代码的下载网站如图 4-7 所示。

图 4-7 MySQL 源代码的下载网站

4.6.1 在 Ubuntu 上安装 MySQL

（1）首先将 boost_1_59_0.tar.gz、mysql-5.7.43.tar.gz 这两个项目源代码文件上传至 Ubuntu 虚拟机的主目录中并解压缩，然后进行一些安装准备工作。这里的 Boost 是我们在安装 MySQL 时会用到的一个库，在本书配套资源中可以找到它。

```
demo@ubuntu-vm:~$ sudo apt update  ◄─ 首先更新 Ubuntu 的软件源信息，然后安装开发工具
```

```
[sudo] demo 的密码：
命中:1 http://security.ubun**.com/ubuntu jammy-security InRelease
命中:2 http://mirrors.tuna.tsingh**.edu.cn/ubuntu jammy InRelease
...
```

如果遇到被锁住无法执行 apt 命令的情况

```
demo@ubuntu-vm:~$ sudo apt -y install build-essential
```

正在等待缓存锁：无法获得锁 ... lock-frontend。锁正由进程 3905（unattended-upgr）持有
正在等待缓存锁：无法获得锁 ... lock-frontend。锁正由进程 3905（unattended-upgr）持有
^C 在等待缓存锁：无法获得锁 ... 锁正由进程 3905（unattended-upgr）持有... 1 秒

```
demo@ubuntu-vm:~$ sudo kill -9 3905
demo@ubuntu-vm:~$ sudo apt -y install build-essential
```

则先使用 Ctrl+C 快捷键终止，然后执行 kill 命令，重新安装一遍

正在读取软件包列表... 完成
正在分析软件包的依赖关系树... 完成
正在读取状态信息... 完成

若已将 build-essential 安装到系统中，则这一步可以省略

```
build-essential 已经是最新版 (12.9ubuntu3)。
demo@ubuntu-vm:~$ sudo apt -y install cmake git bison libaio-dev \
    libncurses5 libncurses5-dev libssl-dev pkg-config
```

安装在编译 MySQL 源代码时使用的一些软件包和依赖库

正在读取软件包列表... 完成
正在分析软件包的依赖关系树... 完成
正在读取状态信息... 完成
将会同时安装下列软件：

```
    cmake-data    dh-elpa-helper    libjsoncpp25    libncurses-dev    libncurses6
libncursesw6 librhash0 libssl3 libtinfo5 libtinfo6
    ...
```

添加 mysql 用户组及 mysql 账号；设其用户组为 mysql，不创建主目录，无登录 Shell 程序

```
demo@ubuntu-vm:~$ sudo groupadd -r mysql
demo@ubuntu-vm:~$ sudo useradd -r -g mysql -s /bin/false -M mysql
demo@ubuntu-vm:~$ tar zxf mysql-5.7.43.tar.gz
demo@ubuntu-vm:~$ tar zxf boost_1_59_0.tar.gz
```

（2）准备工作设置完成后，接下来就是按照一般的构建项目的流程编译 MySQL 的源代码。

```
demo@ubuntu-vm:~$
```

使用 cmake 命令执行源代码的编译配置

```
demo@ubuntu-vm:~$ cd mysql-5.7.43/
demo@ubuntu-vm:~/mysql-5.7.43$ cmake ./ -DWITH_BOOST=../boost_1_59_0 \
-DCMAKE_INSTALL_PREFIX=/usr/local/mysql \
-DMYSQL_DATADIR=/usr/local/mysql/data/ \
```

MySQL 安装目录和数据文件目录

```
-DSYSCONFDIR=/etc \
```

将 MySQL 配置文件目录设为/etc

```
-DWITH_INNOBASE_STORAGE_ENGINE=1 \
-DWITH_PARTITION_STORAGE_ENGINE=1 \
-DWITH_FEDERATED_STORAGE_ENGINE=1 \
```

MySQL 系统的一些参数设置

```
-DWITH_BLACKHOLE_STORAGE_ENGINE=1 \
-DWITH_MYISAM_STORAGE_ENGINE=1 \
```

```
-DENABLED_LOCAL_INFILE=1  \
-DENABLE_DTRACE=0  \
-DDEFAULT_CHARSET=utf8mb4  \
-DDEFAULT_COLLATION=utf8mb4_general_ci  \
-DWITH_EMBEDDED_SERVER=OFF
```

> 当一条命令很长时，可使用 \ 进行多行续接，最终的结果仍为一整条命令

> 这条命令到这里为止，按回车键即可

```
...
-- Looking for floor in m
-- Looking for floor in m - found
...
-- Configuring done
-- Generating done
-- Build files have been written to: /home/demo/mysql-5.7.43
demo@ubuntu-vm:~/mysql-5.7.43$ make
```

> 开始编译 MySQL 项目源代码，这一过程耗时较长

```
[  0%] Building C object CMakeFiles/lz4_lib.dir/extra/lz4/lz4-1.9.4/lib/lz4.c.o
[  0%] Building C object CMakeFiles/lz4_lib.dir/ ... /lz4frame.c.o
[  1%] Building C object CMakeFiles/lz4_lib.dir/ ... /lz4hc.c.o
[  1%] Building C object CMakeFiles/lz4_lib.dir/ ... /xxhash.c.o
[  1%] Linking C static library archive_output_directory/liblz4_lib.a
[  1%] Built target lz4_lib
...
[100%] Built target locking_service
[100%] Building CXX object mysql-test/lib/My/ ... /safe_process.cc.o
[100%] Linking CXX executable my_safe_process
[100%] Built target my_safe_process
```

➔ 学习提示

如果上述在编译过程中遇到问题，则可以根据内容提示检查具体原因（多数情况下是要安装所缺少的依赖库），之后执行下面两条命令自动删除由 cmake 生成的预编译配置参数缓存文件，以及由 make 命令编译后生成的文件。

```
make  clean
rm  -f  CMakeCache.txt
```

处理完成后，重新执行上面的 cmake 和 make 命令，以重启编译过程。

```
demo@ubuntu-vm:~/mysql-5.7.43$ sudo  make  install
```

> 将编译好的 MySQL 安装到系统中

```
Consolidate compiler generated dependencies of target lz4_lib
[  1%] Built target lz4_lib
[  1%] Built target abi_check
[  1%] Built target INFO_SRC
[  1%] Built target INFO_BIN
Consolidate compiler generated dependencies of target zlib
```

```
[ 2%] Built target zlib
...
-- Installing: /usr/local/mysql/share/aclocal/mysql.m4
-- Installing: /usr/local/mysql/support-files/mysql.server
demo@ubuntu-vm:~/mysql-5.7.43$ sudo mkdir /usr/local/mysql/temp
demo@ubuntu-vm:~/mysql-5.7.43$ sudo chmod 777 /usr/local/mysql/temp
demo@ubuntu-vm:~/mysql-5.7.43$ cd /usr/local/mysql
demo@ubuntu-vm:/usr/local/mysql$ sudo bin/mysqld --initialize-insecure \
   --user=mysql \
   --basedir=/usr/local/mysql --datadir=/usr/local/mysql/data
...
2024-01-12T10:39:05.575366Z 1 [Warning] root@localhost is created with an
empty password ! Please consider switching off the --initialize-insecure option.
demo@ubuntu-vm:/usr/local/mysql$ sudo bin/mysql_ssl_rsa_setup \
   --datadir=/usr/local/mysql/data
demo@ubuntu-vm:/usr/local/mysql$ cd ~
demo@ubuntu-vm:~$ sudo chown -R mysql:mysql /usr/local/mysql
demo@ubuntu-vm:~$ sudo vi /etc/my.cnf
[mysqld]
user=mysql
port=3306
basedir=/usr/local/mysql
datadir=/usr/local/mysql/data
tmpdir=/usr/local/mysql/temp

character-set-server=utf8
collation-server=utf8_general_ci
default-storage-engine=INNODB

[mysqld_safe]
log-error=/var/log/mysqld.log
pid-file=/var/run/mysqld/mysqld.pid
```

> 准备 MySQL 运行用到的临时目录

> 初始化 MySQL，为其运行做准备（初始密码为空）

> 设定 mysql 用户可完全控制 MySQL 目录

> 在/etc/my.cnf 中设定一些 MySQL 的运行参数

> MySQL 的一些运行参数项，主要包括启动的用户身份mysql、端口号 3306、工作目录、字符集、日志文件等

（3）至此，MySQL 的安装工作就结束了。为了将 MySQL 启动起来，我们再配置一下 MySQL 的服务，并将 MySQL 的程序目录路径加入到 PATH 环境变量中。

```
demo@ubuntu-vm:~$ sudo cp /usr/local/mysql/support-files/mysql.server \
   /etc/init.d/mysqld
demo@ubuntu-vm:~$ sudo chmod +x /etc/init.d/mysqld
demo@ubuntu-vm:~$ sudo /etc/init.d/mysqld start
Starting mysqld (via systemctl): mysqld.service.
demo@ubuntu-vm:~$ sudo systemctl status mysqld
```

> 复制 MySQL 提供的启动脚本文件，并将其启动起来

> 查看 mysqld 服务的运行状态

```
● mysqld.service - LSB: start and stop MySQL
    Loaded: loaded (/etc/init.d/mysqld; generated)
    Active: active (running) since Fri 2024-01-12 18:57:14 CST; 26s ago
      Docs: man:systemd-sysv-generator(8)
   Process: 34080 ExecStart=/etc/init.d/mysqld start (code=exited, status=0/SUCCESS)
     Tasks: 28 (limit: 2242)
    Memory: 175.2M
       CPU: 382ms
    CGroup: /system.slice/mysqld.service
            ├─34094 /bin/sh /usr/local/mysql/bin/mysqld_safe --datadir=/usr/local/mysql/data
            └─34306 /usr/local/mysql/bin/mysqld --basedir=/usr/local/mysql --datadir=/usr/loc
```

running 表示正在运行

```
1月 12 18:57:13 ubuntu-vm systemd[1]: Starting LSB: start and stop MySQL...
1月 12 18:57:13 ubuntu-vm mysqld[34080]: Starting MySQL
1月 12 18:57:14 ubuntu-vm mysqld[34080]: . *
1月 12 18:57:14 ubuntu-vm systemd[1]: Started LSB: start and stop MySQL.
lines 1-16/16 (END)
```

这里按 q 键退出服务查看界面

```
demo@ubuntu-vm:~$ sudo  systemctl  enable  mysqld
```

设置 mysqld 服务自动启动

```
mysqld.service is not a native service, redirecting to systemd-sysv-install.
Executing: /lib/systemd/systemd-sysv-install enable mysqld
demo@ubuntu-vm:~$ sudo  vi  /etc/profile
```

将 MySQL 的程序路径加入到 PATH 环境变量中

```
...
#mysql
```

将这两行添加在配置文件/etc/profile 的末尾

```
export PATH=/usr/local/mysql/bin:$PATH
```

使 PATH 环境变量配置生效

```
demo@ubuntu-vm:~$ source  /etc/profile
```

（4）最后，我们通过 MySQL 提供的客户端命令，以 MySQL 中的 root 用户连接到 MySQL 数据库服务器，并测试一下是否能够正常使用。

```
demo@ubuntu-vm:~$ mysql  -uroot  -p
Enter password:
```

初始密码为空，直接按回车键即可

```
Welcome to the MySQL monitor.  Commands end with ; or \g.
Your MySQL connection id is 2
Server version: 5.7.43 Source distribution

Copyright (c) 2000, 2023, Oracle and/or its affiliates.
Oracle is a registered trademark of Oracle Corporation and/or its
affiliates. Other names may be trademarks of their respective
owners.
Type 'help;' or '\h' for help. Type '\c' to clear the current input statement.
mysql>
mysql> ALTER  USER  'root'@'localhost'  IDENTIFIED  WITH  mysql_native_password  BY '123456';
Query OK, 0 rows affected (0.00 sec)
```

在这里设置 MySQL 的 root 用户密码为 123456。MySQL 的 root 用户和 Linux 的 root 用户没有任何关系

```
mysql> FLUSH  PRIVILEGES;
Query OK, 0 rows affected (0.00 sec)
mysql> quit;
```

使新密码生效，并退出客户端界面

```
Bye
demo@ubuntu-vm:~$
```

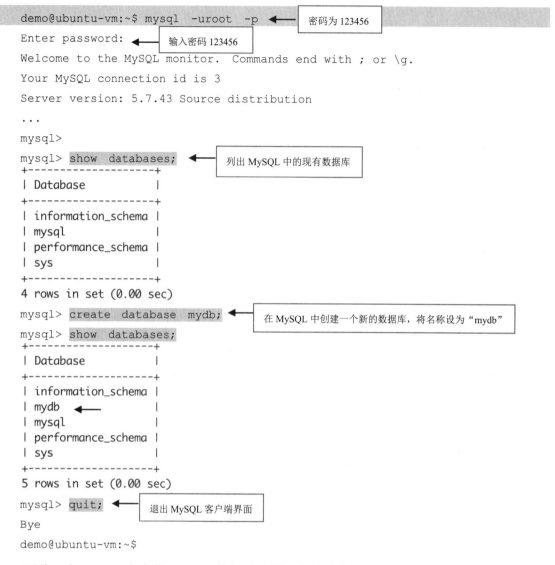

```
demo@ubuntu-vm:~$ mysql  -uroot  -p          ← 密码为 123456
Enter password:          ← 输入密码 123456
Welcome to the MySQL monitor.  Commands end with ; or \g.
Your MySQL connection id is 3
Server version: 5.7.43 Source distribution
...
mysql>
mysql> show  databases;          ← 列出 MySQL 中的现有数据库
+--------------------+
| Database           |
+--------------------+
| information_schema |
| mysql              |
| performance_schema |
| sys                |
+--------------------+
4 rows in set (0.00 sec)
mysql> create  database  mydb;          ← 在 MySQL 中创建一个新的数据库，将名称设为 "mydb"
mysql> show  databases;
+--------------------+
| Database           |
+--------------------+
| information_schema |
| mydb               |          ←
| mysql              |
| performance_schema |
| sys                |
+--------------------+
5 rows in set (0.00 sec)
mysql> quit;          ← 退出 MySQL 客户端界面
Bye
demo@ubuntu-vm:~$
```

至此，在 Ubuntu 上安装 MySQL 的相关配置工作就全部完成了。

4.6.2　在 Rocky Linux 上安装 MySQL

为节省篇幅，本节将简单介绍在 Rocky Linux 系统上安装 MySQL 的步骤，这些步骤与在 Ubuntu 上安装的步骤大体是一样的，主要就是在细节上有少许差异。同样地，首先将 boost_1_59_0.tar.gz、mysql-5.7.43.tar.gz 这两个项目源代码文件已经上传至 Rocky Linux 虚拟机的主目录中。

```
[root@rockylinux-vm ~]# cd  ~          ← 安装 Rocky Linux 的开发工具和必要的软件包
[root@rockylinux-vm ~]# dnf  -y  groupinstall  "Development Tools"
[root@rockylinux-vm ~]# dnf  -y  install  cmake  ncurses-devel  \
   openssl-devel  pkg-config  libtirpc  rpcgen          ← 从开发仓库中安装软件包
...
[root@rockylinux-vm ~]# dnf  --enablerepo=devel  -y  install  libtirpc-devel
```

...

```
[root@rockylinux-vm ~]# groupadd -r mysql
[root@rockylinux-vm ~]# useradd -r -g mysql -s /bin/false -M mysql
[root@rockylinux-vm ~]# tar xf boost_1_59_0.tar.gz
[root@rockylinux-vm ~]# tar xf mysql-5.7.43.tar.gz
[root@rockylinux-vm ~]# cd mysql-5.7.43
[root@rockylinux-vm mysql-5.7.43]# cmake ./ -DWITH_BOOST=../boost_1_59_0 \
-DCMAKE_INSTALL_PREFIX=/usr/local/mysql \
-DMYSQL_DATADIR=/usr/local/mysql/data/ \
-DSYSCONFDIR=/etc \
-DWITH_INNOBASE_STORAGE_ENGINE=1 \
-DWITH_PARTITION_STORAGE_ENGINE=1 \
-DWITH_FEDERATED_STORAGE_ENGINE=1 \
-DWITH_BLACKHOLE_STORAGE_ENGINE=1 \
-DWITH_MYISAM_STORAGE_ENGINE=1 \
-DENABLED_LOCAL_INFILE=1 \
-DENABLE_DTRACE=0 \
-DDEFAULT_CHARSET=utf8mb4 \
-DDEFAULT_COLLATION=utf8mb4_general_ci \
-DWITH_EMBEDDED_SERVER=OFF ◄———   这条命令到这里为止，按回车键即可
```

...

```
[root@rockylinux-vm mysql-5.7.43]# make install
```

...

```
[root@rockylinux-vm mysql-5.7.43]# mkdir /usr/local/mysql/temp
[root@rockylinux-vm mysql-5.7.43]# chmod 777 /usr/local/mysql/temp
[root@rockylinux-vm mysql-5.7.43]# cd /usr/local/mysql
[root@rockylinux-vm mysql]# bin/mysqld --initialize-insecure \
  --user=mysql \
  --basedir=/usr/local/mysql --datadir=/usr/local/mysql/data
[root@rockylinux-vm mysql]# bin/mysql_ssl_rsa_setup \
  --datadir=/usr/local/mysql/data
[root@rockylinux-vm mysql]# cd ~
[root@rockylinux-vm ~]# chown -R mysql:mysql /usr/local/mysql
[root@rockylinux-vm ~]# vi /etc/my.cnf
```

```
[mysqld]            ◄———   /etc/my.cnf 文件中的内容
user=mysql
port=3306
basedir=/usr/local/mysql
datadir=/usr/local/mysql/data
tmpdir=/usr/local/mysql/temp
```

```
character-set-server=utf8
collation-server=utf8_general_ci
default-storage-engine=INNODB


[mysqld_safe]
log-error=/var/log/mysqld.log
pid-file=/var/run/mysqld/mysqld.pid
```

```
[root@rockylinux-vm ~]# vi /usr/lib/systemd/system/mysqld.service
[Unit]
Description=MySQL Community Server 5.7          ◄── mysqld.service 文件中的内容
After=network.target
After=syslog.target   ◄── 设置 mysqld 服务的启动顺序

[Install]
WantedBy=multi-user.target

[Service]
Type=forking
User=mysql                             设置 mysqld 服务的启动命令
Group=mysql
ExecStart=/usr/local/mysql/bin/mysqld --daemonize --pid-file=/usr/local/mysql/temp/mysql.pid
PermissionsStartOnly=true   ◄── 设置以 root 权限执行 mysqld 服务的启动脚本
```

```
[root@rockylinux-vm ~]# systemctl enable mysqld
[root@rockylinux-vm ~]# systemctl start mysqld
[root@rockylinux-vm ~]# systemctl status mysqld
[root@rockylinux-vm ~]# vi /etc/profile
```

```
...
#mysql   ◄── 将这两行添加到配置文件/etc/profile 的末尾
export PATH=/usr/local/mysql/bin:$PATH
```

```
[root@rockylinux-vm ~]# source /etc/profile
[root@rockylinux-vm ~]# mysql -uroot -p   ◄── 密码为空
```

```
...
mysql> ALTER USER 'root'@'localhost' IDENTIFIED WITH mysql_native_password BY '123456';
mysql> FLUSH PRIVILEGES;
mysql> quit;
[root@rockylinux-vm ~]# mysql -uroot -p   ◄── 密码为 123456
```

```
...
mysql> show databases;   ◄── 列出 MySQL 中的现有数据库
...
mysql> create database mydb;   ◄── 在 MySQL 中创建一个新的数据库，将名称设为"mydb"
...
mysql> show databases;
...
mysql> quit;   ◄── 退出 MySQL 客户端界面
```

4.6.3　在 CentOS 上安装 MySQL

本节简单介绍在 CentOS 上安装 MySQL 的步骤，该步骤与在 Rocky Linux 上安装的步骤是非常相似的。首先将 boost_1_59_0.tar.gz、mysql-5.7.43.tar.gz 这两个项目源代码文件上传至 CentOS 虚拟机的主目录中。

```
[root@centos7-vm ~]# rpm -qa | grep mariadb
[root@centos7-vm ~]# yum -y remove mariadb          ← 删除 CentOS 自带的 mariadb-libs 库，以
                                                       避免发生冲突
[root@centos7-vm ~]# yum -y groupinstall "Development Tools"
[root@centos7-vm ~]# yum -y install cmake ncurses-devel \
    openssl-devel pkg-config
[root@centos7-vm ~]# groupadd -r mysql
[root@centos7-vm ~]# useradd -r -g mysql -s /bin/false -M mysql
[root@centos7-vm ~]# tar zxf boost_1_59_0.tar.gz
[root@centos7-vm ~]# tar zxf mysql-5.7.43.tar.gz
[root@centos7-vm ~]# cd mysql-5.7.43
[root@centos7-vm mysql-5.7.43]# cmake ./ -DWITH_BOOST=../boost_1_59_0 \
 -DCMAKE_INSTALL_PREFIX=/usr/local/mysql \
 -DMYSQL_DATADIR=/usr/local/mysql/data/ \
 -DSYSCONFDIR=/etc \
 -DWITH_INNOBASE_STORAGE_ENGINE=1 \
 -DWITH_PARTITION_STORAGE_ENGINE=1 \
 -DWITH_FEDERATED_STORAGE_ENGINE=1 \
 -DWITH_BLACKHOLE_STORAGE_ENGINE=1 \
 -DWITH_MYISAM_STORAGE_ENGINE=1 \
 -DENABLED_LOCAL_INFILE=1 \
 -DENABLE_DTRACE=0 \
 -DDEFAULT_CHARSET=utf8mb4 \
 -DDEFAULT_COLLATION=utf8mb4_general_ci \
 -DWITH_EMBEDDED_SERVER=OFF          ← 这条命令到这里为止，按回车键即可
[root@centos7-vm mysql-5.7.43]# make
[root@centos7-vm mysql-5.7.43]# make install
[root@centos7-vm mysql-5.7.43]# mkdir /usr/local/mysql/temp
[root@centos7-vm mysql-5.7.43]# chmod 777 /usr/local/mysql/temp
[root@centos7-vm mysql-5.7.43]# cd /usr/local/mysql
[root@centos7-vm mysql]# bin/mysqld --initialize-insecure \
  --user=mysql \
  --basedir=/usr/local/mysql --datadir=/usr/local/mysql/data
[root@centos7-vm mysql]# bin/mysql_ssl_rsa_setup \
  --datadir=/usr/local/mysql/data
[root@centos7-vm mysql]# cd ~
[root@centos7-vm ~]# chown -R mysql:mysql /usr/local/mysql
```

```
[root@centos7-vm ~]# vi  /etc/my.cnf
[mysqld]
user=mysql
port=3306
basedir=/usr/local/mysql
datadir=/usr/local/mysql/data
tmpdir=/usr/local/mysql/temp

character-set-server=utf8
collation-server=utf8_general_ci
default-storage-engine=INNODB

[mysqld_safe]
log-error=/var/log/mysqld.log
pid-file=/var/run/mysqld/mysqld.pid
```

/etc/my.cnf 文件中的内容

```
[root@centos7-vm ~]# cp  /usr/local/mysql/support-files/mysql.server \
   /etc/init.d/mysqld
[root@centos7-vm ~]# /etc/init.d/mysqld  start
[root@centos7-vm ~]# chkconfig  --add  mysqld
[root@centos7-vm ~]# chkconfig  mysqld  on
[root@centos7-vm ~]# service  mysqld  start
[root@centos7-vm ~]# service  mysqld  status
```

添加 mysqld 服务，并设置开机自动启动

使用 echo 命令将环境变量的配置直接写入 /etc/profile 配置文件的末尾，并使其生效

```
[root@centos7-vm ~]# echo  -e  '\n\nexport  PATH=/usr/local/mysql/bin:$PATH\n'  >>  /etc/profile  &&  source  /etc/profile
[root@centos7-vm ~]# source  /etc/profile
[root@centos7-vm ~]# mysql  -uroot  -p
```

密码为空

```
mysql> ALTER  USER  'root'@'localhost'  IDENTIFIED  WITH  mysql_native_password  BY  '123456';
mysql> FLUSH  PRIVILEGES;
mysql> quit;
[root@centos7-vm ~]# mysql  -uroot  -p
mysql> show  databases;
mysql> create  database  mydb;
mysql> show  databases;
mysql> quit;
```

在这里的安装步骤中，下面的这条命令：

```
echo  -e  '\n\nexport  PATH=/usr/local/mysql/bin:$PATH\n'  >>  /etc/profile  &&  source  /etc/profile
```

实际上包含了两条命令，其中前半部分通过 echo 命令将环境变量 PATH 的配置直接追加到 /etc/profile 文件的末尾，从而避免使用 vi 编辑器；后半部分使用 source 命令使修改过的环境变量配置立即生效，两条命令之间以"&&"符号连接在一起，这也是在 Linux 中同时输入多条命令的用法，但 Linux 在执行时仍然按照从左至右的顺序。

这里的 echo 命令用到了 -e 参数，代表输出的字符串中包含特殊符号，即换行符，其作用相当于 vi 编辑器中的按回车键操作。

4.7　Docker

4.7.1　虚拟化技术

1．虚拟化的概念

在计算机领域中，虚拟化技术（Virtualization Technology，VT）是目前常用的一种资源管理技术。虚拟化的目的是在一台计算机上同时运行多个操作系统或应用程序。使用虚拟化技术能将单台服务器中的各种资源（如网络、CPU、内存等）整合转换为一台或多台虚拟机，这样用户就可以从多个方面充分利用计算资源，提高计算机的利用率，节约成本，其基本原理如图 4-8 所示。虚拟化技术可以将单 CPU 模拟出多 CPU 的效果，允许在一个平台上同时运行多个操作系统，并且应用程序也可以在相互独立的空间内运行而互不影响，从而显著提高计算机的工作效率。

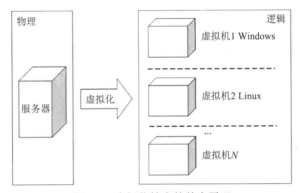

图 4-8　虚拟化技术的基本原理

在一台物理机上，可以同时拥有多台虚拟机，这些虚拟机都是基于物理机运行的。其中，物理机被称为虚拟机的宿主机（也可简称为主机），只要它处于正常运行状态，就可以一直承载虚拟机的运行。由于虚拟机是基于物理机运行的，物理机的硬件设备由各台虚拟机共享，因此在创建多台虚拟机时，需要考虑物理机的配置能否承载足够数量的虚拟机。

计算机操作系统在正常情况下是占用全部硬件资源的，因此，一台计算机只能装载一个操作系统，但虚拟化技术把一台计算机在逻辑上分割成几台虚拟机，每台虚拟机均可分配独立的硬件资源，从而能够分别运行各自的操作系统，实现一台计算机同时运行多个操作系统的功能。

2．硬件虚拟化

早期的虚拟化技术都是使用纯软件方式进行开发的，在设计 x86 架构的计算机时，开发者并没有考虑到虚拟化的需求，因而使其进行完全的虚拟化会遇到很多难题。为此，VMware 等厂商通过引入虚拟机监视器（Vritual Machine Monitor，VMM）解决了这些问题，但是这个方法会带来一些额外开销，占用计算机的部分资源，从而使虚拟机的性能有所下降。

为了让虚拟化被更好地运用，AMD 公司推出了支持虚拟化的硬件辅助技术 AMD-V（AMD

Virtualization，AMD 虚拟化），这样在具备 AMD-V 功能的 CPU 中就有一套新的硬件指令用于帮助 VMM 进行虚拟化，从而有效降低虚拟化的开销，提高虚拟机的性能。与此同时，作为竞争对手的 Intel 公司也在其 CPU 产品中增加了 Intel-VT 技术（Intel Virtualization Technology，Intel 虚拟化技术）。AMD-V 和 Intel-VT 都是让一个 CPU 看起来像是多个 CPU 同时在工作一样，但它们并不是一个新鲜事物，像 VMware Workstation、Virtual PC 等虚拟机管理软件也可以在单 CPU 上模拟多 CPU 并行的效果，实现在一台计算机上同时运行多个操作系统的目的。

硬件虚拟化是指在宿主机的硬件层面进行虚拟化，这样物理硬件就对用户进行隐藏了，只将虚拟化后的硬件呈现在用户面前。图 4-9 所示为在 VMware 中的一个典型硬件虚拟化的例子。

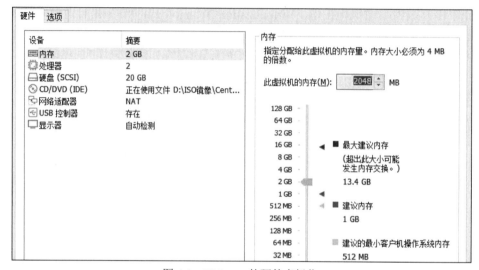

图 4-9　VMware 的硬件虚拟化

图 4-9 左侧展示的虚拟机硬件，并非真实的物理硬件，而是通过虚拟化技术虚拟出来的，与虚拟机类似，虚拟硬件也是来源于宿主机。当虚拟机在运行时，我们还要考虑宿主机本身的硬件配置。例如，将宿主机中的网卡取出后，在虚拟机的设置中是无法添加网卡的，但只要宿主机中有网卡，在虚拟机中就可以添加多个网卡。再如，如果宿主机的物理内存有 16GB，那么用户直接给虚拟机配置 16GB 内存是无法实现的，因为宿主机本身的运行也需要消耗内存，所以无法将内存完全分配给虚拟机使用。

4.7.2　容器技术（Docker）

传统的虚拟化技术（如 VMware）是在宿主机上模拟出一套硬件，并在其上运行另一套完整的操作系统，拥有自己独立的系统内核。这样的虚拟机是包含应用程序、必需的库和二进制文件，以及一个完整的操作系统在内的，因此它的隔离性很强，但也注定结构复杂。与此相对的容器技术，在使用上类似于传统虚拟机，但其没有进行硬件上的虚拟化，只是包含应用程序和所有的依赖库，并且容器中的应用程序进程是直接运行在宿主机的操作系统上的，与宿主机共享系统内核，不需要运行一套单独的操作系统。因此，容器比传统的虚拟机更加轻便，部署与迁移都十分快速，结构精简，运行速率更高。虚拟化技术和容器技术的基本原理对比如图 4-10 所示。

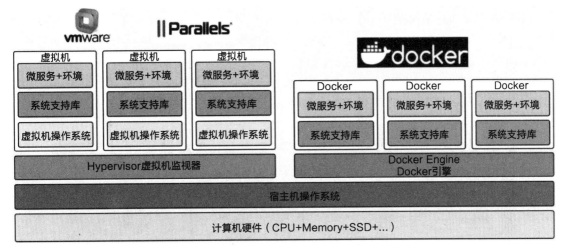

图 4-10 虚拟化技术和容器技术的基本原理对比

目前，常用的容器技术有 Docker、rkt、LXC、LXD、CRI-O 等。Docker 是目前十分流行的容器技术，支持跨平台部署和管理容器。Docker 在应用程序之间、应用程序与宿主机之间创建隔离层，并通过限制对宿主机的访问来减少对外暴露的范围，从而保护宿主机，以及在宿主机上运行的其他容器。在服务器上运行的 Docker 与在虚拟机上运行的 Docker 具有相同的高级限制，从而保证业务的安全性，还可以通过保护虚拟机并为宿主机提供深度防御来与虚拟化技术完美结合。Docker 与虚拟机的对比如图 4-11 所示。

对比项	Docker	虚拟机
隔离性	较弱的隔离	强隔离
启动速度	秒级	分钟级
镜像大小	最小几MB	几百MB到几GB
运行性能（与裸机比较）	损耗小于2%	损耗在15%左右
镜像可移植性	与平台无关	与平台相关
密度	单机上支持100～1000个	单机上支持10～100个
安全性	1.容器内的用户从普通用户权限提升为root权限，就直接具备了宿主机的root权限。 2.容器中没有硬件隔离，这使得容器容易受到攻击	1.虚拟机用户的root权限和宿主机用户的root权限是分离的。 2.硬件隔离技术：防止虚拟机突破和彼此交互

图 4-11 Docker 与虚拟机的对比

目前，容器技术的应用已经无处不在，在 Linux/Windows 服务器、数据中心、公有云等领域中都可以看到容器技术的影子。正是因为容器技术的优越性，越来越多的互联网企业开始开发容器应用，大多数企业有成熟的虚拟化环境，包括备份、监视、自动化工具，以及与之相关的人员和流程。

在介绍 Docker 之前，先介绍一下镜像（Image）、容器（Container）和仓库（Repository）这 3 个术语，它们是 Docker 中基本和核心的概念，如图 4-12 所示。Docker 与虚拟机是两种不同的计算机虚拟化技术，我们可以将 Docker 理解为一个轻量级的虚拟机，但 Docker 本质上只是一个运行在宿主机操作系统上的应用，因为 Linux 操作系统分为内核空间、用户空间这两个部分，所以无论是 Ubuntu 还是 CentOS 在启动内核之后，都是通过挂载"根文件系统"来提供用户空间的，Docker 镜像就是一个与此类似的"根文件系统"。更通俗地说，Docker 镜像其实就是一个特殊的文件系统，它提供了 Docker 容器运行所需的程序、库、资源等文件，还包含了为 Runtime（运行时）准备的一些配置参数（如匿名卷、环境变量、用户等），但在外部看来它就像一个"完全独立的操作系统"一样。在这里，Docker 镜像是指具备某种功能的一组文件，它和创建 VMware 虚拟机时产生的文件是类似的，是一个静态的概念。

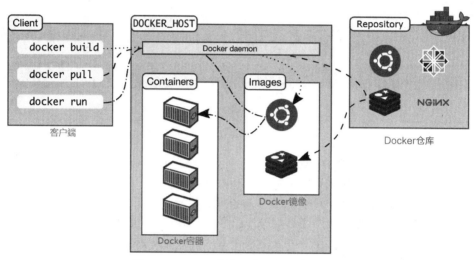

图 4-12　Docker 镜像、容器与仓库的关系

Docker 容器，则是从镜像中运行起来的一个应用实例，容器之间相互隔离、互不可见，即使来自同一个镜像的多个容器也是如此。以 3.8 节中介绍的 Windows 记事本程序文件和进程作为参照，在 Windows 的系统目录中有一个名为"notepad.exe"的程序文件（这个文件就相当于"镜像"），当 notepad.exe 文件启动时，Windows 会创建一个名为"记事本"的进程（即记事本的窗口），如果该文件运行多次，就会创建多个"记事本"进程，这些进程就类似于 Docker 容器。同样地，如果有多个记事本在运行，则每个记事本输入的文字内容可以各不相同，它们之间也是相互独立的，即使关闭了某个记事本，也不会影响其他已打开的记事本。这里所说的 Docker 容器，实际上相当于一个"简易版的 Linux 系统环境"（包括 root 用户权限、进程空间、用户空间和网络空间等）与"运行在其中的应用程序"一起打包而成的"应用集装箱"，Docker 正是利用这一点实现了"运行和隔离应用程序"的目标。

综上所述，Docker 镜像是一个模板文件，当容器从镜像中启动时，Docker 会针对每个容器在镜像的最上层单独创建一个可写层，并加载到内存中运行（也可以停止、重启或删除容器），但无论启动多少个容器，镜像都是只读的，仍然保持不变。此外，Docker 镜像还涉及一个管理的问题，由此出现了 Docker 仓库的概念，它相当于智能手机中的"应用商店"。Docker 仓库是集中存放 Docker 镜像的场所，目前最大的公开仓库是 Docker Hub，里面存放了数量庞大的镜像供用户下载，任何人都可以从中下载已公开的镜像，或者将自己制作的镜像发布上去。如果用户不希望公开分享自己的镜像，Docker 也支持用户在本地网络上创建一个私有仓库。当创建了某个镜像之后，就可以将它上传到指定的公开或私有仓库中，这样下次在另一台机器上使用该镜像时，只需将其从仓库中下载下来即可使用。

4.7.3 Docker 的安装与基本操作

1. Docker 的安装

Docker 从 17.03 版本之后，分为 CE（Community Edition，社区版）和 EE（Enterprise Edition，企业版）两个系列，下面将介绍 Docker 社区版分别在 Ubuntu、Rocky Linux 和 CentOS 中的安装方法。

（1）在 Ubuntu 中，执行下面的命令安装 Docker 软件包。

```
demo@ubuntu-vm:~$ cd  ~
demo@ubuntu-vm:~$ apt  list  --installed | grep  docker        ← 查看系统中是否安装过 Docker
...
demo@ubuntu-vm:~$ sudo  apt  update        ← 更新系统的软件源信息
[sudo] demo 的密码:
命中:1 http://mirrors.tuna.tsingh**.edu.cn/ubuntu jammy InRelease
命中:2 http://mirrors.tuna.tsingh**.edu.cn/ubuntu jammy-updates InRelease
...
demo@ubuntu-vm:~$ sudo  apt  -y  install  curl  gnupg  lsb-release \
    software-properties-common apt-transport-https ca-certificates
正在读取软件包列表... 完成        ← 安装必要的软件包
正在分析软件包的依赖关系树... 完成
...
demo@ubuntu-vm:~$ curl  -fsSL https://download.dock**.com/linux/ubuntu/gpg \
  | sudo  gpg  --dearmor  -o /usr/share/keyrings/docker-archive-keyring.gpg
demo@ubuntu-vm:~$
demo@ubuntu-vm:~$ echo "deb [arch=$(dpkg --print-architecture) \
    signed-by=/usr/share/keyrings/docker-archive-keyring.gpg] \
    https://download.dock**.com/linux/ubuntu $(lsb_release -cs) stable" | \
    sudo  tee  /etc/apt/sources.list.d/docker.list > /dev/null
demo@ubuntu-vm:~$
demo@ubuntu-vm:~$ sudo  apt  update        ← 上面的两条命令安装了新的软件源，这里需要更新一下
命中:1 http://security.ubun**.com/ubuntu jammy-security InRelease
获取:2 https://download.dock**.com/linux/ubuntu jammy InRelease [48.8 kB]
...
demo@ubuntu-vm:~$ sudo  apt  -y  install  docker-ce docker-ce-cli \        ← 安装 Docker 软件包
    containerd.io docker-buildx-plugin docker-compose-plugin
正在读取软件包列表... 完成
正在分析软件包的依赖关系树... 完成
正在读取状态信息... 完成
将会同时安装下列软件:
  docker-ce-rootless-extras libslirp0 pigz slirp4netns
建议安装:
```

```
    aufs-tools cgroupfs-mount | cgroup-lite
下列【新】软件包将被安装：
    containerd.io docker-buildx-plugin docker-ce docker-ce-rootless-extras
    docker-ce-cli docker-compose-plugin libslirp0 pigz slirp4netns
...
```

```
demo@ubuntu-vm:~$ sudo docker run hello-world  ◄─── 测试 Docker 是否安装成功
Unable to find image 'hello-world:latest' locally
latest: Pulling from library/hello-world
c1ec31eb5944: Pull complete
Digest:
sha256:4bd78111b6914a99dbc560e6a20eab57ff6655aea4a80c50b0c5491968cbc2e6
    Status: Downloaded newer image for hello-world:latest

Hello from Docker!  ◄─── 表明 Docker 能够正常启动容器
This message shows that your installation appears to be working correctly.
...
demo@ubuntu-vm:~$
```

（2）在 Rocky Linux 中，执行下面的命令安装 Docker 软件包。

```
[root@rockylinux-vm ~]# dnf list installed | grep docker   ◄─ 查看系统中是否安装过 Docker
[root@rockylinux-vm ~]# dnf -y install dnf-plugins-core
Last metadata expiration check: 3:19:59 ago on Sat Jan 13 03:29:12 2024.
Package dnf-plugins-core-4.1.0-3.el9.noarch is already installed.
...                                                          ◄─ 安装必要的软件包
[root@rockylinux-vm ~]# dnf config-manager \
  --add-repo https://download.dock**.com/linux/centos/docker-ce.repo
Adding repo from: https://download.dock**.com/linux/centos/docker-ce.repo
[root@rockylinux-vm ~]# dnf makecache   ◄─ 添加 docker 软件源，并更新软件源信息
Docker CE Stable - x86_64             21 kB/s | 33 kB      00:01
Rocky Linux 9 - BaseOS                2.8 kB/s | 4.1 kB     00:01
Rocky Linux 9 - AppStream             3.6 kB/s | 4.5 kB     00:01
Rocky Linux 9 - Extras                3.3 kB/s | 2.9 kB     00:00   ◄─ 安装 Docker 软件包
Metadata cache created.
[root@rockylinux-vm ~]# dnf -y install docker-ce docker-ce-cli \
  docker-buildx-plugin docker-compose-plugin containerd.io
Last metadata expiration check: 0:01:38 ago on Sat Jan 13 06:51:01 2024.
Dependencies resolved.
================================================================================
 Package          Architecture      Version           Repository        Size
================================================================================
Installing:
 containerd.io           x86_64      1.6.26-3.1.el9    docker-ce-stable  34 M
```

```
docker-buildx-plugin    x86_64    0.11.2-1.el9    docker-ce-stable    13 M
docker-ce               x86_64    3:24.0.7-1.el9  docker-ce-stable    24 M
docker-ce-cli           x86_64    1:24.0.7-1.el9  docker-ce-stable    7.1 M
docker-compose-plugin   x86_64    2.21.0-1.el9    docker-ce-stable    13 M
...
```

```
[root@rockylinux-vm ~]# systemctl start docker        ◄─ 启动 Docker 服务
[root@rockylinux-vm ~]# systemctl status docker
```

```
● docker.service - Docker Application Container Engine
     Loaded: loaded (/usr/lib/systemd/system/docker.service; disabled; vendor preset: disabled)
     Active: active (running) since Sat 2024-01-13 06:59:29 CST; 33s ago
TriggeredBy: ● docker.socket
       Docs: https://docs.dock**.com
   Main PID: 32608 (dockerd)
      Tasks: 8
     Memory: 42.6M
        CPU: 152ms
     CGroup: /system.slice/docker.service
             └─32608 /usr/bin/dockerd -H fd:// --containerd=/run/containerd/containerd.sock

Jan 13 06:59:27 rockylinux-vm systemd[1]: Starting Docker Application Container Engine...
Jan 13 06:59:27 rockylinux-vm dockerd[32608]: time="2024-01-13T06:59:27.331240173+08:00" level=
Jan 13 06:59:27 rockylinux-vm dockerd[32608]: time="2024-01-13T06:59:27.361512078+08:00" level=
Jan 13 06:59:28 rockylinux-vm dockerd[32608]: time="2024-01-13T06:59:28.964568328+08:00" level=
Jan 13 06:59:29 rockylinux-vm dockerd[32608]: time="2024-01-13T06:59:29.098669425+08:00" level=
Jan 13 06:59:29 rockylinux-vm dockerd[32608]: time="2024-01-13T06:59:29.148505193+08:00" level=
Jan 13 06:59:29 rockylinux-vm dockerd[32608]: time="2024-01-13T06:59:29.149237582+08:00" level=
Jan 13 06:59:29 rockylinux-vm dockerd[32608]: time="2024-01-13T06:59:29.192736570+08:00" level=
Jan 13 06:59:29 rockylinux-vm systemd[1]: Started Docker Application Container Engine.
lines 1-21/21 (END)
```

```
[root@rockylinux-vm ~]# systemctl enable docker       ◄─ 设置 Docker 服务开机自动启动
Created symlink /etc/systemd/system/multi-user.target.wants/docker.service
→ /usr/lib/systemd/system/docker.service.
```
                                                      测试 Docker 是否安装成功
```
[root@rockylinux-vm ~]# docker run hello-world
Unable to find image 'hello-world:latest' locally
latest: Pulling from library/hello-world
c1ec31eb5944: Pull complete
Digest:
sha256:4bd78111b6914a99dbc560e6a20eab57ff6655aea4a80c50b0c5491968cbc2e6
Status: Downloaded newer image for hello-world:latest


Hello from Docker!        ◄─ 表明 Docker 能够正常启动容器
This message shows that your installation appears to be working correctly.
...
[root@rockylinux-vm ~]#
```

（3）在 CentOS 中，执行下面的命令安装 Docker 软件包。

```
[root@centos7-vm ~]# yum list installed | grep docker
[root@centos7-vm ~]# yum -y install yum-utils lvm2 \
    device-mapper-persistent-data
```
                        首先查看系统中是否安装过 Docker，然后安装必要的软件包

已加载插件：fastestmirror

```
Loading mirror speeds from cached hostfile
 * base: mirrors.bupt.edu.cn
...
```

```
[root@centos7-vm ~]# yum-config-manager --add-repo \
  http://download.dock**.com/linux/centos/docker-ce.repo
```

添加 docker 软件源

已加载插件：fastestmirror

adding repo from: http://download.dock**.com/linux/centos/docker-ce.repo

grabbing file http://download.dock**.com/linux/centos/docker-ce.repo to /etc/
yum.repos.d/docker-ce.repo

repo saved to /etc/yum.repos.d/docker-ce.repo

```
[root@centos7-vm ~]# yum makecache fast
```

更新软件源信息

已加载插件：fastestmirror

Loading mirror speeds from cached hostfile

 * base: mirro**.bupt.edu.cn

 * extras: mirro**.bupt.edu.cn

 * updates: mirro**.qlu.edu.cn

base		3.6 kB 00:00:00
docker-ce-stable		3.5 kB 00:00:00
extras		2.9 kB 00:00:00
updates		2.9 kB 00:00:00
(1/2): docker-ce-stable/7/x86_64/updateinfo		55 B 00:00:01
(2/2): docker-ce-stable/7/x86_64/primary_db		118 kB 00:00:01

元数据缓存已建立

```
[root@centos7-vm ~]# yum -y install docker-ce docker-ce-cli \
  docker-buildx-plugin docker-compose-plugin containerd.io
```

安装 Docker 软件包

已加载插件：fastestmirror

Loading mirror speeds from cached hostfile

 * base: mirrors.bu**.edu.cn

 * extras: mirrors.bu**.edu.cn

 * updates: mirrors.q**.edu.cn

docker-ce-stable | 3.5 kB 00:00:00

正在解决依赖关系

--> 正在检查事务

---> 软件包 containerd.io.x86_64.0.1.6.26-3.1.el7 将被安装

...

```
[root@centos7-vm ~]# systemctl start docker
[root@centos7-vm ~]# systemctl status docker
```

启动 Docker 服务

```
● docker.service - Docker Application Container Engine
   Loaded: loaded (/usr/lib/systemd/system/docker.service; disabled; vendor preset: disabled)
   Active: active (running) since 五 2024-01-12 18:14:01 EST; 5s ago
     Docs: https://docs.dock**.com
 Main PID: 50376 (dockerd)
    Tasks: 7
   Memory: 25.2M
   CGroup: /system.slice/docker.service
           └─50376 /usr/bin/dockerd -H fd:// --containerd=/run/containerd/containerd.sock
```

```
1月 12 18:14:00 centos7-vm systemd[1]: Starting Docker Application Container Engine...
1月 12 18:14:00 centos7-vm dockerd[50376]: time="2024-01-12T18:14:00.166613044-05:00" level=info
1月 12 18:14:00 centos7-vm dockerd[50376]: time="2024-01-12T18:14:00.202253260-05:00" level=info
1月 12 18:14:01 centos7-vm dockerd[50376]: time="2024-01-12T18:14:01.371113604-05:00" level=info
1月 12 18:14:01 centos7-vm dockerd[50376]: time="2024-01-12T18:14:01.448430933-05:00" level=info
1月 12 18:14:01 centos7-vm dockerd[50376]: time="2024-01-12T18:14:01.461104502-05:00" level=info
1月 12 18:14:01 centos7-vm dockerd[50376]: time="2024-01-12T18:14:01.461215163-05:00" level=info
1月 12 18:14:01 centos7-vm systemd[1]: Started Docker Application Container Engine.
1月 12 18:14:01 centos7-vm dockerd[50376]: time="2024-01-12T18:14:01.496192164-05:00" level=info
Hint: Some lines were ellipsized, use -l to show in full.
```

[root@centos7-vm ~]# systemctl enable docker ◄—— 设置 Docker 服务开机自动启动

```
Created symlink from /etc/systemd/system/multi-user.target.wants/docker.serv
ice to /usr/lib/systemd/system/docker.service.
```

[root@centos7-vm ~]# docker run hello-world ◄—— 测试 Docker 是否安装成功

```
Unable to find image 'hello-world:latest' locally
latest: Pulling from library/hello-world
c1ec31eb5944: Pull complete
Digest:
sha256:4bd78111b6914a99dbc560e6a20eab57ff6655aea4a80c50b0c5491968cbc2e6
    Status: Downloaded newer image for hello-world:latest


Hello from Docker! ◄—— 表明 Docker 能够正常启动容器
This message shows that your installation appears to be working correctly.
[root@centos7-vm ~]#
```

2．Docker 的基本操作

在系统中安装 Docker 之后，作为初学者，学习使用 Docker 的最快速方法，就是先从 Docker 仓库中下载现有的镜像，然后像启动虚拟机一样将其启动起来。如果以后操作熟练，则完全可以构建自己的 Docker 镜像。我们先回顾一下 Docker 的 3 个基本概念以及它们各自的功能特点。

（1）镜像（Image）。

- 镜像类似一个模板文件，可以通过这个模板文件来创建和运行容器。
- 一个镜像可以创建多个容器，最终应用程序或项目就运行在容器中。例如，Tomcat 镜像（文件）→run→Tomcat01 容器（可启动/停止）。

（2）容器（Container）。

- 容器可理解为一台轻量级的 Linux 虚拟机，独立运行一组应用程序，运行环境相互隔离。
- 通过镜像创建的容器，可以对容器执行启动、停止、删除等基本操作。
- 镜像启动一次就会产生一个容器，若没有给这个容器命名，则会使用默认的容器名。

（3）仓库（Repository）。

- 仓库是存放 Docker 镜像的场所，分为公开仓库和私有仓库。
- Docker Hub、阿里云等厂商都提供了容器服务，具有数量庞大的仓库。

考虑到网络的原因，从 Docker 仓库默认的国外服务器下载镜像的速度比较慢，因此可以设置 Docker 从国内服务器下载镜像。

Ubuntu 系统: 　sudo　vi　/etc/docker/daemon.json *CentOS/Rocky Linux 系统:* 　vi　/etc/docker/daemon.json	◇ 编辑 daemon.json 文件，如果不存在，则新建该文件

在 daemon.json 文件中输入下面的内容，保存文件并退出。

{
　　"registry-mirrors": [
　　　　"https://docker.mirro**.sjtug.sjtu.edu.cn/",
　　　　"https://dock**.nju.edu.cn/",
　　　　"https://dock**.m.daocloud.io/",
　　　　"https://dockerpro**.com/"
　　]
}
	◇ 设置从国内服务器访问 Docker 仓库

Ubuntu 系统: 　sudo　systemctl　restart　docker 　sudo　docker　info *CentOS/Rocky Linux 系统:* 　systemctl　restart　docker 　docker　info	◇ 因为上面修改了 Docker 的配置文件，所以需要重启 Docker 服务

```
demo@ubuntu-vm:~$
demo@ubuntu-vm:~$ sudo  vi  /etc/docker/daemon.json
{
    "registry-mirrors": [
        "https://docker.mirro**.sjtug.sjtu.edu.cn/",
        "https://dock**.nju.edu.cn/",
        "https://dock**.m.daocloud.io/",
        "https://dockerpro**.com/"
    ]
}
demo@ubuntu-vm:~$ sudo  systemctl  restart  docker
demo@ubuntu-vm:~$ sudo  docker  info
...
Registry Mirrors:
  https://docker.mirro**.sjtug.sjtu.edu.cn/
  https://dock**.nju.edu.cn/
  https://dock**.m.daocloud.io/
  https://dockerpro**.com/
Live Restore Enabled: false
```

确认设置的镜像服务器地址是否已生效

接下来，从 Docker 仓库中下载一个镜像进行测试，以此学习 Docker 的基本使用方法。比如，首先从 Docker Hub 中下载 Ubuntu 18.04 操作系统的镜像，然后将其启动并运行。

Ubuntu 系统: 　sudo　docker　search　ubuntu 　sudo　docker　pull　ubuntu:18.04

```
sudo  docker  images
sudo  docker  run  -itd  --name  myubuntu  ubuntu:18.04
sudo  docker  ps  -a
sudo  docker  exec  myubuntu  cat  /etc/os-release
sudo  docker  exec  -it  myubuntu  /bin/bash
```
CentOS/Rocky Linux 系统：
```
docker  search  ubuntu
docker  pull  ubuntu:18.04
docker  images
docker  run  -itd  --name  myubuntu  ubuntu:18.04
docker  ps  -a
docker  exec  myubuntu  cat  /etc/os-release
docker  exec  -it  myubuntu  /bin/bash
```

◇ docker search 命令用来按照指定的关键字，在 Docker 仓库中查找镜像

◇ docker pull 命令用来从 Docker 仓库中下载指定的镜像，后面跟着以冒号分隔的镜像名称和标签（通常为版本号），如果不加具体版本号，则默认为 latest，即 ubuntu:latest

◇ docker images 命令用来查看本地系统中已有的镜像列表

◇ docker run 命令用来从某个镜像启动、运行一个容器，相当于启动一次虚拟机，--name 参数用于指定生成的容器名称，-d (daemon) 参数用于指定容器以后台方式运行（这样容器在启动后会一直运行，否则容器里面的应用程序执行完后容器就会自动退出）

◇ docker ps 命令用来查看系统中的所有容器列表，-a 参数代表包含正在运行和运行完成的容器

◇ docker exec 命令用来在容器中运行指定的程序，其中 "cat /etc/os-release" 就是在容器中运行的命令。如果指定了 -it 参数和 /bin/bash 命令，则会以交互方式进入容器，如同在真正的虚拟机中操作一样，此时就可以在这个容器中运行各种程序，执行 exit 命令，返回宿主机系统

```
demo@ubuntu-vm:~$
demo@ubuntu-vm:~$ sudo  docker  search  ubuntu
```
在仓库中搜索名为 "ubuntu" 的镜像

```
NAME                  DESCRIPTION                           STARS   OFFICIAL  AUTOMATED
ubuntu                Ubuntu is a Debian-based Linux operating sys…  16772   [OK]
websphere-liberty     WebSphere Liberty multi-architecture images …  296     [OK]
open-liberty          Open Liberty multi-architecture images based…  62      [OK]
neurodebian           NeuroDebian provides neuroscience research s…  105     [OK]
ubuntu-debootstrap    DEPRECATED; use "ubuntu" instead               52      [OK]
ubuntu-upstart        DEPRECATED, as is Upstart (find other proces…  115     [OK]
ubuntu/nginx          Nginx, a high-performance reverse proxy & we…  104
...
```

```
demo@ubuntu-vm:~$ sudo  docker  pull  ubuntu:18.04
18.04: Pulling from library/ubuntu
7c457f213c76: Pull complete
Digest:
sha256:152dc042452c496007f07ca9127571cb9c29697f42acbfad72324b2bb2e43c98
Status: Downloaded newer image for ubuntu:18.04
docker.io/library/ubuntu:18.04
demo@ubuntu-vm:~$ sudo  docker  images
```

```
REPOSITORY        TAG        IMAGE ID        CREATED        SIZE
ubuntu            18.04      f9a80a55f492    7 months ago   63.2MB
hello-world       latest     d2c94e258dcb    8 months ago   13.3kB
demo@ubuntu-vm:~$ sudo docker run -itd --name myubuntu ubuntu:18.04
49c4022e2e9c11c656f577035820d4fe78622358da5d9fbe2fb2811a92666fe1
```

启动容器并设定名称

```
demo@ubuntu-vm:~$ sudo docker ps -a
```

查看容器列表，包含运行完成的容器

```
CONTAINER ID    IMAGE          COMMAND        CREATED              STATUS                    PORTS    NAMES
49c4022e2e9c    ubuntu:18.04   "/bin/bash"    About a minute ago   Up About a minute                  myubuntu
d5f9982dec1f    hello-world    "/hello"       5 hours ago          Exited (0) 5 hours ago             great_wozniak
demo@ubuntu-vm:~$ sudo docker exec myubuntu cat /etc/os-release
```

在指定名称的容器中运行命令，
也可运行程序

```
NAME="Ubuntu"
VERSION="18.04.6 LTS (Bionic Beaver)"
ID=ubuntu
ID_LIKE=debian
PRETTY_NAME="Ubuntu 18.04.6 LTS"
VERSION_ID="18.04"
HOME_URL="https://www.ubun**.com/"
SUPPORT_URL="https://help.ubun**.com/"
BUG_REPORT_URL="https://bugs.launchp**.net/ubuntu/"
PRIVACY_POLICY_URL="https://www.ubun**.com/legal/terms-and-policies/..."
VERSION_CODENAME=bionic
UBUNTU_CODENAME=bionic
```

在 myubuntu 容器中运行 Shell 程序进行交互

```
demo@ubuntu-vm:~$ sudo docker exec -it myubuntu /bin/bash
root@49c4022e2e9c:/# pwd
```

这是在容器中的命令操作，相当于在虚拟机中操作

```
/
root@49c4022e2e9c:/# ls
bin  boot  dev  etc  home  lib  lib64  media  mnt  opt  proc  root  run  sbin
srv  sys  tmp  usr  var
root@49c4022e2e9c:/# head -5 /etc/os-release
NAME="Ubuntu"
VERSION="18.04.6 LTS (Bionic Beaver)"
ID=ubuntu
ID_LIKE=debian
PRETTY_NAME="Ubuntu 18.04.6 LTS"
root@49c4022e2e9c:/#
root@49c4022e2e9c:/# exit
```

从容器回到宿主机，因为容器是以后台方式启动的，所以容器仍在
运行，可通过 docker stop 命令停止容器的运行

```
exit
demo@ubuntu-vm:~$
```

当容器正在运行时，我们还可以停止容器的运行或重新启动现有的容器。在使用 docker start/stop 命令启动容器或停止容器的运行时，既可以指定容器的名称，也可以使用容器的完整 ID 或 ID 的前几个字符（只要能区分出是哪个容器就可以）。

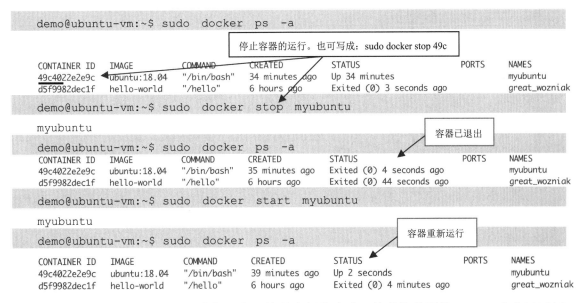

为了方便读者查阅 Docker 镜像和容器的基本操作命令，笔者将常用的 Docker 命令以示例方式列出，如下所示。

（1）镜像的常用操作命令如下。

- 搜索镜像：docker　search　python。
- 下载镜像：docker　pull　python。
- 查看本地系统中已有的镜像列表：docker　images。
- 修改镜像标签：docker　tag　<镜像 ID>　hello-world:2.0。
- 删除镜像：docker　rmi　<镜像 ID>。

（2）容器的常用操作命令如下。

- 查看正在运行的容器：docker　ps。
- 查看所有容器：docker　ps　-a。
- 启动已有容器：docker　start　<容器 ID 或名称>。
- 停止容器的运行：docker　stop　<容器 ID 或名称>。
- 重启已有容器：docker　restart　<容器 ID 或名称>。
- 删除容器：docker　rm　<容器 ID 或名称>。
- 查看容器输出信息：docker　logs　-f　<容器 ID 或名称>。
- 查看容器运行情况：docker　stats　<容器 ID 或名称>。
- 查看容器数据信息：docker　inspect　<容器 ID 或名称>。

最后，以安装 Python 3.6 运行环境为例，直接通过 Docker 下载 Docker 仓库中的 Python 3.6 运行环境镜像并在本地系统中执行 Python 的测试代码，而不是类似 4.4 节那样手动配置 Python 3.6 的运行环境，这种方式不会影响系统中已安装的 Python 版本，很好地实现了应用程序的隔离效果。

```
*Ubuntu 系统:
  sudo  docker  search  python          ◇ 从 Docker 仓库中搜索 python 镜像
  sudo  docker  pull  python:3.6-slim    ◇ 下载 python:3.6-slim 镜像到本地系统中，在下
  sudo  docker  images  python:3.6-slim  载具体的镜像时，冒号右边的标签信息（这里是版本号）
```

CentOS/Rocky Linux 系统: 　docker　search　python 　docker　pull　python:3.6-slim 　docker　images　python:3.6-slim	可以到 Docker　Hub 官方网站中查询 ◇　查看 python:3.6-slim 镜像的具体信息
cd　~ vi　hello.py	◇　在宿主机的主目录中编写一个 python 代码

```
demo@ubuntu-vm:~$ cd  ~
demo@ubuntu-vm:~$ vi  hello.py
#!/usr/bin/python3
print("Hello, Docker!");
```

在新建的 hello.py 文件中输入下面的两行内容，并保存文件后退出

接下来，启动容器。

Ubuntu 系统: 　sudo　docker　run　python:3.6-slim　python3　-V 　sudo　docker　run　-v　~/:/usr/src/myapp　\ 　　　-w　/usr/src/myapp　python:3.6-slim　python3　hello.py 　sudo　docker　ps　-a *CentOS/Rocky Linux 系统:* 　docker　run　python:3.6-slim　python3　-V 　docker　run　-v　~/:/usr/src/myapp　\ 　　　-w　/usr/src/myapp　python:3.6-slim　python3　hello.py 　docker　ps　-a

◇　docker run 命令从镜像 python:3.6-slim 中启动一个容器，并在容器中运行 python3 -V 命令
◇　-v ~/:/usr/src/myapp 表示将当前主目录（~/）挂载到容器的/usr/src/myapp 目录下（目录之间用冒号分隔，容器中的目录会自动创建），这样就可以在容器中操作宿主机上的共享文件
◇　-w /usr/src/myapp 表示指定容器的 /usr/src/myapp 为运行容器程序的工作目录（work directory）
◇　python3 hello.py 表示使用容器的 python3 命令执行工作目录中的 hello.py 文件。如果没有设置工作目录，则必须指定 hello.py 文件在容器中的完整路径（/usr/src/myapp/hello.py）

Ubuntu 系统: 　sudo　docker　start　　<容器 ID> 　sudo　docker　logs　　<容器 ID> *CentOS/Rocky Linux 系统:* 　docker　start　<容器 ID> 　docker　logs　<容器 ID>	◇　当容器运行完后会自动结束运行，可使用 start 或 restart 命令重新运行容器 ◇　如果当前运行的容器不是初次启动的，则需要使用 logs 命令查看输出信息，可添加-f 和-t 参数，-f 参数表示实时显示，-t 参数表示显示时间，还可以添加--tails=1 参数实时查看最近的一条输出信息（可调整显示条数）

```
demo@ubuntu-vm:~$
```

```
demo@ubuntu-vm:~$ sudo  docker  search  python
NAME            DESCRIPTION                                 STARS      OFFICIAL    AUTOMATED
python          Python is an interpreted, interactive, objec…  9344      [OK]
pypy            PyPy is a fast, compliant alternative implem…   385      [OK]
hylang          Hy is a Lisp dialect that translates express…    59      [OK]
cimg/python                                                       12
bitnami/python  Bitnami Python Docker Image                      27      [OK]
...
demo@ubuntu-vm:~$ sudo  docker  pull  python:3.6-slim
3.6-slim: Pulling from library/python
```

```
    a2abf6c4d29d: Pull complete
    625294dad115: Pull complete
    838e3a5a04bf: Pull complete
    e93b4e59b689: Pull complete
    c4401b8c7f9e: Pull complete
    Digest:
sha256:2cfebc27956e6a55f78606864d91fe527696f9e32a724e6f9702b5f9602d0474
    Status: Downloaded newer image for python:3.6-slim
    docker.io/library/python:3.6-slim
```

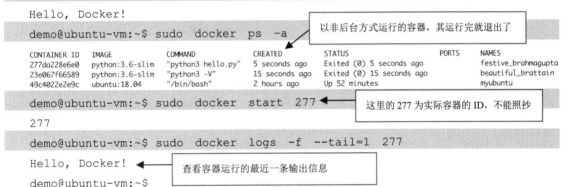

```
demo@ubuntu-vm:~$ sudo docker images python:3.6-slim
REPOSITORY    TAG          IMAGE ID        CREATED        SIZE
python        3.6-slim     c1e40b69532f    2 years ago    119MB
demo@ubuntu-vm:~$ sudo docker run python:3.6-slim python3 -V
Python 3.6.15
demo@ubuntu-vm:~$ sudo docker run -v ~/:/usr/src/myapp \
  -w /usr/src/myapp python:3.6-slim python3 hello.py
Hello, Docker!
demo@ubuntu-vm:~$ sudo docker ps -a
```

启动镜像,并运行python3 命令

以非后台方式运行的容器,其运行完就退出了

```
CONTAINER ID  IMAGE             COMMAND            CREATED         STATUS                     PORTS    NAMES
277da228e6e0  python:3.6-slim   "python3 hello.py"  5 seconds ago   Exited (0) 5 seconds ago           festive_brahmagupta
23e067f66589  python:3.6-slim   "python3 -V"        15 seconds ago  Exited (0) 15 seconds ago          beautiful_brattain
49c4022e2e9c  ubuntu:18.04      "/bin/bash"         2 hours ago     Up 52 minutes                      myubuntu
demo@ubuntu-vm:~$ sudo docker start 277
277
demo@ubuntu-vm:~$ sudo docker logs -f --tail=1 277
```

这里的 277 为实际容器的 ID, 不能照抄

```
Hello, Docker!
demo@ubuntu-vm:~$
```

查看容器运行的最近一条输出信息

通过 Docker 安装 Python 3.6 运行环境的例子就介绍到这里。此外,镜像和容器还可以像 VMware 虚拟机一样方便地进行迁移。例如,将 myubuntu 容器导出为一个 tar 包镜像(该容器 ID 的前 4 位为 49c4),导出的镜像名可以自行设定。

```
demo@ubuntu-vm:~$ sudo docker export 49c4 > ubuntu_18.04.tar
```

在另一台机器上,将这个镜像导入到 Docker 中,其中导入之后的镜像名和标签信息可以 根据需要自行设定(镜像名和标签信息之间用冒号分隔)。例如:

```
demo@ubuntu-vm:~$ sudo docker import ubuntu_18.04.tar local/ubuntu:v18.04
```

有关 Docker 的更多操作,读者可自行搜索相关文档参考学习。

4.8 CMS 博客建站系统

Linux 的主要使用场合是服务器,得益于其优秀的稳定性和优越的性能,只要不发生硬件 故障,基本上就可以做到常年 24 小时运行而不宕机。接下来将以一个具体的 CMS(Content

Management System，内容管理系统）网站为例，介绍如何使用 Docker 技术在 Linux 上搭建一个名为"Z-Blog"的开源博客建站系统，我们可以从 Z-BlogPHP 官方网站上将项目的 PHP 程序代码下载下来（这个项目同时使用了 PHP、ASP 两种语言开发），该网站首页如图 4-13 所示。在本书配套资源中包含 Z-BlogPHP 1.7.3 版本的项目代码压缩包。

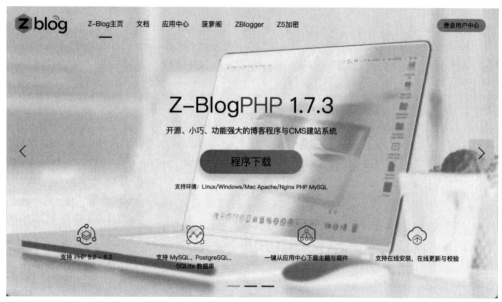

图 4-13　Z-BlogPHP 官方网站首页

　　根据 Z-BlogPHP 官方网站所提供的资料显示，Z-Blog 博客建站系统的其中一个分支是基于 PHP 平台开发的，支持 MySQL、PostgreSQL 等多种数据库。假定本节使用的是 Nginx 和 MySQL，因此要运行该项目，就必须在服务器上搭建 Nginx、PHP 和 MySQL 的运行环境（由 Linux、Nginx、MySQL 和 PHP 搭建的整套 Web 环境也被称为 LNMP 服务器，其名称取自每个单词的首字母）。如果按照传统方法搭建 LNMP 服务器，则操作过程比较烦琐，而且很容易遇到问题。因此，我们准备从 Docker 仓库中下载已经配置好运行环境的 LNMP 镜像，这样只需一步即可将其下载到本地系统中运行。

　　（1）首先确保项目源代码压缩包已经上传至系统主目录中，然后对其进行解压缩，并确认 Linux 系统上的防火墙和 Nginx 服务状态，根据实际情况停用防火墙，如果已经安装过 Nginx，则将其禁用，或者直接将其卸载。

| ```
cd ~
ll  Z-Blog*
unzip Z-BlogPHP_1_7_3_3290_Finch.zip
mv Z-BlogPHP_1_7_3_3290_Finch/ blog/
tar cf blog.tar ./blog/
ll blog.tar
``` | ◇ 切换到当前用户的主目录，若已在，则忽略该步<br>◇ 确认 Z-Blog 项目源代码压缩包是否已上传到虚拟机中，若已上传，则将其解压缩<br>◇ 将解压缩后的项目目录重命名，打包为 tar 文件，以便复制到容器中使用（因为这里使用的容器中没有包含 unzip 命令，所以改成 tar 格式） |
| *Ubuntu 系统:* | |
| ```
  sudo systemctl stop ufw
  sudo systemctl disable ufw
  ss -ta
  sudo systemctl stop nginx
  sudo systemctl disable nginx
``` | ◇ 停止并禁用防火墙<br><br>◇ 查看当前运行的网络服务<br>◇ 根据实际情况，停止并禁用 Nginx。如果未在系统上安装过 Nginx，则忽略该步 |

```
*CentOS/Rocky Linux 系统：                    ◇ 停止并禁用防火墙
  systemctl stop firewalld
  systemctl disable firewalld
  ss -ta                                      ◇ 查看当前运行的网络服务
  systemctl stop nginx                        ◇ 根据实际情况，停止并禁用 Nginx。如果未在系统上安装过
  systemctl disable nginx                        Nginx，则忽略该步
```

```
demo@ubuntu-vm:~$
demo@ubuntu-vm:~$ ll Z-Blog*
-rw-r--r-- 1 demo demo 3199588  1 月 14 07:27 Z-BlogPHP_1_7_3_3290_Finch.zip
demo@ubuntu-vm:~$ unzip Z-BlogPHP_1_7_3_3290_Finch.zip
Archive:  Z-BlogPHP_1_7_3_3290_Finch.zip
   creating: Z-BlogPHP_1_7_3_3290_Finch/
   creating: Z-BlogPHP_1_7_3_3290_Finch/zb_system/
   creating: Z-BlogPHP_1_7_3_3290_Finch/zb_system/admin/
   inflating: Z-BlogPHP_1_7_3_3290_Finch/zb_system/admin/admin_footer.php
   ...
```

> 为简单起见，将目录重命名

```
demo@ubuntu-vm:~$ mv Z-BlogPHP_1_7_3_3290_Finch/ blog/
demo@ubuntu-vm:~$ tar cf blog.tar ./blog/
demo@ubuntu-vm:~$ ll blog.tar
```

> 打包的目的是方便将文件复制到容器中使用

```
-rw-rw-r-- 1 demo demo 7659520  1 月 14 08:56 blog.tar
demo@ubuntu-vm:~$ sudo systemctl stop ufw
[sudo] demo 的密码：
demo@ubuntu-vm:~$ sudo systemctl disable ufw
Synchronizing state of ufw.service with SysV service script with
/lib/systemd/systemd-sysv-install.
Executing: /lib/systemd/systemd-sysv-install disable ufw
Removed /etc/systemd/system/multi-user.target.wants/ufw.service.
demo@ubuntu-vm:~$ ss -ta
```

> 确认虚拟机的防火墙和 Nginx 是否在运行，MySQL 是否在运行对系统没有影响

```
State    Recv-Q   Send-Q   Local Address:Port       Peer Address:Port    Process
LISTEN   0        4096     127.0.0.53%lo:domain     0.0.0.0:*
LISTEN   0        128      0.0.0.0:ssh              0.0.0.0:*
LISTEN   0        128      127.0.0.1:ipp            0.0.0.0:*
ESTAB    0        0        172.16.109.139:ssh       172.16.109.1:54604
LISTEN   0        80       *:mysql                  *:*
LISTEN   0        128      [::]:ssh                 [::]:*
LISTEN   0        128      [::1]:ipp                [::]:*
demo@ubuntu-vm:~$
```

（2）准备工作就绪后，首先从 Docker 仓库中下载 nginx-php-mysql 镜像到本地系统中，然后从镜像中启动一个容器，并将 Z-Blog 项目的 tar 包文件（blog.tar）复制到容器中，最后将 tar 包文件解压缩到容器的 Nginx 默认页面目录（路径为/usr/share/nginx/html，这是位于容器中的一个目录，和宿主机系统中的目录没有关系）中。

Ubuntu 系统：
```
sudo  docker  search  nginx-php-mysql
sudo  docker  pull  virtualzone/nginx-php-mysql
sudo  docker  inspect  virtualzone/nginx-php-mysql
sudo  docker  run  --name  myblog \
   -d  -p  80:80  virtualzone/nginx-php-mysql

sudo  docker  exec  myblog  cat  /etc/os-release
sudo  docker  cp  blog.tar  myblog:/root/
sudo  docker  exec  myblog \
   tar  xf  /root/blog.tar  -C  /usr/share/nginx/html
sudo  docker  exec  myblog \
   chmod  -R  777  /usr/share/nginx/html/blog/
```
◇ 从 Docker 仓库中搜索和下载一个包含 nginx、php 和 mysql 环境的镜像
◇ 启动一个容器，设定容器的 80 端口映射到宿主机的 80 端口上

◇ 将项目代码解包到容器的 Nginx 默认页面目录中
◇ 修改解包后目录的访问权限

CentOS/Rocky Linux 系统：
```
docker  search  nginx-php-mysql
docker  pull  virtualzone/nginx-php-mysql
docker  inspect  virtualzone/nginx-php-mysql
systemctl  restart  docker
docker  run  --name  myblog \
   -d  -p  80:80  virtualzone/nginx-php-mysql
docker  exec  myblog  cat  /etc/os-release
docker  cp  blog.tar  myblog:/root/
docker  exec  myblog \
   tar  xf  /root/blog.tar  -C  /usr/share/nginx/html
docker  exec  myblog \
   chmod  -R  777  /usr/share/nginx/html/blog/
```
◇ 重启 Docker 服务，避免可能出现的 No chain/target/match by that name 错误

```
demo@ubuntu-vm:~$
demo@ubuntu-vm:~$ sudo  docker  search  nginx-php-mysql
NAME                          DESCRIPTION                      STARS    OFFICIAL   AUTOMATED
ianusit/nginx-php-mysql        Nginx with PHP and MySQL          2                [OK]
yueyehua/nginx-php-mysql       A quick and simple nginx/php/mysql server   0
typista/nginx-php-mysql                                          0                [OK]
virtualzone/nginx-php-mysql                                      0
...
demo@ubuntu-vm:~$ sudo  docker  pull  virtualzone/nginx-php-mysql
Using default tag: latest
latest: Pulling from virtualzone/nginx-php-mysql
...
0be3c027555b: Pull complete
5402d4e2b547: Pull complete
Digest:
sha256:dc016dc12745dae7b6e6f6ef28acf127abfe22c61a6e7fd9b44ca9bab0c967c6
   Status: Downloaded newer image for virtualzone/nginx-php-mysql:latest
   docker.io/virtualzone/nginx-php-mysql:latest
demo@ubuntu-vm:~$ sudo  docker  inspect  virtualzone/nginx-php-mysql
```
查看镜像的详情

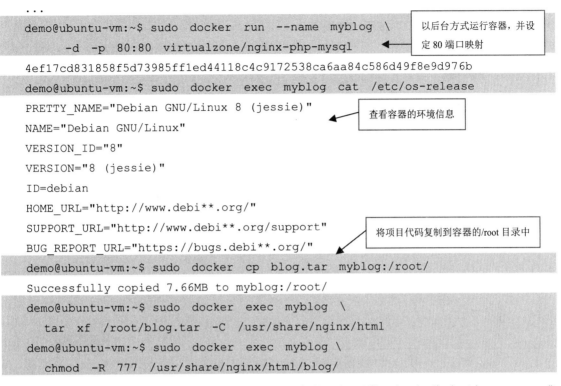

```
...
demo@ubuntu-vm:~$ sudo docker run --name myblog \
    -d -p 80:80 virtualzone/nginx-php-mysql
```

以后台方式运行容器，并设定 80 端口映射

```
4ef17cd831858f5d73985ff1ed44118c4c9172538ca6aa84c586d49f8e9d976b
demo@ubuntu-vm:~$ sudo docker exec myblog cat /etc/os-release
PRETTY_NAME="Debian GNU/Linux 8 (jessie)"
NAME="Debian GNU/Linux"
```

查看容器的环境信息

```
VERSION_ID="8"
VERSION="8 (jessie)"
ID=debian
HOME_URL="http://www.debi**.org/"
SUPPORT_URL="http://www.debi**.org/support"
```

将项目代码复制到容器的/root 目录中

```
BUG_REPORT_URL="https://bugs.debi**.org/"
demo@ubuntu-vm:~$ sudo docker cp blog.tar myblog:/root/
Successfully copied 7.66MB to myblog:/root/
demo@ubuntu-vm:~$ sudo docker exec myblog \
    tar xf /root/blog.tar -C /usr/share/nginx/html
demo@ubuntu-vm:~$ sudo docker exec myblog \
    chmod -R 777 /usr/share/nginx/html/blog/
```

（3）当启动容器之后，容器里面配置的各项服务就已经正常运行了，此时可在 Windows 或 Ubuntu 虚拟机中打开浏览器，访问容器提供的 Web 服务（端口为 80）。需要注意的是，这里所用的 IP 地址是宿主机（Ubuntu/CentOS/Rocky Linux）的 IP 地址，不是容器的 IP 地址。

在 Windows 或 Ubuntu 系统的浏览器中访问：
http://<IP 地址>/blog/

◇ 这里的"<IP 地址>"要替换成容器所在虚拟机的 IP 地址

比如，在 Ubuntu 中访问 Z-Blog 项目，首次出现的是一个"Z-Blog 安装程序"页面，如图 4-14 所示。勾选"我已阅读并同意此协议"复选框，并单击"下一步"按钮。

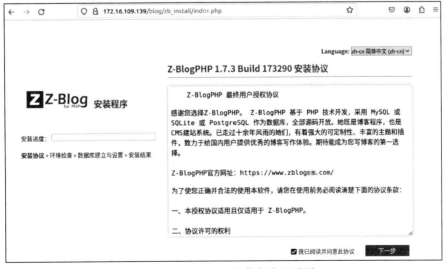

图 4-14　"Z-Blog 安装程序"页面

在"环境检查"页面中，确认运行环境的各项参数是否有问题，如果正常，则状态应该显示为绿色，单击"下一步"按钮，如图 4-15 所示。

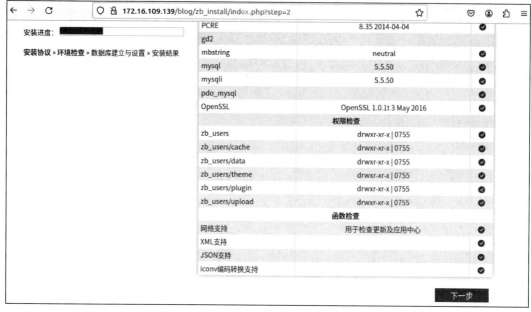

图 4-15　Z-Blog 运行环境检查

在"数据库建立与设置"页面中，数据库名不应包含特殊字符，如设置为"zblog"，数据库用户名保持"root"不变，数据库密码为空，并根据需要设置网站标题、管理员名称（如 admin）、管理员密码（如 admin12345），其余设置保持默认，单击"下一步"按钮，如图 4-16 所示。

图 4-16　Z-Blog 网站数据库建立与设置

在"安装结果"页面中，确认各项设置是否都是成功的，单击"完成"按钮结束 Z-Blog 网站的配置，如图 4-17 所示。

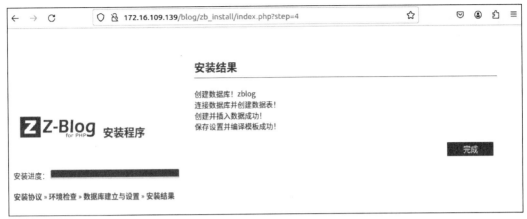

图 4-17　Z-Blog 的安装结果

至此，浏览器会显示 Z-Blog 网站的首页，整个搭建工作也就结束了，如图 4-18 所示。在首页右下方单击"登录后台"链接，输入上面设置过的管理员名称和管理员密码进行登录，就可以对博客文章进行发布、管理等操作。

图 4-18　Z-Blog 网站的首页

为避免再次访问网站设置页面时出现问题，可以将容器中 Nginx 默认页面目录（/usr/share/nginx/html/blog）下的 zb_install 子目录删除。

Ubuntu 系统：
```
sudo  docker  exec  myblog \                          ◇ 删除容器中的 zb_install 子目录
```

```
    rm -rf /usr/share/nginx/html/blog/zb_install
  sudo docker exec myblog \
    ls -l /usr/share/nginx/html/blog/
```
CentOS/Rocky Linux 系统：
```
  docker exec myblog \
    rm -rf /usr/share/nginx/html/blog/zb_install
  docker exec myblog \
    ls -l /usr/share/nginx/html/blog/
```

```
demo@ubuntu-vm:~$

demo@ubuntu-vm:~$ sudo docker exec myblog \        ← 删除容器中的安装配置目录
    rm -rf /usr/share/nginx/html/blog/zb_install
demo@ubuntu-vm:~$ sudo docker exec myblog \        ← 确认是否已删除
    ls -l /usr/share/nginx/html/blog/

total 24
-rwxrwxrwx  1 1000 1000   286 Jul 12  2023 feed.php
-rwxrwxrwx  1 1000 1000  1401 Jul 12  2023 index.php
-rwxrwxrwx  1 1000 1000  2136 Jul 12  2023 readme.txt
-rwxrwxrwx  1 1000 1000   292 Jul 12  2023 search.php
drwxrwxrwx 10 1000 1000  4096 Jul 12  2023 zb_system
drwxrwxrwx 11 1000 1000  4096 Jan 14 02:01 zb_users
```

另外，如果需要将这里配置好的 Z-Blog 网站容器迁移到其他 Linux 系统上，则只需将容器导出为一个 tar 包文件，在另一个 Linux 系统上直接将这个 tar 包文件导入为 Docker 镜像（不用另外解开 tar 包），并从这个导入的镜像中启动一次容器即可，不需要重复以上一系列的镜像下载和 Z-Blog 网站的配置工作，这与 VMware 虚拟机迁移的效果是一样的。下面给出一个容器迁移的示例供读者参考，主要包括将容器导出为 tar 包文件、将 tar 包文件导入为 Docker 镜像、从导入的 Docker 镜像中启动新容器等几个步骤。

Ubuntu 系统：
 	
`    sudo docker export myblog > z-blog.tar`
`    ll z-blog.tar`
 	
`    sudo docker import z-blog.tar z-blog:v1.7.3`
CentOS/Rocky Linux 系统：
 	
`    docker export myblog > z-blog.tar`
`    ll z-blog.tar`
 	
`    docker import z-blog.tar z-blog:v1.7.3`
	◇ 将容器导出为一个 tar 包文件，但注意不能使用 tar 命令对其进行解压缩
	◇ **在另一个 Linux 系统上**将 tar 包文件导入为 Docker 镜像，在导入时不能与现有镜像的名称冲突，并且需要启动后才能生成容器

Ubuntu 系统：
`  sudo docker images z-blog`
`  sudo docker run --name myblog2 \`
`    -d -p 9082:80 z-blog:v1.7.3`
CentOS/Rocky Linux 系统：
`  sudo docker images z-blog`
`  sudo docker run --name myblog2 \`
`    -d -p 9082:80 z-blog:v1.7.3`
	◇ 可从导入的 Docker 镜像中启动一个新容器，为避免与现有容器冲突，这里修改为其他容器名称和宿主机端口映射（将容器的 80 端口映射为宿主机的 9082 端口）

```
demo@ubuntu-vm:~$
demo@ubuntu-vm:~$ sudo docker export myblog > z-blog.tar
demo@ubuntu-vm:~$ ll z-blog.tar
-rw-rw-r-- 1 demo demo 425975296  1月 14 10:45 z-blog.tar
demo@ubuntu-vm:~$ sudo docker import z-blog.tar z-blog:v1.7.3
sha256:9833fb3808e3a8ba36aecff434e5971a47497817b962f22ec1adc73dbded5c19
```

需要注意的是，因为 Z-Blog 项目的容器在运行时，占用了宿主机的 80 端口（在启动容器的命令中，将宿主机的 80 端口映射到容器的 80 端口上），所以不能多次运行同样的容器占用相同的端口。如果希望在同一台宿主机上多次运行容器，则要在每次启动新的容器时，修改命令参数中提供的容器名称和端口映射，以避免与系统中现有的容器名称和端口映射冲突。例如：

```
demo@ubuntu-vm:~$ sudo docker run --name myblog3 \
    -d -p 9083:80 virtualzone/nginx-php-mysql
```

这里介绍了在处理容器启动时映射到不同宿主机端口的处理方法，读者在遇到类似的情况时可以进行参考。

4.9 Samba 文件共享服务器

Windows 系统中有一个非常方便的网上邻居文件共享机制，用于实现在局域网中不同 Windows 机器之间相互访问文件的功能，使用的是 NetBIOS（NETwork Basic Input/Output System）网络邻居通信协议。在 NetBIOS 出现之后，微软公司使用 NetBIOS 实现了一个网络文件和打印服务系统，该系统基于 NetBIOS 设定了一套文件共享协议，称为 SMB（Server Message Block，信息服务块）。SMB 文件和打印共享的基本原理如图 4-19 所示。也就是说，SMB 是一种在局域网上共享文件和打印机的通信协议，为局域网内的不同计算机之间提供文件及打印机等资源的共享服务。

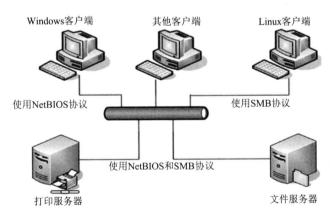

图 4-19 SMB 文件和打印共享的基本原理

与此对应的 NFS（Network File System，网络文件系统）是一个分布式的文件系统，适合在网络中共享文件，不过它通常运行在 UNIX/Linux 系统上。为了在 UNIX/Linux 和 Windows 等不同系统之间实现类似的共享操作，澳大利亚国立大学的 Andrew Tridgell 决定开发一款软件，这款软件基于 SMB 协议，最初被命名为 SMB，但因为 SMB 不能注册成商标，所以作者就在 SMB 中加了两个字母 a，也就是现在使用的 Samba 文件共享服务软件，其 Logo 如图 4-20 所示。也就是说，Samba 是 SMB 协议在 UNIX/Linux 系统上的具体实现，目前已经可以在几乎所有的 UNIX/Linux 变种发行版上运行。

图 4-20　Samba 的 Logo

　　Samba 用于在 UNIX/Linux 与 Windows 系统之间进行文件共享和打印共享。但因为 NFS 文件系统已经可以很好地实现数据共享，所以 Samba 被较多地用在 UNIX/Linux 与 Windows 之间的数据共享上。它的基本原理是，让 Windows 系统的 NetBIOS 和 SMB 协议都在 TCP/IP 通信协议上运行，并且使用 Windows 系统的 NetBIOS 协议让 UNIX/Linux 系统可以在网络邻居上被 Windows 系统发现。

　　随着 Internet 的逐步流行，微软公司希望将 SMB 协议扩展到互联网上，并使之成为互联网上计算机之间相互共享数据的一种标准。为此，微软公司将原有的 SMB 协议进行整理并重命名为 CIFS（Common Internet File System，公共网络文件系统），同时加入了许多新的功能，这样任意程序都可以方便地访问远程计算机上的文件。典型的 Samba 文件和打印共享的网络结构如图 4-21 所示。CIFS 可以被看作一种公共开放的 SMB 协议版本，主要由微软公司使用。

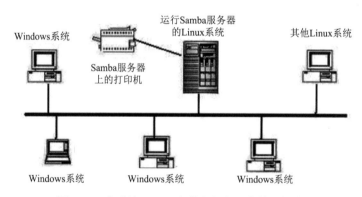

图 4-21　典型的 Samba 文件和打印共享的网络结构

　　在对 Samba 有了一个基本的了解之后，下面在 Linux 系统中搭建一台 Samba 文件共享服务器，这样就可以在 Windows 系统中方便地访问 Linux 系统中的文件了。

　　（1）安装 Samba 软件包。

```
*Ubuntu 系统:
  sudo apt update                                      ◇ 更新软件源信息
  sudo apt -y install samba-common samba smbclient     ◇ 安装 Samba 相关软件包
*CentOS/Rocky Linux 系统:
  yum -y install samba-common samba samba-client
```

```
demo@ubuntu-vm:~$
demo@ubuntu-vm:~$ sudo apt update
[sudo] demo 的密码:
```

获取:1 http://security.ubun**.com/ubuntu jammy-security InRelease [110 kB]

命中:2 http://mirrors.tuna.tsingh**.edu.cn/ubuntu jammy InRelease

...

```
demo@ubuntu-vm:~$ sudo apt -y install samba-common samba smbclient
```

正在读取软件包列表... 完成

正在分析软件包的依赖关系树... 完成

正在读取状态信息... 完成

将会同时安装下列软件:

　python3-samba samba-common-bin samba-dsdb-modules samba-vfs-modules

...

demo@ubuntu-vm:~$

（2）安装好软件包之后，需要对运行的 Samba 服务进行相关配置，包括设定访问 Samba 的用户账号、共享目录等。对 Ubuntu 系统来说，为避免每次在需要获取 root 权限的命令之前都添加 sudo，我们直接执行 sudo -s 命令临时切换到 root 用户的 Shell 终端环境中进行操作。

Ubuntu 系统:	
sudo -s	◇ 切换到 root 用户的 Shell 终端环境中
systemctl status smbd	◇ 查看 smbd 服务的状态
systemctl enable smbd	◇ 设置 smbd 服务开机自动启动
CentOS/Rocky Linux 系统:	
systemctl status smb	◇ 查看 smb 服务的状态
systemctl enable smb	◇ 设置 smb 服务开机自动启动
mkdir -p /mnt/myshare	◇ 创建准备共享的目录，为简单起见，将该目录的访问权限设为完全开放
chmod -R 777 /mnt/myshare	
groupadd stu	◇ 添加一个用户组，用来管理共享账号
useradd -g stu -s /sbin/nologin t01	◇ 添加两个用来访问 Samba 的用户账号
useradd -g stu -s /sbin/nologin t02	
smbpasswd -a t01	◇ 设置访问 Samba 的用户密码
smbpasswd -a t02	
Ubuntu 系统:	
mkdir /home/t01 && chmod 700 /home/t01	◇ 在 Ubuntu 系统中使用 useradd 命令添加用户账号时，默认不会创建主目录，因此这里需要手动创建，并设置相应的访问权限
chown t01:stu /home/t01	
mkdir /home/t02 && chmod 700 /home/t02	
chown t02:stu /home/t02	

```
mv /etc/samba/smb.conf /etc/samba/smb.conf.bak
vi /etc/samba/smb.conf
```

在 smb.conf 文件中输入下面的内容。

[global]	
workgroup = SAMBA	◇ 设定共享的工作组名称
security = user	◇ 设定共享的认证方式为用户账号
passdb backend = tdbsam	◇ tdbsam 代表基于 TDB（Samba Trivial Database，Samba 简单数据库）的密文格式存储密码
[homes]	
comment = Home Directories	◇ 用户主目录的共享设定，即访问共享主目录时每个用户账号对系统上主目录的访问权限设定

```
   browseable = no                    ◇ 是否允许所有人可见
   writable = yes
[myshare]                             ◇ 共享目录设置。可设定多组共享目录
   comment = Samba-Export             ◇ 备注说明
   path = /mnt/myshare                ◇ 共享路径
   writable = yes                     ◇ 是否允许修改文件
   browseable = yes                   ◇ 是否允许所有人可见
   create mask = 0775                 ◇ 创建新文件时的访问权限
   directory mask = 0775              ◇ 创建新目录时的访问权限
   valid users = t01,t02,@stu         ◇ 当前共享目录允许哪些用户和用户组访问
```

测试 smb.conf 文件的配置是否正确，并重启 smbd 服务。

```
*Ubuntu 系统:
   testparm                           ◇ 测试 smb.conf 文件的配置是否正确
   systemctl restart smbd             ◇ 重启 smbd 服务，以便 smb.conf 文件的配置生效
   systemctl stop ufw                 ◇ 为简单起见，停用 ufw 防火墙

*CentOS/Rocky Linux 系统:
   testparm
   systemctl restart smb              ◇ 重启 smb 服务，以便 smb.conf 文件的配置生效
   systemctl stop firewalld           ◇ 为简单起见，停用 firewalld 防火墙
   setenforce 0                       ◇ 临时关闭 Linux 的增强安全特性。也可修改
                                      /etc/selinux/config 文件，设置
                                      SELINUX=disabled
```

```
demo@ubuntu-vm:~$

demo@ubuntu-vm:~$ sudo -s

[sudo] demo 的密码:

root@ubuntu-vm:/home/demo# systemctl status smbd

● smbd.service - Samba SMB Daemon
    Loaded: loaded (/lib/systemd/system/smbd.service; enabled; vendor ... )
    Active: active (running) since Wed 2024-01-24 09:39:24 CST; 3h 23min ago
      Docs: man:smbd(8)        ← ┌─────────────────────┐
            man:samba(7)          │ 确认 smbd 服务是否正在运行 │
            man:smb.conf(5)       └─────────────────────┘
   Process: 24467 ExecStartPre=/usr/share/samba/update-apparmor-samba- ...)
  Main PID: 24476 (smbd)
    ...

root@ubuntu-vm:/home/demo# systemctl enable smbd

Synchronizing state of smbd.service with SysV service script ....

Executing: /lib/systemd/systemd-sysv-install enable smbd

root@ubuntu-vm:/home/demo# mkdir -p /mnt/myshare

root@ubuntu-vm:/home/demo# chmod -R 777 /mnt/myshare

root@ubuntu-vm:/home/demo# groupadd stu

root@ubuntu-vm:/home/demo# useradd -g stu -s /sbin/nologin t01

root@ubuntu-vm:/home/demo# useradd -g stu -s /sbin/nologin t02

root@ubuntu-vm:/home/demo# smbpasswd -a t01
```

```
New SMB password:
Retype new SMB password:
Added user t01.
```
设置 t01 用户访问 Samba 的密码，比如 1234

```
root@ubuntu-vm:/home/demo# smbpasswd -a t02
New SMB password:
Retype new SMB password:
Added user t02.
```
设置 t02 用户访问 Samba 的密码，比如 1234

```
root@ubuntu-vm:/home/demo# mkdir /home/t01 && chmod 700 /home/t01
root@ubuntu-vm:/home/demo# chown t01:stu /home/t01
root@ubuntu-vm:/home/demo# mkdir /home/t02 && chmod 700 /home/t02
root@ubuntu-vm:/home/demo# chown t02:stu /home/t02
root@ubuntu-vm:/home/demo# mv /etc/samba/smb.conf /etc/samba/smb.conf.bak
root@ubuntu-vm:/home/demo# vi /etc/samba/smb.conf
```

```
[global]
    workgroup = SAMBA
    security = user
    passdb backend = tdbsam
[homes]
    comment = Home Directories
    browseable = no
    writable = yes

[myshare]
    comment = Samba-Export
    path = /mnt/myshare
    writable = yes
    browseable = yes
    create mask = 0775
    directory mask = 0775
    valid users = t01,t02,@stu
```
smb.conf 文件的内容

```
root@ubuntu-vm:/home/demo# testparm
Load smb config files from /etc/samba/smb.conf
Loaded services file OK.
Weak crypto is allowed
Server role: ROLE_STANDALONE
```
这里提示按回车键，以查看具体的配置内容

```
Press enter to see a dump of your service definitions
# Global parameters
[global]
    security = USER
    workgroup = SAMBA
    idmap config * : backend = tdb
    ...
root@ubuntu-vm:/home/demo# systemctl restart smbd
```

```
root@ubuntu-vm:/home/demo# systemctl  stop  ufw
root@ubuntu-vm:/home/demo#
```

（3）Samba 配置完成后，查询虚拟机的 IP 地址，并将其输入到 Windows 的文件管理器的地址栏中，IP 地址之前需要增加\\（即两个反斜杠），如图 4-22 所示。

图 4-22　在 Windows 中访问 Samba 文件共享服务器

在出现的"输入网络密码"界面中，输入上面创建的 t01 或 t02 用户账号及其对应的密码 1234，还可以勾选"记住我的凭据"复选框，单击"确定"按钮，如图 4-23 所示。

图 4-23　输入访问 Samba 文件共享服务器的用户账号和密码

正常访问 Samba 文件共享服务器之后，在 Windows 的文件管理器中就可以看到 Linux 共享的目录及访问账号的主目录，如图 4-24 所示。

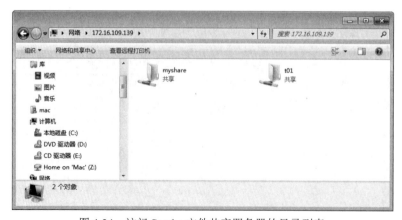

图 4-24　访问 Samba 文件共享服务器的目录列表

4.10 Ubuntu 桌面开发环境的安装

4.10.1 Eclipse 的安装

Eclipse 是一个免费的编程软件，也是目前流行的 Java 集成开发环境之一，可以被安装在桌面版的 Ubuntu 中。由于 CentOS/Rocky Linux 默认没有附带图形用户桌面环境，因此本节简单介绍一下如何在 Ubuntu 中安装 Eclipse。

在 Ubuntu 中打开一个终端窗口，并输入下面的命令安装 Eclipse。

```
*Ubuntu 系统:
sudo snap install eclipse --classic          ◇ 执行 snap 命令安装 Eclipse
```

```
demo@ubuntu-vm:~$

demo@ubuntu-vm:~$ sudo snap install eclipse --classic
[sudo] demo 的密码:
下载 snap "eclipse" (73)，来自频道 "stable"
下载 snap "eclipse" (73)，来自频道 "stable" 1% 1.22MB/
下载 snap "eclipse" (73)，来自频道 "stable" 2% 2.58MB/
...
设置 snap "eclipse" 的自动别名
eclipse 2023-09 已从 Snapcrafters✪ 安装
demo@ubuntu-vm:~$
```

由此可见，Eclipse 的安装还是比较简单的，只需执行 snap 命令即可安装。顺便提一下，这里使用的 snap 可以用来安装很多软件包，是一种全新的、私有化的软件包管理方式，它类似一个容器，其中包含了一个应用程序用到的所有文件和库，各个应用程序之间完全独立。所以，使用 snap 软件包的好处就是解决了应用程序之间的依赖问题，使得应用程序更容易管理，但由此带来的问题就是要占用更多的磁盘空间。

当 Eclipse 安装完成后，Ubuntu 的应用程序列表中会新增一个 Eclipse 的启动图标。因为 Eclipse 是一个使用 Java 开发的应用，所以在安装 Eclipse 的过程中，实际上已经自动附带了一个 OpenJDK17 版本的 JDK。如果用户希望 Eclipse 使用自己安装的 JDK 版本，那么在启动 Eclipse 之前可以先在 Ubuntu 的终端窗口中执行下面的命令，确认系统中安装的 Java 运行环境。

```
demo@ubuntu-vm:~$ java -version
java version "1.8.0_381"
Java(TM) SE Runtime Environment (build 1.8.0_381-b09)
Java HotSpot(TM) 64-Bit Server VM (build 25.381-b09, mixed mode)
```

当一切准备就绪后，就可以单击 Ubuntu 应用程序列表中 Eclipse 的启动图标，将其启动起来。Eclipse 初次启动时，会显示一个设置工作空间目录的确认框，按照默认的目录设置，勾选 "Use this as the default and do not ask again" 复选框，并单击 "Launch" 按钮即可，如图 4-25 所示。

在进入 Eclipse 主页面后，首先显示的是欢迎页面，直接将其关闭即可，如图 4-26 所示。

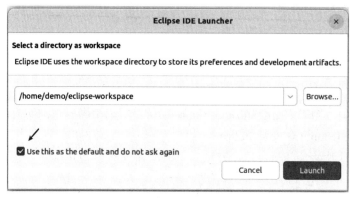

图 4-25　Eclipse 的工作空间目录设置

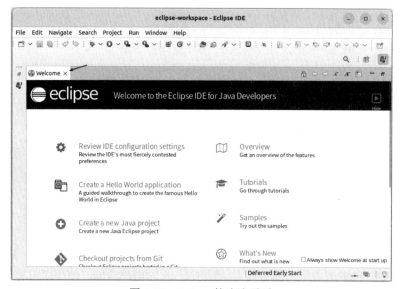

图 4-26　Eclipse 的欢迎页面

为了测试 Eclipse 是否能够正常使用，可以在"Package Explorer"窗格中单击"Create a Java project"链接（或者找到 Eclipse 的主菜单，选择"File"→"New"→"Java Project"命令），新建 Java 项目，如图 4-27 所示。

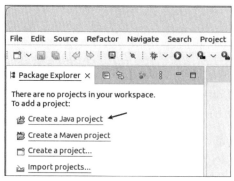

图 4-27　在 Eclipse 中新建 Java 项目

在"Create a Java Project"页面中，设定 Project name（项目名称）为"HelloWorld"，在"JRE"选项组中可以根据需要选择 JDK 版本，默认是 Eclipse 安装时自带的 OpenJDK17 版本，用户也可以指定单独安装的 JDK 版本，设置完成后，单击"Finish"按钮，如图 4-28 所示。

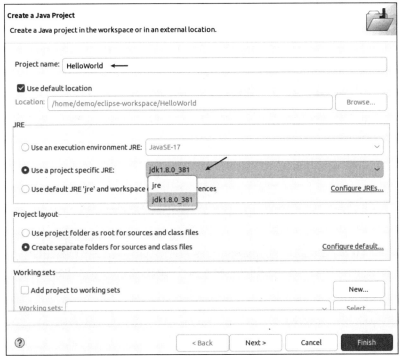

图 4-28　新建 Java 项目的设置

在新建的 HelloWorld 项目中，右击"src"文件夹，在弹出的快捷菜单中选择"New"→"Class"命令，新建一个 Java 类，如图 4-29 所示。

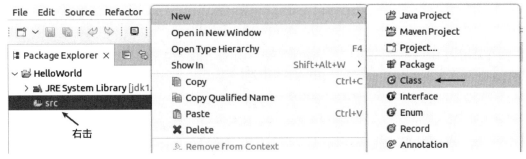

图 4-29　在 HelloWorld 项目中新建一个 Java 类

在"Java Class"页面中，设定 Name（类名）为"Hello"，并勾选"public static void main(String[] args)"复选框，以便自动生成 main()方法，单击"Finish"按钮完成类的创建，如图 4-30 所示。

当 Hello 类创建完成后，Eclipse 会自动打开其对应的 Java 源代码文件，我们首先在 main()方法中输入一行简单的打印语句，如图 4-31 所示。

```
System.out.println("Hello world...");
```

然后单击"保存"按钮（或按 Ctrl+S 快捷键）。

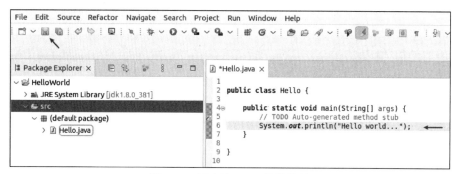

图 4-30　新建 Java 类的设置

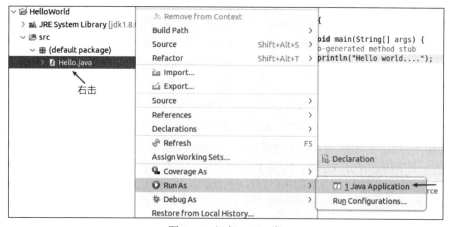

图 4-31　新建的 Hello 类的代码

　　保存好输入的代码后，右击 "Hello.java" 文件，在弹出的快捷菜单中选择 "Run As" → "Java Application" 命令，运行 Hello 类，如图 4-32 所示。

图 4-32　运行 Hello 类

如果一切正常，则将在"Console"窗格中显示 Hello 类的代码运行结果，如图 4-33 所示。

图 4-33　Hello 类的代码运行结果

在 Ubuntu 上安装和初步使用 Eclipse 的相关内容就介绍到这里。

4.10.2　PyCharm 的安装

PyCharm 是一个被 Python 开发人员广泛使用的图形化的集成开发环境，它为 Python 开发人员提供了一系列的基本工具，如代码分析、图形调试器、集成单元测试器，以及与版本控制系统的集成等。除了提供 Apache 2.0 许可下的免费社区（Community）版，PyCharm 还提供付费的专业（Professional）版。

在 Jetbrains 公司的官方网站上可以找到 PyCharm 集成开发环境的下载页面，找到其中的"PyCharm Community Edition"，并选择 Linux 平台版本的文件（在本书配套资源中已提供此文件）进行下载，如图 4-34 所示，下载完成后将其上传到 Ubuntu 虚拟机的主目录中。

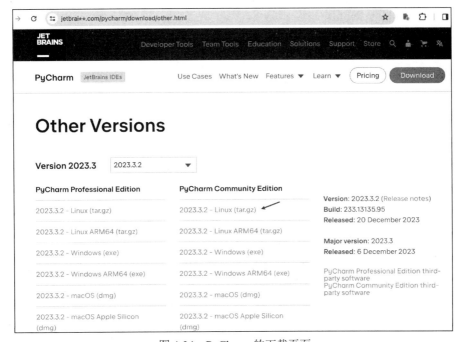

图 4-34　PyCharm 的下载页面

在 Ubuntu 中，打开一个终端窗口（注意是在 Ubuntu 的终端窗口中，而不是在 MobaXterm 之类的远程终端中，因为需要在 Ubuntu 中启动图形化的 PyCharm 页面），在其中执行下面的命令将下载的文件解压缩到/usr/local 目录中，并执行解压缩目录的 bin 子目录下的 pycharm.sh 启动脚本。

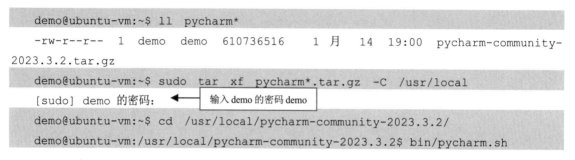

```
demo@ubuntu-vm:~$ ll pycharm*
-rw-r--r-- 1 demo demo 610736516    1 月   14   19:00  pycharm-community-
2023.3.2.tar.gz
demo@ubuntu-vm:~$ sudo tar xf pycharm*.tar.gz  -C /usr/local
[sudo] demo 的密码：  ◄── 输入 demo 的密码 demo
demo@ubuntu-vm:~$ cd /usr/local/pycharm-community-2023.3.2/
demo@ubuntu-vm:/usr/local/pycharm-community-2023.3.2$ bin/pycharm.sh
```

稍等片刻，会出现一个 PyCharm 安装协议，勾选图 4-35 所示的复选框，并单击"Continue"按钮。

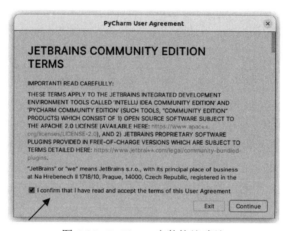

图 4-35　PyCharm 安装协议确认

在"Data Sharing"页面中，单击"Send Anonymous Statistics"按钮，提交软件使用的统计信息，即数据分享，如图 4-36 所示。

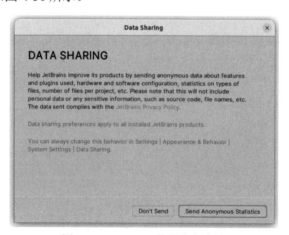

图 4-36　PyCharm 数据分享确认

进入"Welcome to PyCharm"页面，在此创建新的 Python 项目，也可以修改 PyCharm 的各种功能。为方便起见，此处设置在 Ubuntu 的应用程序列表中增加一个 PyCharm 的启动图标，这样可以避免每次在终端中执行 PyCharm 的启动脚本，只需单击左下角的齿轮图标即可进行设置，如图 4-37 所示。

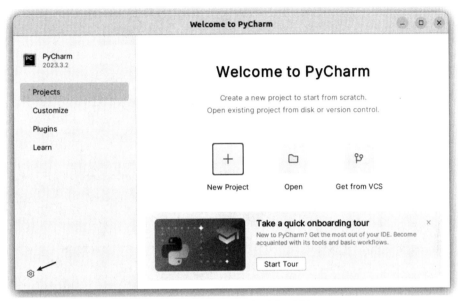

图 4-37　PyCharm 的功能设置

在弹出的下拉列表中，单击"Create Desktop Entry"选项，创建一个通过桌面启动 PyCharm 的图标，如图 4-38 所示。

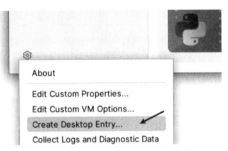

图 4-38　创建 PyCharm 的启动图标

在弹出的确认框中，直接单击"OK"按钮即可，如图 4-39 所示。

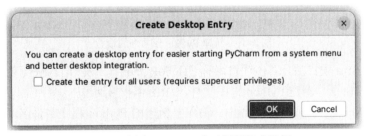

图 4-39　创建 PyCharm 启动图标的确认框

接下来，我们以新建一个 PyCharm 项目为例介绍 PyCharm 的基本用法。单击"Welcome

to PyCharm"页面中的"New Project"按钮，新建一个 PyCharm 项目，如图 4-40 所示。

图 4-40　新建一个 PyCharm 项目

在"New Project"页面中，设定 Name（项目名称）为"HelloPython"，其他参数保持默认设置，单击"Create"按钮，如图 4-41 所示。

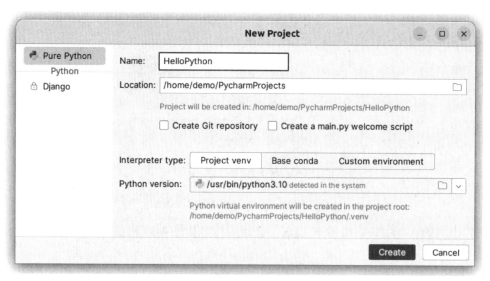

图 4-41　新建 PyCharm 项目的设置

当新建 PyCharm 项目后，右击项目名称"HelloPython"，在弹出的快捷菜单中选择"New"→"Python File"命令，新建 Python 程序文件，如图 4-42 所示。

在弹出的"New Python file"页面中，输入要新建的 Python 程序文件名，如 main，并按回车键，如图 4-43 所示。

这样，在 HelloPython 项目中就多出一个名为"main.py"的程序文件，在其中输入一行简单的代码，并单击代码右上方的"三角"图标来运行 main.py 程序文件，如图 4-44 所示。

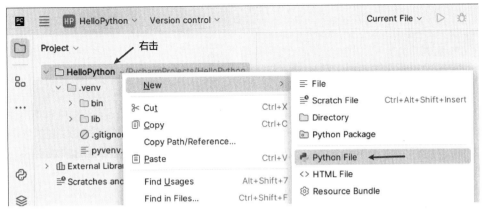

图 4-42　新建 Python 程序文件

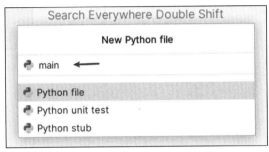

图 4-43　设定 Python 程序文件名

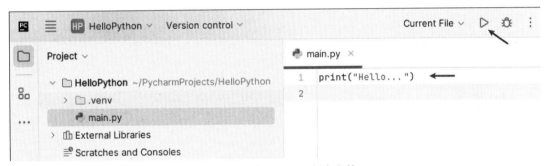

图 4-44　运行 main.py 程序文件

当程序文件运行时，在 PyCharm 底部的"main"窗格中将会输出相应的结果，如图 4-45 所示。

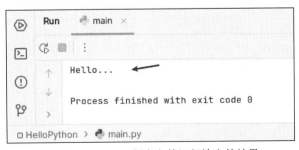

图 4-45　main.py 程序文件运行输出的结果

有关 PyCharm 集成开发环境的安装和基本用法就介绍到这里，若想要了解更多相关内容，则读者可自行查阅相关资料。

4.11　习题

（1）阐述容器和虚拟机的区别，以及它们各自的优缺点。

（2）Podman 是一个用于管理容器、镜像、卷和容器组的开源工具，支持多种镜像格式，包括 Docker 和 OCI（Open Container Initiative，开放容器倡议）镜像，与 Docker 命令的用法类似。请读者自行查阅资料，分别在 Ubuntu、CentOS、Rocky Linux 上安装 Podman 软件包，并像 Docker 一样运行镜像。

（3）为了实现局域网中不同操作系统之间的数据共享，我们一般会搭建一些用于文件共享的服务器。和 Samba 类似，NFS 也是一种用于文件共享的服务器，不过它实现的是 UNIX/Linux 与 UNIX/Linux 之间的文件共享。请读者自行查阅资料，在 Ubuntu 上搭建 NFS 服务器，并在 Rocky Linux 上通过 NFS 服务器访问 Ubuntu 上的文件。

第 5 章

Linux 系统高级技术

 学习目标

知识目标

- 了解 Shell 脚本编程的概念
- 了解 Linux 上的 crontab 定时计划任务
- 了解 Linux 内核及启动过程

能力目标

- 会在 Linux 上编写简单的 Shell 脚本代码
- 会使用 crontab 进行定时计划任务的处理

素质目标

- 培养和树立耐心细致的学习态度与钻研精神
- 培养和树立精益求精与不断进取的工匠精神

5.1 引言

Bash 是 UNIX/Linux 系统常用的一种命令行环境，也是目前绝大多数 Linux 发行版的默认 Shell。要想使用 Bash，就必须先理解 Shell 是什么。Shell 一词的原意是"外壳"，与内核（Kernel）相对应，比喻为"在内核外面"的这一层，是用户跟内核交互的媒介。Shell 实际上也是一个应用程序，提供了一个与用户对话的环境，这个环境只有一个命令提示符，让用户从键盘输入命令，所以又被称为命令行环境。Shell 接收用户输入的命令后，会将命令送入操作系统内核执行，并将执行结果返回用户。

Linux 内核可以认为是 Linux 系统的主要组件，也是计算机硬件与应用程序之间的核心接口，它不仅负责两者之间的通信，还要尽可能高效地管理计算机资源。之所以被称为内核，是因为在操作系统中，它就像果实硬壳中的种子一样，控制着计算机硬件的主要功能。每当操作

系统启动并加载到内存中时，首先是加载内核并常驻内存，直到操作系统关闭。内核是操作系统的"心脏"，充当服务提供者，负责处理操作系统底层的工作任务，包括进程管理、内存管理、驱动管理、资源调度等，对系统的性能、稳定性等方面起着决定性的作用。所以，要想熟练掌握 Linux 系统，就必须理解上述内容。

5.2 Shell 脚本编程入门

5.2.1 Shell 概念理解

现代的主流操作系统（像 Windows、macOS、Android、iOS 等）都带有图形用户界面，这带来的直接好处就是简单直观，容易上手，无论是对程序员、网络管理员等这类专业用户，还是对普通的不具备计算机专业知识的用户都非常适用。也就是说，计算机的普及离不开图形用户界面的采用。然而，早期的计算机并没有图形用户界面，也没有鼠标操作，用户只能通过键盘输入一个个类似 ls、cp 等这类所谓的"命令"来操作计算机，早期计算机的命令行提示符界面如图 5-1 所示。这些命令有成百上千个，且不说记住这些命令有多困难，每天面对这个黑白屏幕，本身就是一件枯燥的事情。因此，这个时期的计算机还远远谈不上"炫酷"，也很难被普及，只有专业人士才能使用。

图 5-1　早期计算机的命令行提示符界面

对具有图形用户界面的计算机来说，用户只要单击相应图标就能启动程序，而对采用命令行的计算机来说，则需要通过键盘输入程序的名字才能启动对应的程序文件。此时，程序的名字就被看作一条"命令"，相当于告诉计算机要具体做什么。当然，这两种操作方式在计算机内部的基本流程是类似的，都是让操作系统先查找程序在磁盘上的存放位置，然后将对应的程序文件加载到内存中运行。换句话说，图形用户界面和命令行要达到的目的是一样的，都是让用户使用计算机的功能。需要补充的一点是，我们经常使用的 ls 命令，它实际对应的是/bin/ls 程序文件，之所以可以省略程序文件路径的前缀"/bin"，就是因为系统中设置了一个名为"PATH"的环境变量，/bin 路径名已在 PATH 环境变量值中，系统会自动根据 PATH 环境变量值的目录列表，搜索对应的程序文件，从而避免了每次都要输入完整程序文件路径名的麻烦。当然，如果在 PATH 环境变量设置的目录列表中找不到程序文件，系统就会提示"未找到命令"或"command not found"错误。还有一种可能，如果在 PATH 环境变量设置的目录列表中，多个目录存在同名的程序文件，那么排在 PATH 环境变量值前面的目录将被优先搜索到。

然而，真正能够与计算机硬件（CPU、内存、显示器等）直接交互的，只有操作系统内核，但是内核是非常复杂和烦琐的，无法被普通用户直接使用，因此图形用户界面和命令行就成为架设在用户与内核之间的一座桥梁。由于普通用户不能直接接触内核，因此就需要另外开发一个程序，以便能够通过这个程序来间接地使用计算机，它的作用就是接收用户的操作（单击图标、输入命令等），传递给内核执行，并借助内核控制计算机硬件的工作流程。在 Linux 系统中，这个程序被称为"Shell"。当然，Shell 其实也是一个应用程序，它的功能就是连接用户和 Linux 内核，如图 5-2 所示。值得一提的是，Shell 并不属于 Linux 内核的一部分，它只是在内核的基础上编写的一个应用程序。此外，Windows 的图形用户界面也可以看作一个典型的图形化 Shell，但这个 Shell 是与 Windows 内核捆绑在一起的，这和 Linux 的做法并不相同。不过，Shell 也有特殊性，即开机后会立即启动并呈现在用户面前，这样用户才可以通过 Shell 操作 Linux 内核，如果不启动 Shell，计算机也就无法使用。

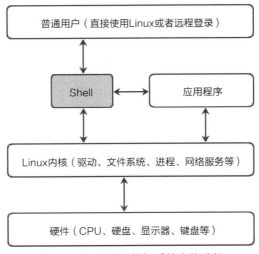

图 5-2　Shell 在计算机系统中的功能

Shell 有很多种，只要是能给用户提供命令行执行环境的程序，就可以被看作 Shell。常见的 Shell 包括如下几个。

- Bourne Shell（sh）：UNIX 标准默认使用的 Shell。
- Bourne Again Shell（bash）：Linux 标准默认使用的 Shell。
- Korn Shell（ksh）：属于 Bourne Shell 的超集，特点是比较接近一般的程序语言。
- Z Shell（zsh）：一个功能强大的 Shell，也是 macOS 系统默认使用的 Shell。

在以上这些 Shell 中，bash 是目前用得最多的一种，也是 Ubuntu、CentOS、Rocky Linux 等 Linux 发行版的默认终端环境。

5.2.2　Shell 脚本编程基础

在对 Shell 的概念有了一个基本的了解后，我们就知道一切计算机的操作命令都是在 Shell 中输入和执行的。实际上，Shell 只负责接收用户输入的命令，并经过简单的处理后传递给系统内核执行，如果用户输入的命令不是 Shell 能识别的，就会提示错误信息。下面是在 Ubuntu 和

CentOS/Rocky Linux 上的一个错误命令的示例：

```
demo@ubuntu-vm:~/桌面$ byebye            [root@localhost ~]#
byebye：未找到命令  ←                     [root@localhost ~]# byebye
demo@ubuntu-vm:~/桌面$                    -bash: byebye: command not found ←
                                          [root@localhost ~]#
```
      Ubuntu的错误命令示例   CentOS/Rocky Linux的错误命令示例

此外，Shell 接收用户的输入命令并对其进行解释执行，并不只是简单地堆砌命令，它还支持编程功能，这和使用 Java、Python 等常见的编程语言没有什么区别，这一特性大大拓展了 Shell 的使用范围。Shell 虽然没有 Java、Python 等通用编程语言那么强大，但还是支持一些基本的编程元素的。例如：

- 变量、数组、字符串、加减乘除、逻辑运算、注释。
- if...else 条件，case...in 选择，for、while、until 循环。
- 函数，包括用户自定义的函数和内置函数（如 printf、export、eval 等）。

站在这个角度，Shell 其实也可以算作一种编程语言，它的编译器（解释器）就是 Shell 程序。我们平时所说的 Shell，有时是指连接用户和内核的 Shell 命令解释器，有时是指 Shell 编程。当然，Shell 编程的主要目的是开发一些实用的、自动化的小工具，而不是编写具有复杂业务逻辑的中、大型软件。例如，Shell 可以被应用于计算机的硬件参数检测、Web 应用运行环境搭建、日志分析等场合。换句话说，对 Shell 编程的熟练程度反映了用户对 Linux 的精通水平，运维工程师、网络管理员、程序员都应该学习 Shell，尤其是对 Linux 系统运维工程师来说，Shell 是一个必不可少且必须掌握的技能。它可以帮助运维工程师自动化地管理服务器集群，以避免一台一台地登录所有的服务器，并对每台服务器都进行相同的设置，否则当这些服务器有成百上千台时，运维工程师会浪费大量的时间在重复性的工作上。

我们知道，任何代码最终都要被"翻译"成二进制编码才能在计算机上执行。有的编程语言（如 C/C++、Java、Go 等）必须在程序运行之前将所有代码都翻译成计算机 CPU 能够识别的二进制编码，也就是生成可执行文件（如 Windows 系统的".exe"程序），这个过程被称为"编译"（Compile），用户执行的是最终生成的可执行文件，是看不到源代码的，像这类编程语言就被称为"编译型语言"，完成编译功能的软件被称为编译器（Compiler）。而有的编程语言（如 JavaScript、Python、PHP 等），需要一边执行一边翻译，不会事先生成任何可执行文件，用户必须获取到源代码才能运行程序。当程序启动并运行后，解释器会对其进行即时翻译，翻译完一部分执行一部分，不用等到所有代码都翻译完，这个过程被称为"解释"（Interpret），而这类编程语言被称为"解释型语言"或"脚本语言"（Script），完成代码解释功能的软件被称为"解释器"。编译型语言的优点是执行速度快、对硬件要求低、保密性好，适合开发操作系统、大型应用程序、数据库等。脚本语言的优点是使用灵活、部署容易、跨平台性好，非常适合 Web 开发，以及一些小工具的制作。这里介绍的 Shell，就属于脚本语言的范畴。

考虑到几乎所有编程语言的学习，都是从"Hello World！"示例开始的，因此本节编写的第一个 Shell 脚本文件也准备在屏幕上输出一条"Hello World！"信息。

（1）在 Ubuntu 中打开一个终端窗口或在 CentOS/Rocky Linux 中打开一个终端，输入下面的命令。

```
cd ~                ◇ 切换到当前用户的主目录，若已在，则忽略该步
vi hello.sh         ◇ 新建一个脚本文件，并命名为"hello.sh"
```

　　在新建的 hello.sh 脚本文件中输入下面的两行脚本内容。

`#!/bin/bash` `echo  "Hello World !"`	◇ `#!/bin/bash` 必须位于脚本文件的第一行，用于指明脚本 在执行时使用 `/bin/bash` 程序作为脚本的解释器

◇ `echo` 命令用于向标准输出文件（`Stdout`，一般是指显示器）输出文本
◇ `#` 是一种约定的标记，代表注释（第一行以 `#!` 开头的除外），建议多写注释，否则即使是自己编写的脚本代码，时间长了也很容易忘记
◇ 第一行还可以写成 `#!/usr/bin/env bash`，让系统推断出 bash 解释器的路径
◇ 输入完成后，先按 `Esc` 键回到命令模式，然后输入 "`:wq`"（共 3 个字符）保存修改并退出

```
demo@ubuntu-vm:~$
demo@ubuntu-vm:~$ vi  hello.sh
#!/bin/bash
echo  "Hello World !"  #输出内容              ◀── hello.sh 脚本文件的内容
demo@ubuntu-vm:~$
```

　　（2）通过 sh 命令执行脚本文件，或者先赋予 hello.sh 脚本文件执行权限，再执行该脚本文件，这两种方式都可以使用，但后者更常用。脚本文件的扩展名不是强制的，只是人们习惯使用 ".sh"。

`sh  hello.sh`
`ls  -l  hello.sh`
`chmod  +x  hello.sh`
`ls  -l  hello.sh`
`./hello.sh`
	◇ `sh` 是一个命令，可以用来执行 Shell 脚本文件
	
	◇ `chmod` 命令可以用来改变脚本文件的访问权限
	
	◇ 在执行脚本文件时，需要在文件名之前指定具体路径

　　下面是一个执行脚本文件的错误示例。

`hello.sh`	◇ 直接执行 `hello.sh`（相当于命令）会提示错误，原因是当前目录不 在 `PATH` 环境变量设置的目录列表中

◇ `sh` 其实是 `/usr/bin` 下面的一个链接文件，指向 `/usr/bin/bash`，即 Shell 解释器自身
◇ 在 Shell 中执行不带路径的命令时（如 `ls`），Linux 会通过 `PATH` 环境变量设置的目录列表进行搜索，若能找到对应的程序文件，就会立即执行，否则提示 "未找到命令"

```
demo@ubuntu-vm:~$
demo@ubuntu-vm:~$ sh  hello.sh    ◀──  直接通过 sh 命令执行 Shell 脚本文件
Hello World !
demo@ubuntu-vm:~$ ls  -l  hello.sh
-rw-rw-r-- 1 demo demo 50  1 月 18 22:47 hello.sh
demo@ubuntu-vm:~$ chmod  +x  hello.sh    ◀──  赋予 Shell 脚本文件执行权限
demo@ubuntu-vm:~$ ls  -l  hello.sh
-rwxrwxr-x 1 demo demo 50  1 月 18 22:47 hello.sh
demo@ubuntu-vm:~$ ./hello.sh    ◀──  执行脚本文件，需要在文件名之前指定脚本文件的路径
Hello World !
demo@ubuntu-vm:~$
```

　　（3）第（1）步通过 echo 命令进行了简单的内容输出，接下来看一段稍微复杂的脚本，在其中增加输入语句，实现与用户的交互操作。

`vi hello2.sh`	◇ 确保在当前用户的主目录中编辑 hello2.sh 脚本文件 ◇ `vi` 编辑命令：`G` 表示转到最后一行，`o` 表示添加一个空行开始编辑

在 hello2.sh 脚本文件的末尾输入下面的脚本内容。

`echo  "What  is  your  name?"`	◇ 输出一个提问信息
`read  stu`	◇ 从标准输入文件（stdin）中读取用户输入的数据，并赋值给 stu 变量
`echo  stu`	◇ 输出 stu 变量的内容，变量名前面要加上$，否则变量名会被当成普通
`echo  "Hello, ${stu}"`	字符串处理，比如输出 stu 这个词本身，而不是变量的内容
`echo  "Hello, $stu"`	

◇ read 命令用来从标准输入文件（一般是指键盘）中读取用户输入的数据
◇ 在字符串中获取变量的值，建议使用${stu}而不是$stu，以避免出现混淆。比如，假定有两个变量 a 和 ab，字符串"Hello,$ab"不一定能得到预期结果，因为$a 和$ab 都可以获取到变量的值

脚本文件修改完成后开始执行。

`chmod  +x  hello2.sh`	◇ 赋予 hello2.sh 执行权限
`./hello2.sh`	

```
demo@ubuntu-vm:~$
demo@ubuntu-vm:~$ vi  hello2.sh
echo  "What  is  your  name?"
read  stu
echo  stu
echo  "Hello, ${stu}"
echo  "Hello, $stu"
demo@ubuntu-vm:~$ chmod  +x  hello2.sh
demo@ubuntu-vm:~$ ./hello2.sh
What  is  your  name?
abc
stu
Hello, abc
Hello, abc
demo@ubuntu-vm:~$
```

（4）Shell 脚本文件除了可以通过 read 命令读取输入数据，还支持传递命令行参数。

`vi  hello3.sh`	◇ 新建一个脚本文件，并命名为 "hello3.sh"

首先输入下面的脚本内容，然后执行该脚本文件。

`#!/bin/bash`	
`echo  "程序文件名: $0"`	◇ 程序自身的文件名用$0 表示，$1 表示获取第一个参数值，$2 表
`echo  "参数一为: $1"`	示获取第二个参数值，以此类推
`echo  "参数二为: $2"`	
`echo  "参数三为: $3"`	
`chmod  +x  hello3.sh`	◇ 输入完成后，先按 Esc 键回到命令模式，然后输入 ":wq"（共 3
`./hello3.sh  100  200  300`	个字符）保存修改并退出，最后赋予该脚本文件执行权限，以便执行

```
demo@ubuntu-vm:~$
demo@ubuntu-vm:~$ vi  hello3.sh
#!/bin/bash
echo  "程序文件名: $0"
echo  "参数一为: $1"
```

hello3.sh 脚本文件的内容

```
echo   "参数二为：$2"
echo   "参数三为：$3"
```

```
demo@ubuntu-vm:~$ chmod  +x  hello3.sh
demo@ubuntu-vm:~$ ./hello3.sh  100  200  300
```
执行 hello3.sh 脚本文件，同时携带 3 个参数

```
程序文件名：./hello3.sh
参数一为：100
参数二为：200
参数三为：300
demo@ubuntu-vm:~$
```

（5）以下是一个在 Shell 脚本文件中执行循环的例子。

vi hello4.sh	◇ 新建一个脚本文件，并命名为"hello4.sh"

首先输入下面的脚本内容，然后执行该脚本文件。

`#!/bin/bash`
`for  ((i=0;  i<10;  i++))`
`do`
`    echo  "--------"`
`done`
	◇ Shell 中 for 循环的写法与 Java 等编程语言中 for 循环的写法相似，但这里使用的是 (( )) ，代表一种数学计算的"命令"
	◇ do...done 包围的，就是要循环执行的语句，也可写成下面的形式（此时在 do 之前必须加一个分号）：
	　　`for ((i=0;  i<10;  i++)); do`
	　　　　`...`
	　　`done`

`chmod  +x  hello4.sh` `./hello4.sh`	◇ 输入完成后，先按 Esc 键回到命令模式，然后输入":wq"（共 3 个字符）保存修改并退出，最后赋予该脚本文件执行权限，以便执行

```
demo@ubuntu-vm:~$
demo@ubuntu-vm:~$ vi  hello4.sh
#!/bin/bash
for  ((i=0;  i<10;  i++))
do
    echo  "--------"
done
demo@ubuntu-vm:~$ chmod  +x  hello4.sh
demo@ubuntu-vm:~$ ./hello4.sh
```
hello4.sh 脚本文件的内容

```
demo@ubuntu-vm:~$ ./hello4.sh
--------
--------
...
--------
demo@ubuntu-vm:~$
```
共输出 10 行

（6）以下是一个在 Shell 脚本文件中执行条件判断的例子。

vi hello5.sh	◇ 新建一个脚本文件，并命名为"hello5.sh"

首先输入下面的脚本内容，然后执行该脚本文件。

`#!/bin/bash`
`a=10`
`b=20`
	◇ 这里的变量 a、b 与 =（赋值符号）之间不能出现空格，必须连到一起，像"a = 10"就是错误的写法
	◇ Shell 中 if 循环的写法与 Java 等编程语言中 if 循环的写法相

```if [[$a == $b]]` `then` ` echo "a = b"` `elif [[$a > $b]]` `then` ` echo "a > b"` `else` ` echo "不符合条件"` `fi```	似，条件表达式的形式包括 if [[...]]、if ((...))、if [...] 等，但它们在用法上存在一些差异 ◇ if...then 也可写成下面的形式（此时在 then 之前必须加一个分号）： if [[$a == $b]]; then ... elif [[$a > $b]]; then ... else ... fi
```chmod +x hello5.sh` `./hello5.sh```	◇ 输入完成后，先按 Esc 键回到命令模式，然后输入 ":wq"（共 3 个字符）保存修改并退出，最后赋予该脚本文件执行权限，以便执行

```
demo@ubuntu-vm:~$
demo@ubuntu-vm:~$ vi  hello5.sh
#!/bin/bash                              ◄── hello5.sh 文件的内容
a=10
b=20
if  [[ $a == $b ]]
then
   echo  "a = b"
elif  [[ $a > $b ]]
then
   echo  "a > b"
else
   echo  "不符合条件"
fi
demo@ubuntu-vm:~$ chmod  +x  hello5.sh
demo@ubuntu-vm:~$ ./hello5.sh
不符合条件            ◄── 运行结果
demo@ubuntu-vm:~$
```

➲ 随堂练习

编写 Shell 脚本文件，实现在命令行提示符界面中输入两个参数值，输出两个参数值的大小关系的功能。

（7）下面来学习一个综合案例。例如，首先在主目录中创建一个子目录（若该子目录已存在，则需要先将其删除），然后在该子目录中创建 100 个空文件，文件名依次为 test_1.txt、test_2.txt、...、test_100.txt。

`vi  hello6.sh`	◇ 新建一个脚本文件，并命名为 "hello6.sh"

首先输入下面的脚本内容，然后执行该脚本文件。

`#!/bin/bash`	◇ 第一行用于指定脚本解释器
`cd ~`	◇ 切换到当前用户的主目录

```if [-e ./exam/]; then rm -rf ./exam/ fi```	◇ 判断 exam 目录是否存在，若已存在，则先执行 rm 命令将其强制删除。-e 参数用于判断文件（包括目录）是否存在，全称为 exist
```mkdir exam && cd exam```	◇ 创建 exam 目录并进入，同一行先后执行多个命令，可以使用 && 进行连接
```for ((i=1; i<=100; i++)); do touch test_$i.txt done```	◇ 循环执行 100 次，使用 touch 命令生成新文件，文件名序号来自循环变量的值，使用 $i 进行获取
```chmod +x hello6.sh ./hello6.sh```	◇ 输入完成后，先按 Esc 键回到命令模式，然后输入":wq"（共 3 个字符）保存修改并退出，最后赋予该脚本文件执行权限，以便执行

```
demo@ubuntu-vm:~$
demo@ubuntu-vm:~$ vi hello6.sh
#!/bin/bash                          ←  hello6.sh 文件的内容

cd ~
if [ -e ./exam/ ]; then
    rm -rf ./exam/
fi

mkdir exam && cd exam

for ((i=1; i<=100; i++)); do
    touch test_$i.txt
done
demo@ubuntu-vm:~$ chmod +x hello6.sh
demo@ubuntu-vm:~$ ./hello6.sh
demo@ubuntu-vm:~$ ls exam                   生成的 100 个空文件
test_100.txt  test_25.txt  test_40.txt  test_56.txt  test_71.txt  test_87.txt
test_10.txt   test_26.txt  test_41.txt  test_57.txt  test_72.txt  test_88.txt
...
test_23.txt   test_39.txt  test_54.txt  test_6.txt   test_85.txt
test_24.txt   test_3.txt   test_55.txt  test_70.txt  test_86.txt
demo@ubuntu-vm:~$
```

➜ 随堂练习

上面的案例创建了 100 个空文件，请在每个文件中写入一个数字，该数字与文件名序号相同，比如，文件名为 test_3.txt，则其中的内容也为 3。

5.2.3 Shell 脚本编程简单实例

假定有一个简单的任务：首先在当前用户的主目录中创建一个名为"myexam"的子目录，然后在 myexam 子目录中创建 100 个空文件，文件名依次为 test001.txt、test002.txt、...、test100.txt，最后在每个文件中写入一个数字，比如，文件名为 test_003.txt，则其中的内容为 6（即数字 3 乘以 2 的结果，以此类推）。现要求编写一个 Shell 脚本文件完成该任务。

操作步骤如下。

（1）使用 cd 或 cd~命令切换到当前用户的主目录。

（2）使用 mkdir 命令在主目录中创建一个 myexam 子目录并执行 cd 命令进入。

（3）使用 touch 命令创建新文件。由于需要创建 100 个空文件，因此要使用循环实现，但在创建文件时还要考虑一个因素，即文件名不仅要使用循环次数命名，还要根据数字的位数在其前面增加一个或两个前导"0"（100 的前面不需要增加）。

（4）使用 echo 命令将数字写入到文件中。

明确了基本的步骤之后，现在开始编写脚本代码，在 Linux 终端中输入下面的命令。

`cd ~`	◇ 切换到当前用户的主目录，若已在，则忽略该步
`vi file100.sh`	◇ 新建一个脚本文件

首先输入下面的脚本内容，然后执行该脚本文件。

`#!/bin/bash`	◇ 第一行用于指定脚本解释器，以"#!"开头
`cd ~`	◇ 切换到当前用户的主目录
`mkdir -p myexam && cd myexam`	◇ 创建一个 myexam 子目录并进入
`for ((i=1; i<=100; i++)); do`	◇ 执行 100 次循环来创建文件
`    # 处理文件名序号中的前导数字 0`	
`    if [[ i < 10 ]]; then`	◇ 若序号小于 10，即一位数，则添加两个 0
`        n="00$i"`	
`    elif [[ i < 100 ]]; then`	◇ 若序号大于或等于 10 且小于 100，即两位数，则添加一个 0
`        n="0$i"`	
`    else`	◇ 若序号是 3 位数，则不用处理
`        n="$i"`	
`    fi`	
`    # 创建空文件并写入内容`	◇ 创建新文件
`    touch test$n.txt`	◇ 使用 echo 命令将表达式 2*i 的值输出到文件中，$(( )) 是获取表达式值的命令，里面的变量名不用加"$"符号，">" 是重定向输出符号
`    echo $((2*i)) > test$n.txt`	
`done`	
`chmod +x file100.sh`	◇ 赋予脚本文件执行权限并执行
`./file100.sh`	

```
demo@ubuntu-vm:~$
demo@ubuntu-vm:~$ vi file100.sh
#!/bin/bash
cd ~
mkdir -p myexam && cd myexam
for ((i=1; i<=100; i++)); do
    # 处理文件名序号中的前导数字 0
    if [[ i < 10 ]]; then
        n="00$i"
    elif [[ i < 100 ]]; then
        n="0$i"
    else
```

◄─── file100.sh 脚本文件中的内容

```
        n="$i"
    fi
    # 创建空文件并写入内容
    touch  test$n.txt
    echo  $((2*i)) > test$n.txt
done
```

```
demo@ubuntu-vm:~$ chmod  +x  file100.sh
demo@ubuntu-vm:~$ ./file100.sh
```

```
demo@ubuntu-vm:~$ ll myexam/
总计 408
drwxrwxr-x  2 demo demo 4096  1月 19 10:50 ./
drwxr-x--- 26 demo demo 4096  1月 19 10:50 ../
-rw-rw-r--  1 demo demo    4  1月 19 10:50 test100.txt
-rw-rw-r--  1 demo demo    3  1月 19 10:50 test010.txt
-rw-rw-r--  1 demo demo    3  1月 19 10:50 test011.txt
-rw-rw-r--  1 demo demo    3  1月 19 10:50 test012.txt
...
demo@ubuntu-vm:~$
```

> 生成的 100 个文件

　　上述例子通过一般的方法实现了文件的批量处理，步骤略显烦琐。目前，很多编程语言都能实现字符串的格式化功能，同样地，Shell 中也有一个 printf 命令，能够实现字符串的格式化功能。因此，我们可以将上面的代码进行修改，将循环中的代码替换为 printf 命令的调用。

　　首先使用 vi 编辑器将 file 100.sh 脚本文件中的 for 循环替换成下面的内容，然后执行该脚本文件。

```
for ((i=1; i<=100; i++));  do
    # 处理文件名序号中的前导数字 0
    n=$(printf "%03d" $i)

    # 创建空文件并写入内容
    touch test$n.txt
    echo  $((2*i)) > test$n.txt
done

# 处理完成后，输出一条操作提示信息
echo "100 files created."
```

◇ printf 命令用来格式化字符串，%03d 表示一个 3 位数，如果位数不足，则补 0
◇ $( )用来获取命令的输出内容，也可写成：
n=`printf "%03d" $i` （反引号）

```
./file100.sh
cat ./myexam/test100.txt
```

◇ 再次执行 file100.sh 脚本文件
◇ 查看执行后生成的某个文件的内容

```
demo@ubuntu-vm:~$
demo@ubuntu-vm:~$ vi  file100.sh
#!/bin/bash
...
for  ((i=1; i<=100; i++));  do
    # 处理文件名序号中的前导数字 0
```

> 修改的内容

```
    n=$(printf "%03d" $i)

    # 创建空文件并写入内容
    touch test$n.txt
    echo $((2*i)) > test$n.txt
done

# 处理完成后，输出一条操作提示信息
echo "100 files created."
```

```
demo@ubuntu-vm:~$ ./file100.sh
demo@ubuntu-vm:~$ cat ./myexam/test100.txt
200
demo@ubuntu-vm:~$
```

➡ **学习提示**

有关更多 Shell 脚本编程的内容，读者可参考"菜鸟教程"网站中的 Shell 编程相关资料，或自行搜索其他教程。

5.3 crontab 定时计划任务

在实际工作中，开发人员可能会遇到让 Linux 系统在某个特定时间执行某些任务的情况，比如，定时监测服务器的运行状态、负载状况，定时执行某些脚本文件采集远程机器上的数据，定时备份数据库文件，定期清理磁盘等。此时，就可以借助 crontab 工具来实现。

在使用 crontab 工具时，需要创建对应的 crontab 配置文件来实现具体的定时计划任务，如图 5-3 所示。Linux 系统中的 crontab 配置文件有两种类型：一种是用户私有的，仅用于实现用户个人的定时计划任务；另一种是系统全局文件，主要用于实现系统全局范围内的定时计划任务。Ubuntu 系统的用户个人 crontab 配置文件存放在/var/spool/cron/crontabs 目录下，CentOS/Rocky Linux 系统的用户个人 crontab 配置文件存放在/var/spool/cron 目录下。Ubuntu/CentOS/Rocky Linux 这 3 个系统的全局定时计划任务位于/etc/crontab 配置文件及/etc/cron.d 目录下，但用户必须具有 root 权限才能对其进行修改。我们可以通过直接编辑配置文件的内容来修改定时计划任务的配置，但大部分情况下会使用 crontab 工具安排定时计划任务。

图 5-3 crontab 定时计划任务

在对 Linux 系统的定时计划任务有了基本了解之后，接下来具体介绍如何使用 crontab 工具安排定时计划任务。在定时计划任务的配置文件中，每行包含 6 个字段，它们之间用空格或 Tab 制表符隔开，前面 5 个字段代表定时计划任务的时间，从左向右依次为分钟、小时、日期、月份、周（星期），用于定义命令执行的间隔周期，最后的 COMMAND 是定时计划任务要执行的实际命令，如图 5-4 所示。

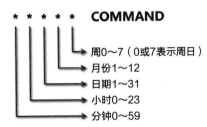

COMMAND

周 0~7（0 或 7 表示周日）
月份 1~12
日期 1~31
小时 0~23
分钟 0~59

图 5-4　crontab 定时计划任务配置文件中的字段及其含义

下面提供几个设置命令执行的间隔周期的例子，每行右边的文字是其含义解释。

```
*/2   *    *  *  *    /home/backup.sh   每隔 2 分钟执行一次
2     *    *  *  *    /home/backup.sh   每小时的第 2 分钟执行一次，比如 3:02、4:02、5:02...
30    8    *  *  *    /home/backup.sh   每天 8:30 执行一次
30    8    2  *  *    /home/backup.sh   每月 2 号的 8:30 执行一次
30    8    2  3  *    /home/backup.sh   每年 3 月 2 号的 8:30 执行一次
0     4    *  *  6    /home/backup.sh   每周六凌晨 4:00 执行一次
0     2    *  *  1-5  /home/backup.sh   每周一到周五凌晨 2:00 执行一次
0     8,9  *  *  1-5  /home/backup.sh   每周一到周五的 8:00 和 9:00 各执行一次
0     10,16 * *  *    /home/backup.sh   每天 10:00 和 16:00 各执行一次
@hourly /home/backup.sh   每隔一小时执行一次，等同于 0 * * * * /home/backup.sh
```

其中，定时计划任务的前 5 个时间周期，可以分别使用下面的设置格式。

- 第一部分若为*/n，则表示每隔 n 分钟执行一次，第二部分若为*/n，则表示每隔 n 小时执行一次，其余类推。
- 星号（*）：代表这部分所有可能的值，比如分钟的 1、2、3、...、60。
- 逗号（,）：用逗号隔开的值用来指定一个列表范围，如 1,2,5,7,8,9。
- 横线（-）：表示一个整数范围，比如 2-6 表示 2,3,4,5,6。
- 斜线（/）：指定时间间隔频率，比如 0-23/2 表示在 0~23 小时范围内，每隔 2 小时执行一次，实际上就是每隔 2 小时执行一次。

此外，Linux 还预设了几个常见的时间周期宏定义。

- @yearly 或 @annually：每年 1 月 1 日的零点执行一次，等同于 0 0 1 1 *。
- @monthly：每月第 1 天的零点执行一次，等同于 0 0 1 * *。
- @weekly：每周一的零点执行一次，等同于 0 0 * * 0。
- @daily：每天零点执行一次，等同于 0 0 * * *。
- @hourly：每隔一小时执行一次，等同于 0 * * * *。
- @reboot：每次系统启动时执行一次，可用在需要开机自动执行任务的场合。

在了解了定时计划任务的基本知识之后，接下来通过 crontab 命令对系统中的定时计划任务进行管理，包括查看和编辑定时计划任务。

```
crontab -l        ◇ 查看当前定时计划任务的内容
```

| crontab -e | ◇ 编辑现有的定时计划任务。crontab -e 命令实际是调用编辑器修改 crontab 配置
文件中的内容，修改完成后应保存修改并退出编辑器，此时定时计划任务就正式生效了 |

在 crontab 配置文件中输入下面的内容。

```
*/1 * * * * ping 172.16.109.1 >> /dev/null
```

◇ 每隔一分钟 ping 一次与某台主机的连通性，丢弃输出信息（/dev/null 代表空设备，输出到空设备就是丢弃的意思）

```
demo@ubuntu-vm:~$
demo@ubuntu-vm:~$ crontab -l
no crontab for demo          ◀──── 当前没有 demo 用户的定时计划任务
demo@ubuntu-vm:~$ crontab -e
no crontab for demo - using an empty one

Select an editor.  To change later, run 'select-editor'.
  1. /bin/nano        <---- easiest
  2. /usr/bin/vim.basic    ◀── 设置定时计划任务，就是使用编辑器修改 crontab 配置文件中
  3. /usr/bin/vim.tiny         的内容，这里会列出几个可用的编辑器供用户选择
  4. /bin/ed

Choose 1-4 [1]: 2    ◀── 在这里输入"2"并按回车键，选择使用 vi 编辑器修改定时计划任务的内容
...
# For more information see the manual pages of crontab(5) and cron(8)
# m h  dom mon dow   command


# ping every minute
*/1 * * * * ping 172.16.109.1 >> /dev/null    ◀── 这里是新增的定时计划任务，修改
                                                   完成后保存并退出 vi 编辑器

crontab: installing new crontab
demo@ubuntu-vm:~$ crontab -l    ◀── 查看定时计划任务，其实就是列出 crontab 配置文件中的内容
...
# For more information see the manual pages of crontab(5) and cron(8)
# m h  dom mon dow   command


# ping every minute
*/1 * * * * ping 172.16.109.1 >> /dev/null
```

当定时计划任务的 crontab 配置文件修改完成后，一般情况下，修改后的定时计划任务在
1 分钟之内就会生效。

5.4 Linux 内核及启动过程

5.4.1 Linux 内核与硬件

内核是指安装在计算机上的操作系统内部的核心组件，如 Windows 内核、Linux 内核等。

内核主要承担控制计算机底层硬件的任务，专业技术人员了解一些内核的原理知识，有助于加深对计算机内部工作原理的理解。

计算机有两大组成部分，即硬件和软件，硬件是指包括 CPU、内存、磁盘等在内的基础部件，主板的作用是将这些基础部件组合到一起协同工作，再加上键盘、鼠标、显示器等 I/O 设备，就构成了一套完整的计算机硬件系统。但是，如果计算机只有硬件，那么是没有任何实际用处的。为了启动计算机，开发者在主板上设置了一个被称为 ROM 的只读芯片，如图 5-5 所示，这个芯片里面烧录固化了一段 BIOS（Basic Input and Output System，基本输入输出系统）系统代码，保存了计算机中基本的 I/O 程序，以及开机后的硬件自检程序和系统自动启动程序，它从 CMOS（CMOS 的本意是"互补金属氧化物半导体"，是一种被大规模应用于制造集成电路芯片的原料）中读/写具体的硬件设置信息。这里所说的 CMOS 是计算机主板上的一个可读/写的 RAM 芯片（相当于一小块内存），用来保存当前系统的硬件配置和用户对某些参数的设定，由主板上的一块纽扣电池进行供电。BIOS 是用汇编语言编写的，是用来控制处理器、内存、系统主板与扩展卡之间主要通信任务的底层软件，以驱动 CPU、内存、磁盘、键盘、显示器等设备正常工作，这就是当计算机在未配置磁盘的情况下，仍可以加电开机的原因，只是无法进入操作系统。

与此同时，BIOS 还具有一个硬件设置的界面（需要在加电开机时按特定的按键启动，如 F1 键、F2 键、F10 键、F12 键、Delete 键、回车键，具体取决于不同主板厂商的习惯设定）。在 BIOS 设置界面中，我们可以根据需要查看或修改计算机的一些硬件参数，比如机器识别出来的磁盘和内存数量、启动顺序（从磁盘、优盘或光盘启动），以及像 VMware 这类虚拟机软件要求的处理器虚拟化（Virtualize）功能。一个典型的 BIOS 设置界面如图 5-6 所示。

图 5-5　计算机主板上的 BIOS 芯片

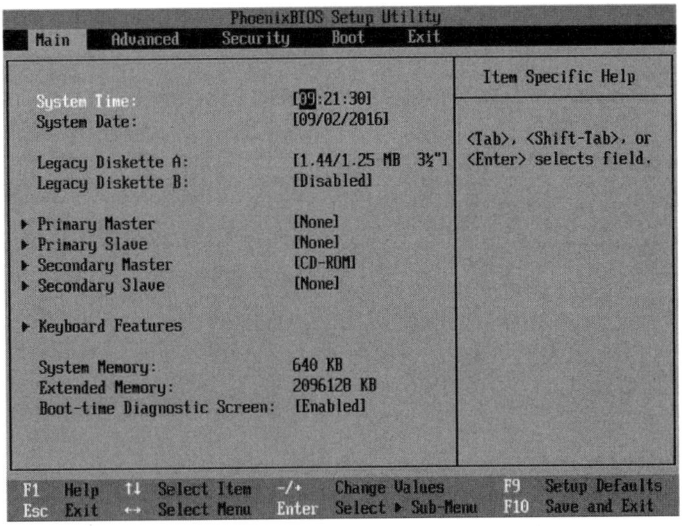

图 5-6　一个典型的 BIOS 设置界面

当计算机加电启动后，首先进行的是系统通电自检（Power On Self Test，POST）工作。当通电自检工作执行完成后，BIOS 首先会被装入内存并依次连接到南桥芯片、北桥芯片和 CPU

上，然后带领 CPU 识别并加载主板上的硬件，如磁盘、显卡、声卡及各种接口外设，最后按设定的启动模式找到磁盘引导分区中的引导程序（MBR，主引导记录），以此开始装载 Windows、Linux 等操作系统。当装载完操作系统后，BIOS 就功成身退，隐于后台了。

计算机的硬件架构原理如图 5-7 所示。

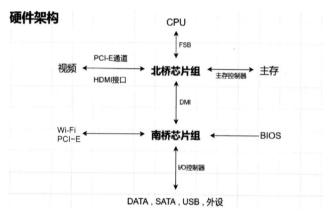

图 5-7　计算机的硬件架构原理

上面介绍了 BIOS 启动计算机的主要过程。当 BIOS 将硬件的控制权转交给操作系统后，就轮到操作系统的内核开始工作了。

Linux 内核涵盖了一般操作系统的基本要素，直接工作于硬件之上，内核的主要作用包括 I/O 交互、内存管理及 CPU 访问控制等，其中还包括"中断"和"调度器"这两个重要的部分，如图 5-8 所示。中断是系统与外部设备交互的主要方式，比如打印机打印完成。当中断出现时，调度器也会发挥作用，此时底层内核代码会停止正在运行的进程，将其状态保存起来。所以，当计算机上同时运行多个应用程序时，表面上看起来是很简单的一个操作，但实际上在这个过程中操作系统内核十分忙碌，比如要将各个应用程序分配到 CPU 上运行，在内存不足时要将非活动的应用程序转移到磁盘上的虚拟内存区域中等。

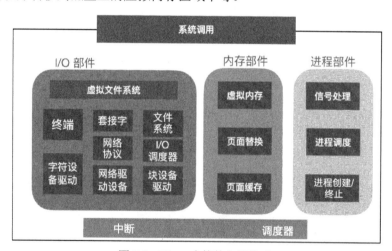

图 5-8　Linux 内核的主要构成

本节只介绍内核的大致原理，细节部分不再详述，读者了解一个大概的情况即可。从图 5-8 中很容易看出，Linux 内核承担的任务，基本上是一些普通用户平时不太容易关注的幕后工作（类似在学校内部开展的各项事务，如教学安排、考试安排、饮食安排、活动安排等）。当然，

Linux 内核只是操作系统重要的组成部分，一个具有 Linux 内核的完整操作系统，通常包含四大内容，分别是应用程序、文件系统、Shell、内核，它们共同构成了操作系统的几个要素，从而使得普通用户也可以很轻松地在计算机上运行应用程序、管理文件，并使用整个系统。

（1）Linux 应用程序。

一个好的操作系统，会提供一套便于用户使用系统的应用程序，如文本编辑器、办公套件、Internet 工具、数据库等。

（2）Linux 文件系统。

文件系统是指文件存放在存储设备（如磁盘）上的组织方法，常见的文件系统有 EXT2、EXT3、FAT、FAT32、VFAT、NTFS 等。

（3）Linux Shell。

Shell 是指操作系统的用户界面，可以是一个命令解释器的字符终端界面，也可以是类似 Windows 的图形用户界面。Shell 提供了用户与内核进行交互的一种接口，负责接收用户输入的命令，并把它送入内核执行。

（4）Linux 内核。

内核是操作系统的核心。Linux 内核负责处理操作系统要执行的一些任务，如请求内存资源、执行计算、连接网络等。它就像人的大脑一样，负责管理整个人的行为。Linux 内核具体负责进行进程管理、内存管理、文件系统管理、设备控制和网络管理。

5.4.2　Linux 启动过程

当 Linux 系统启动时，它首先读入的是/boot 目录下的内核文件，通过查看 Ubuntu、CentOS 及 Rocky Linux 系统的内核文件列表，就会发现它们都是以"vmlinuz"开头的文件，后面跟着内核版本号等信息，其他 Linux 发行版的内核文件的设计与此类似。例如，这里看到的 Ubuntu 系统中存在两个版本的内核文件，说明该系统经过了内核升级，此时原有内核文件仍然被保留，以便升级后在新版内核文件出现问题时，可以立即恢复原有内核文件的使用。

```
demo@ubuntu-vm:~$ ll /boot
总计 180068
drwxr-xr-x  4 root root     4096 11月 25 07:35 ./
drwxr-xr-x 20 root root     4096  7月 23 19:14 ../
-rw-r--r--  1 root root   270051  6月 21 22:38 config-5.19.0-46-generic
-rw-r--r--  1 root root   275553 11月  3 01:02 config-6.2.0-37-generic
drwx------  3 root root     4096  1月  1  1970 efi/
drwxr-xr-x  6 root root     4096 11月 25 07:35 grub/
lrwxrwxrwx  1 root root       27 11月 25 07:08 initrd.img -> initrd.img-6.2.0-37-generic
-rw-r--r--  1 root root 73392388 11月 25 07:15 initrd.img-5.19.0-46-generic
-rw-r--r--  1 root root 69425816 11月 25 07:24 initrd.img-6.2.0-37-generic
lrwxrwxrwx  1 root root       28 11月 25 07:08 initrd.img.old -> initrd.img-5.19.0-46-ge
-rw-r--r--  1 root root   182800  2月  7  2022 memtest86+.bin
-rw-r--r--  1 root root   184476  2月  7  2022 memtest86+.elf
-rw-r--r--  1 root root   184980  2月  7  2022 memtest86+_multiboot.bin
-rw-------  1 root root  6438424  6月 21 22:38 System.map-5.19.0-46-generic
-rw-------  1 root root  7976179 11月  3 01:02 System.map-6.2.0-37-generic
lrwxrwxrwx  1 root root       24 11月 25 07:08 vmlinuz -> vmlinuz-6.2.0-37-generic
-rw-------  1 root root 12220712  6月 21 22:43 vmlinuz-5.19.0-46-generic    ← Ubuntu 系统中的内核文件
-rw-------  1 root root 13798728 11月  3 01:04 vmlinuz-6.2.0-37-generic
lrwxrwxrwx  1 root root       25 11月 25 07:08 vmlinuz.old -> vmlinuz-5.19.0-46-generic
```

```
[root@localhost /]# ll /boot
total 100904
-rw-r--r--. 1 root root   153619 Jun 28  2022 config-3.10.0-1160.71.1.el7.x86_64
drwxr-xr-x. 3 root root       17 Jul 21 17:51 efi
drwxr-xr-x. 2 root root       27 Jul 21 17:52 grub
drwx------. 5 root root       97 Jul 21 17:59 grub2
-rw-------. 1 root root 63924900 Jul 21 17:56 initramfs-0-rescue-939c6c516bea48f6b6ecb5d0b36d6836.img
-rw-------. 1 root root 21733909 Jul 21 17:59 initramfs-3.10.0-1160.71.1.el7.x86_64.img
-rw-r--r--. 1 root root   320652 Jun 28  2022 symvers-3.10.0-1160.71.1.el7.x86_64.gz
-rw-------. 1 root root  3622036 Jun 28  2022 System.map-3.10.0-1160.71.1.el7.x86_64
-rwxr-xr-x. 1 root root  6777448 Jul 21 17:56 vmlinuz-0-rescue-939c6c516bea48f6b6ecb5d0b36d6836
-rwxr-xr-x. 1 root root  6777448 Jun 28  2022 vmlinuz-3.10.0-1160.71.1.el7.x86_64
```

CentOS 系统中的内核文件

```
[root@localhost ~]# ll /boot
total 170896
-rw-------. 1 root root  5316561 Nov 18  2022 System.map-5.14.0-162.6.1.el9_1.x86_64
-rw-r--r--. 1 root root   212827 Nov 18  2022 config-5.14.0-162.6.1.el9_1.x86_64
drwxr-xr-x. 3 root root       17 Jul 21 23:37 efi
drwx------. 5 root root       97 Jul 21 23:42 grub2
-rw-------. 1 root root 75329329 Jul 21 23:40 initramfs-0-rescue-4c4239cf19064074b27692addc3050cd.im
g
-rw-------. 1 root root 35755430 Jul 21 23:43 initramfs-5.14.0-162.6.1.el9_1.x86_64.img
-rw-------. 1 root root 35071488 Jul 21 23:50 initramfs-5.14.0-162.6.1.el9_1.x86_64kdump.img
drwxr-xr-x. 3 root root       21 Jul 21 23:37 loader
lrwxrwxrwx. 1 root root       51 Jul 21 23:38 symvers-5.14.0-162.6.1.el9_1.x86_64.gz -> /lib/modules
/5.14.0-162.6.1.el9_1.x86_64/symvers.gz
-rwxr-xr-x. 1 root root 11650240 Jul 21 23:39 vmlinuz-0-rescue-4c4239cf19064074b27692addc3050cd
-rwxr-xr-x. 1 root root 11650240 Nov 18  2022 vmlinuz-5.14.0-162.6.1.el9_1.x86_64
```

Rocky Linux 系统中的内核文件

为方便读者理解，下面以传统的 System V init 启动模式为例，简要介绍 Linux 的启动过程，读者只需有一个大致了解即可。当 Linux 内核代码开始执行时，将依次经历"加载内核文件""启动 init 进程""确定运行级别""根据运行级别执行/etc/init.d 中的初始化脚本""用户登录""显示 Shell 登录界面"等阶段，最终完成操作系统的启动。

第一步：加载内核文件，如图 5-9 所示。Linux 首先从/boot 目录读入内核文件。

图 5-9　Linux 加载内核文件的阶段

第二步：启动 init 进程，如图 5-10 所示。当内核文件加载进来以后，就开始运行第一个程序/sbin/init，它将读取配置文件/etc/inittab，作用是初始化系统环境。init 是 Linux 系统第一个运行的程序，也是 Linux 系统所有进程的起点（顶级进程），它的 PID 为 1，其他所有进程都是从它衍生出来的，是它的子进程，若没有这个进程，则系统中的任何子进程都不会启动。

图 5-10　Linux 启动 init 进程的阶段

第三步：确定运行级别，如图 5-11 所示。Linux 在开机启动时，还会自动运行许多程序，这些程序在 Windows 中被称为"服务"（service），而在 Linux 中则被称为"守护进程"（daemon）。init 进程的一大任务，就是依次执行这些开机自动启动的程序。但是，不同的场合需要启动不同的程序，比如 Linux 被应用于服务器时需要启动 Nginx Web 服务，而作为桌面使用时就不需要启动该服务了。Linux 支持为不同的场合分配不同的开机自动启动程序，这就是"运行级别"（Runlevel）的含义。也就是说，Linux 在开机启动时会根据运行级别确定自动运行哪些程序。

图 5-11　Linux 确定运行级别的阶段

Linux 预置了 7 种运行级别（0～6），如下所示。

- 运行级别 0：系统停机状态，系统默认运行级别不能设为 0，否则不能正常启动。
- 运行级别 1：单用户工作状态，root 权限，用于系统维护，禁止远程登录。
- 运行级别 2：多用户状态（缺失部分网络功能）。
- 运行级别 3：完全的多用户状态，登录后进入控制台命令行模式。
- 运行级别 4：系统未使用，保留。
- 运行级别 5：X11 控制台，登录后进入图形用户界面模式。
- 运行级别 6：系统正常关闭并重启，系统默认运行级别不能设为 6，否则不能正常启动。

第四步：执行/etc/init.d 中的初始化脚本，如图 5-12 所示。Linux 分别对系统预设的"运行级别"设置了对应的目录，这些目录中存放了来自/etc/init.d 目录中的启动程序链接文件。

图 5-12　Linux 根据运行级别执行/etc/init.d 中的初始化脚本的阶段

第五步：用户登录，如图 5-13 所示。初始化脚本执行完成以后，返回 init 进程，这时基本的系统环境已经设置好，各种守护进程也已经启动，之后 init 进程会打开 6 个终端，以便用户登录系统。

图 5-13　Linux 用户登录的阶段

一般来说，用户的登录方式有如下 3 种，并且分别对应特定的用户认证方式。

（1）命令行登录。

init 进程调用 getty 程序，让用户输入账号和密码。用户输入完成后，init 进程调用 login 程序，核对密码，如果密码正确，就从文件/etc/passwd 中读取该用户账号对应的 Shell 设置，并启动 Shell 程序。

（2）SSH 远程登录。

init 进程调用 sshd 程序，取代普通登录的 getty 和 login 程序，并启动 Shell 程序。

（3）图形用户界面登录。

init 进程首先调用显示管理器（比如 GNOME 对应的显示管理器为 gdm），然后让用户输入账号和密码，用户登录后，读取/etc/gdm3/Xsession 文件，并启动用户的会话操作环境。

第六步：显示 Shell 登录界面，如图 5-14 所示。命令行形式的 Shell，在用户输入账号、密码登录后，会立即启动 bash 解释器，执行/etc/profile、~/.bashrc 等脚本文件，之后用户就可以在命令行提示符位置输入各种命令。而对 GNOME 这类桌面环境来说，登录后的操作方式和 Windows 大体相似。

图 5-14　Linux 显示 Shell 登录界面的阶段

　　Linux 在完成启动后，预设了 6 个终端供用户登录，这 6 个终端的名字分别为 tty1、tty2、…、tty6，默认使用第一个终端，可以通过按 Ctrl + Alt + F1～Ctrl + Alt + F6 快捷键在它们之间进行切换。如果使用的是 VMware 虚拟机，则终端切换的快捷键变成 Alt + Space + F1～Alt + Space + F6，如果使用的是具有图形用户界面的虚拟机，则终端切换的快捷键变成 Alt + Shift + Ctrl + F1～Alt + Shift + Ctrl + F6。

　　不过，现在的 Ubuntu、CentOS、Rocky Linux 等主流 Linux 发行版大多采用了 Systemd 启动模式来替代传统的 System V init 启动模式，即将 init 这个 0 号进程替换为 systemd 进程，运行级别信息也不再使用/etc/inittab 配置文件，而是每个运行级别对应的脚本代码被一系列的 target 文件替换，但整个启动流程基本上是一样的，只是在启动时执行的脚本代码不同，如图 5-15 所示。

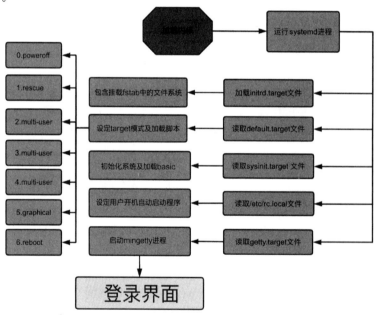

图 5-15　Systemd 启动模式的原理

5.5　习题

　　（1）简述 Shell 在 Linux 操作系统中的角色和作用。

　　（2）编写一个简单的脚本文件，实现统计指定类型空文件的数量的功能。比如，假定脚本文件的名字是 count.sh，若在命令行提示符界面中输入"./count.sh　*.txt"命令，则代表统计那些以".txt"结尾的空文件（即大小为 0 的文件）的个数。

　　提示：首先将输入的文件名作为命令行参数，在脚本文件中将文件名提供给 find 命令进行查找，然后通过管道符传递给 wc 命令进行文件数量的统计。